飛行機の戦争1914-1945
総力戦体制への道

一ノ瀬俊也

講談社現代新書
2438

はじめに

大艦巨砲主義への批判

本書の目的は、戦前の一般的な日本人が、来たるべき対米戦争における飛行機の役割をどう想像していたのか、あるいは人びとにとって飛行機とはそもそも何であったのかを説きあかすことにある。

その飛行機とある意味で密接な関係を持つ「大艦巨砲主義」という言葉がある。「大口径の備砲をもつ戦艦を中核とする艦隊の建設・保持を重視する海軍軍備と戦略思想」（『日本史広辞典』）をさす。現代日本の歴史学研究において、太平洋戦争に敗北した理由の一つとしてよく批判されるのが、この大艦巨砲主義である。時代遅れの戦艦に固執して飛行機を軽視した結果、米軍のような航空機主体の戦いに転換するのが遅れた、というのである。

こうした批判の一例として、二〇一五（平成二七）年に学術的知見に基づき編集された歴史辞典『アジア・太平洋戦争辞典』の「大艦巨砲主義」の項を挙げる。同項は、日本海軍が伝統的な大艦巨砲主義から基本的に脱却できなかったのは艦隊決戦に拘りつづけてきたためであり、伝統と権威が足枷となって、航空戦力を基軸にした海軍戦力の再構築が果たせなかったことも日本海軍の滅亡に拍車をかけた一因と批判的に解説する。そこで戦艦大和、武蔵らは、日本海軍における同主義の「代表事例」とされる。たしかに、日本海軍が長い年月と多額の予算・資材を投じて建造した巨大戦艦は、いずれも米軍の航空母艦から発進した飛行機によって一方的に撃沈され、日本自体も降伏に追い込まれた。

　この大艦巨砲主義に対し、戦後日本人は折々に「反省」や批判の言葉を発してきた。それは決して責任追及から逃れるための、上辺だけのポーズではなかったはずである。例えば、元海軍の高級軍人たちが太平洋戦争敗北の原因を探るため、一九八〇（昭和五五）年から一二年間、一三〇回余にわたり長期間開いていた「海軍反省会」と称する会合でも、寺崎隆治・元大佐（航空母艦・翔鶴副長などを歴任）は「これ〔大艦巨砲主義〕は（昭和）十年頃から十四年頃の航空機の目覚ましき発達ということを見越せなかったんじゃないかと思うんです。それは本当に馬鹿だったのか。万里の長城式だったのか」と、内々の場であるにもかかわらず「反省」の言葉を口にしている（一九八二年七月七日の第三三回、戸高一成編『証言録　海軍反省会　四』）。

　とはいえ、寺崎はこれにつづけて、自らの空母経験では主力艦や巡洋艦がバックアップしてくれないかぎり、航空母艦だけでは到底機動艦隊も機動作戦もできなかった、よって「これ〔大艦巨砲主義〕をあまりこき下ろすのは適当でなかった」とも発言している。さらに、「海軍は大艦巨砲主義を墨守していた」式の「反省」には、後の反省会で後輩の内田一臣（かずとみ）・元少佐から、海軍は昭和一二年起工の大和・武蔵を最後に戦艦を造っていない、一方空母は全部で二五隻も作ったではないかとの反論が出ている（一九八三年九月一四日の第四六回、『証言録 海軍反省会 六』）。しかし、戦争の悲惨な記憶が生々しく残る戦後日本社会で広く受け容れられたのは、「本当に馬鹿だった」という一見良心的な「反省」のほうであった。

　戦後社会における戦争は、たしかに真摯（しんし）な反省の対象ではあったが、企業のビジネスになぞらえられたり、経営者用の〝教材〟としても語られることがあった。その最たる例は有名な『失敗の本質 日本軍の組織論的研究』（戸部良一ほか著、一九八四年）だろうが、一九六三年に刊行された小林宏『太平洋海戦と経営戦略』は、高度経済成長に向かう日本の経営者のために、太平洋戦争時のミッドウェー作戦を事例として経営戦略論を指南した本である。同書は、日本海軍が大艦巨砲主義に固執して近代戦における航空機の存在を軽視したことを「投資計画」上の失敗例と論じている。この陳腐だが、それゆえわかりやすい喩（たと）え話は、以後の日本社会に定着していった。

国民の〈軍事リテラシー〉

しかし、こうした大艦巨砲主義への──ある意味で旧日本軍そのものへの──批判に対しては、近年の歴史研究で反論が加えられている。その要点は、米海軍の空母戦法や艦隊編制は日本軍もほぼ同じ時期に採用していたし、米海軍もまた多数の新型戦艦を建造するなど、戦艦に注力していたではないか、というものである。

その一例として、社会人類学者の森雅雄は、日本海軍が戦艦を重視して温存したというのは正しくなく、実際には旧式だが速度の出る金剛型を除いて使い途がなかったのが実情であるという。さらに米海軍の高速空母部隊と日本軍の連合機動部隊の創設はほぼ同時の一九四三（昭和一八）年八月であり、日米の差はないと指摘している（森「イデオロギーとしての「大艦巨砲主義批判」」）。

アメリカにおける軍事史研究でも、元米海軍大学校教員のトーマス・C・ホーンは、第二次大戦中の米海軍における航空母艦と戦艦との関係を扱った二〇一三年の論文で、米軍が一九四三年以降編成したのは空母部隊Carrier forceではなく、空母と戦艦その他の連合部隊Combined forceであったし、一九四四年、対日反攻の主役となった米海軍第三艦隊司令長官ウィリアム・ハルゼーの頭のなかにあったのは、米海軍大学校が日本海軍と同様に何十年にもわたって想定、研究してきた「決戦 decisive battle」であった、と論じている（Thomas C. Hone, "Replacing Battleships with Aircraft Carriers in the Pacific in World War II"）。

ホーンの指摘に従うなら、米海軍も当時の艦隊戦術のなかで戦艦にも飛行機と同じく重きを置いていた——決して軽視してはいなかったし、作戦の目的も日本海軍と同様、敵艦隊の撃滅すなわち「決戦」に置かれていたのである。

しかし、彼らの議論にはほとんど出てこない存在がある。それは、戦争の当事者、もしくは担い手の有力な一部であった日本国民である。彼・彼女らは来たるべき（あるいは遂行中の）戦争の戦われ方をどう認識し、戦争に関与していったのか。それは大艦巨砲主義を受容した、戦艦によって戦われるところの戦争だったのだろうか。総力戦としての太平洋戦争が国民によって支えられて遂行された以上、彼・彼女らの戦争認識もまた、問題とされて然るべきだろう。

こうした国民の〈軍事リテラシー〉というべきものの作られ方について、本書では主として海軍の宣伝パンフレットや市販戦争解説書、そしていわゆる日米仮想戦記などの史料を使って確かめてみたい。このことは、近代日本の軍や政府が、国民を戦争へどう動員していったのかという問題にも深く関わるだろう。

大正〜昭和戦前期の日本海軍による対国民宣伝については、ここ一〇年ほどのあいだにいくつかの研究論文が刊行され、従来陸軍にくらべ影が薄いとされてきた海軍宣伝の実態を再検討した。その結果、少なくとも都市部では一定の効果が発揮され、海軍の望む軍拡世論を形成できたことなどが指摘されている（福田理「一九三〇年代前半の海軍宣伝とその効果」、坂口太助「戦間期における日本海軍の宣伝活動」）。

しかし、海軍はなぜ自らの存在意義や必要性を国民に語る必要があったのか、将来の戦争はこのように戦って勝つのだと説明しなくてはならなかったのかについては、なお考える余地があるだろう。

なぜ軍事知識の普及は必要だったか

その答えは、軍にとって自らの戦争を根底で支えるのが老若男女含めた国民であり、彼・彼女らの協力を引き出すためには、総力戦がいかに多くの金や人、物を必要とするかを教え、理解させる必要があったからである。

一九四一（昭和一六）年、対米英開戦前に大政翼賛会が作成した小型の宣伝パンフレット『隣組読本　戦費と国債』は、その題名通り、隣組に編成された都会の人びとに向かって、戦費調達のための国債購入を「一人一人に国防の責任がある　国債を買つて君の責任を果せ！」などと呼びかけたものである。この場合、隣組は国民に相互監視させることでより多くの国債を確実に買わせるために作られた組織ということになる。

『戦費と国債』は「私達が国債を買つたお金は〔中略〕事変遂行に必要な飛行機、戦車、大砲等の兵器を買入れたり、兵隊さんの着る軍服や糧食を買入れたりする費用に使はれ」ること、「今度の戦費の約八割七分は私達が国債を買つたお金で賄はれること」を説明し、「日本中で一世帯それぐ百円の国債を買へば飛行機や弾丸がどの位出来るか」と読者に問いかけ、前者は一万二〇〇〇機、後者は三一八億発、と答えている。

この「国民すべてが○○すれば××が△△買える（造れる）」というのは戦時日本特有のありふれた宣伝文句であるが、本書が考えたいのは、なぜここで××は戦艦ではなく飛行機なのか、なぜ飛行機が特段の説明もないまま、国民の「責任」で数を揃えるべき兵器として挙げられているのか、ということである。予想される答えは、「国民がその理由を（啓蒙の結果）説明されるまでもなく知っていたから」となる。

ちなみに『戦費と国債』には、「国債がこんなに激増して財政が破綻する心配はないか」という問いに「国が利子を支払つてもその金が国の外に出て行く訳でなく国内で広く国民の懐に入つて行く」から大丈夫という、現在の財政難日本でもよく見られるやりとりが載っていて興味深い。それはともかく、戦前の陸海軍が国民に戦費負担というかたちでの軍拡・戦争協力を訴えた書籍は他にもある。

陸軍大佐・保科貞次『国防軍備の常識』（一九三二年）や、海軍少佐・齋藤直幹『戦争と戦費』（一九三七年）は、飛行機などの近代軍備がいかに金がかかるものかを、縷々国民に解説した啓蒙書である。保科は、今後の戦費は「自然内国債といふことになるのである。故に戦費の調達といふことは、一に懸つて国民の腹に存」ずると述べて「国民の自覚」を求めた。彼は「戦争は国民全部の事業」であることを、この定価九〇銭の本で訴えたのである。

その六年後、日中戦争勃発後に刊行された齋藤の本も、戦費の多くが増税ではなく公債でまかなわれていると解説した。さらに「軍費は民間へどう撒かれるか」という章を設け、あたかも巨額の軍費支出が民間経済の刺激策であるかのような説明をしている。そこで齋藤が、工業の盛んな都市に資金撒布が集中し、「農山漁村の軍事費均霑〔等しく行き渡ること〕も今のところ大したものでないやうである」と書かざるをえなかったのは、当時の軍事費が単なる戦争の経費ではなく、不況下の農山漁村対策とも見なされていたことをうかがわせる。

このように日本の陸海軍人たちが、膨大な額に上る戦費の負担者である国民に向かって積極的に語りかける、すなわち説得する試みをしていたのは、直接的には、昭和恐慌下での重い軍事費負担が国民の怨嗟の的となり、政党内閣による海軍軍縮条約締結を後押ししたという苦い記憶のためだろう。そして、第一次大戦時の欧米諸国が自国民の協力をうながすべく、国内宣伝に力を入れていたのを見たこともあろう。さらに歴史をさかのぼれば、日露戦争のポーツマス講和条約がロシアから賠償金をとれず、重い軍事費——税負担に堪えてきた国民の憤激と都市暴動（日比谷焼き打ち事件）を招いた事実もあるのだ。

これらの事態をくりかえさないためには、国民に対して戦費の使い途——つまり将来の戦争がいかなる兵器によって戦われるのかを詳しく説明し、納得させる必要があった。軍事啓蒙書の刊行はその手段である。

軍事啓蒙書という視点

こうした一般向けの軍事啓蒙書やいわゆる日米仮想戦記は、これまでも注目され、その意味を問う著作が書かれてきた。作家・猪瀬直樹（いのせなおき）のノンフィクション『黒船の世紀』（一九九三年）が詳しく述べているように、明治末から昭和にかけての日本では、日米関係が悪化するといわゆる日米仮想戦記が流行した。猪瀬はそれらの書物を「外圧のバロメーター」と位置づけ、そうした外圧にさらされてきた日本人の宿命、悲哀をみてとっている。つまり米国から日本移民排斥や侵略行動批判などの「外圧」が高まると、その反発として紙の上で日米戦争が勃発し、多くは日本が勝つのである。

猪瀬のこうした見方には、同書が書かれた一九八〇～九〇年代初頭にかけての日米貿易摩擦が念頭にあったと想像される。

北村賢志『日米もし戦わば 戦前戦中の「戦争論」を読む』（二〇〇八年）も、一九三一（昭和六）年から四三年にかけて刊行された軍事知識の解説書、仮想戦記的な書物五点を分析し、一見無謀な、神がかり的発想で突入した対米戦争ではあるが、実際には「当時の日本人が決して神懸かりではなく、現在の日本人とさほど変わらぬ合理的な思考――そして現代と同レベルに非合理的な思考――を元に「将来の日米戦争」を予想していたことがうかがえる」と述べている。

北村は、それらの日米戦争を煽った書物の大半は対米戦争上「制空権」の獲得は重要だ、戦争の際に不利なのは日本近海まで長距離遠征を強いられる米国の方だなどと、当時としては多くの読者から「本書の記述には合理的な根拠がある」と受け止められるような書き方をしており、そのことが結果的に対米開戦へとつながっていく誤りをより深刻化させたと指摘する。

私が注目するのは、猪瀬『黒船の世紀』単行本あとがきの「「日本人が」弱肉強食の世界で生存の条件を得るためには戦争しか手段が残されていない、あのころはそう信じるしかなかった」という一文である。本書では、かつての日本人が米国相手の戦争に勝てると

「信じ」るようになり、実際に戦争に突入していった様子を、軍事の知識が大正期から昭和にかけての社会に蓄積され、実際の戦争遂行に（変な言い方だが）活用されていく過程として、時系列に沿って捉えなおしてみたいのである。したがって本書は、今日では荒唐無稽にみえる数々の日米仮想戦記も、当時の日本国民にとっては〈軍事リテラシー〉を高めるテキストの一種だったと考える。

それらの書物のなかで、日米戦争は具体的にどのような戦法で戦われ、その際に飛行機と、大艦巨砲主義の申し子たる戦艦はそれぞれいかなる役割を占めると説明され、国民に伝えられていたのか。両者の力関係はどう考えられていたのか。これらの点を、近年の研究成果を活用しながらみていきたい。

〈国民の戦争〉の象徴としての飛行機

あらかじめ結論を述べておくと、飛行機は日本国民にとって「軽視」されるどころか戦争の主役であり、総力戦における日本の勝利を可能にしてくれる一つの夢、象徴的な存在であった。たとえば太平洋戦争最後の年である一九四五（昭和二〇）年一月、大本営海軍報道部長・海軍大佐栗原悦蔵（えつぞう）の宣伝書『朝日時局新輯　戦争一本　比島戦局と必勝の構へ』は「連合艦隊の主兵は戦艦ではない」、飛行機と断言する。その理由は、軍艦が膨大な鉄量と労働力、巨大な設備を必要とするが飛行機は少量の資材と簡易な方式で大量生産できるし、米国と同数の飛行機は作れないかもしれないが「大東亜戦域」の作戦に差し支えない程度の数は作れるはずだからである。栗原は戦争の主兵が飛行機であるのはじつに「天佑」だ、とまで語った。

本書の問いは、栗原大佐はこのような発言を国民の戦意高揚上おこなうことがなぜ、でき、た、の、か、というものである。もし戦前日本で飛行機が軽視されていて人びとがその存在や役割をよく知らなければ、こうした宣伝は到底理解してもらえないはずだ。私はそこに、戦前の日本国民がかなり長期間受けてきた、飛行機や戦争に関する〈啓蒙〉の影響をみる。

栗原の発言は、巨大戦艦による戦争が古い〈軍の戦争〉であるなら、飛行機の戦争は新しい〈国民の戦争〉であったことを示している。後で詳しく述べるように、戦艦は膨大な資材や資金、労力を必要とするが、飛行機は国民一人一人のわずかな拠金や労働で多数を量産できるとされたからである。本書では、このわかりやすい、ゆえに説得力ある図式が人びとのあいだに受け止められ、対米総力戦の長期化につながっていく過程を描きたい。

『胡桃澤盛日記』にみる国民の戦争認識

その戦前国民の一例として、一人の農民に登場してもらおう。戦時下の長野県下伊那郡河野村（現・豊丘村）で村長を務めていた胡桃澤盛（一九〇五〈明治三八〉～一九四六〈昭和二一〉年）である。彼が戦時中つけていた日記より、その戦争についての認識、より詳しく言えば、現下の戦争がどのように戦われているのか、という点についての認識を概観してみよう。

彼が日々記した日記からわかるのは、「今議会の重要法案たる軍需会社法案——生産の委任制であり観方に依っては一大産業革命である。航空機の飛躍的増産、年末には二倍、来春三倍、十九年度に於ては対米同数の生産を挙げ得る」（一九四三〈昭和一八〉年一一月一〇日）、「此の歳を送るについての雑感。〔中略〕マキン、タラワの玉砕と戦局は我に有利でない。国内的には急速なる戦力の増強を目ざせる航空工業への重点集中〔中略〕愈々緊迫せる戦局への備えに異常なるものあり」（同年一二月三一日）などとあるように、明らかに戦艦ではなく航空戦主体の戦争、もっといえば航空機生産競争としての戦争として認識、記録されていることである（「胡桃澤盛日記」刊行会編『胡桃澤盛日記　五』）。

こうした認識は村人にも共有されていたはずである。胡桃澤は、一九四三年一〇月一四日の日記に、海軍航空兵募集宣伝のため村の国民学校体操場で上映された映画「ハワイ、マレー沖海戦」について、「観衆場外ニ溢レ千余。効果尠〔ナカラ〕ズト認メラル」

と、私的な日記とは別につけていた「村長日誌」に記しているからだ。

胡桃澤は父が村会議員であり、自らも若くして村長となった村の名士であった。しかし学歴は小学校を出て農業学校に進んだのみで、あとは村で激しい農作業に従事しつつ、独学で新聞や文学書を読んで「自らの基礎学力の足らなさを痛感しつつ、修養を重ねていた」人である（池田勇太「胡桃澤盛について」）。その意味では特別な思想家やインテリではなく、普通の農民と言うべき人である。

こうした胡桃澤の日記の書きぶりは、当時の新聞などのマスメディアによる戦況報道が日米航空戦の熾烈さをくりかえし伝えるものであったから当たり前ともいえるが、問題は、なぜこのような認識が自然に日記に綴られてゆくのだろうか、ということである。

少なくとも、胡桃澤にとっての戦争は、前出の歴史辞典上の説明とは異なり、その開始当初から大艦巨砲主義によって戦われたものではない。私は、このような特徴を持った戦争認識が日記に綴られたのは、それまでの社会における〈軍事リテラシー〉や、軍事知識の蓄積が前提と考えている。では、それらの知識とはいかなるものであり、どのように形成されていったのかを考えてみたい。

本書は第一章では大正～昭和初期を、第二章では満州事変（一九三一〈昭和六〉年）以降を、第三章では日中戦争期（一九三七〈昭和一二〉年～）を、第四章では太平洋戦争期（一九四一〈昭和一六〉～四五〈昭和二〇〉年）をそれぞれ扱う。いずれの章でもまず当時の陸海軍による航空軍備政策の概要を述べ、それが国民にどのような論理と媒体で語られたのか、人びとはこれにどのような反応を示していったのか、飛行機はほんとうに「軽視」されていたのかを問う。国民の反応の具体例として、胡桃澤たち多くの人びとが書いた作文や日記、航空戦死者の伝記や追悼録などを用いる。

なお、引用文については、読者の読みやすさを考慮して、旧字を新字に改め、句読点を入れるなど一定の変更を加えた。

目次

第一章　飛行機の衝撃
――大正～昭和初期の陸海軍航空

飛行機の説明を受ける皇太子時代の昭和天皇（1914年）（写真提供＝毎日新聞社）

1　飛行機の優劣が勝敗を分ける——航空軍備の建設

第一次大戦の航空戦

この第一章では、大正〜昭和初期における陸海軍の航空戦力整備がどのような国防上の考え方に基づいておこなわれたのか、軍人たちは自らの考え方をいかに国民に語ったのかをたどり、それに対する人びとのさまざまな反応について述べる。

日本陸軍は海軍とともに一九〇九（明治四二）年七月、臨時軍用気球研究会を設置し、軍官民共同で航空機の研究を開始した。第一次大戦下、一九一四（大正三）年一〇〜一一月にかけておこなわれた独軍の立て籠もる青島（チンタオ）要塞の攻略戦では、日本陸海軍の飛行機が早くも偵察や爆撃、独飛行機との空中戦までおこなうなど、初の実戦を体験した（【図1】）。この間、ヨーロッパでは激しい航空戦のなかで飛行機が急速に発達し、日本も追随の必要性を感じていく。

思想史研究者の片山杜秀（もりひで）は、この青島の戦いを日本陸軍がはじめて体験し、かつ勝利した「物量戦」とみる。にもかかわらず後の太平洋戦争では彼我の物量を無視し、神がかり

図1　第一次世界大戦の青島戦で活躍するモーリス・ファルマン式水上機（写真提供＝朝日新聞社）

的な精神主義に頼った理由を、「持たざる国」として軍備はなるべくお金をかけず無形戦力で補う、つまり作戦上の創意工夫と兵士たちの「ガンバリズム」に頼ることにした結果だと指摘する（片山『未完のファシズム「持たざる国」日本の運命』）。

なるほど、そのように悲観した軍人たちがいたことは事実だろう。だが本書の素朴な疑問は、戦争を裾野から支える一般国民をそのような夢のない理屈ではたして説得できたのか、ということである。

「制空権をも獲得せなくてはならぬ」

大戦間の欧州における飛行機の発達は、日本国内でも飛行機に対する関心を高めた。元陸軍歩兵中尉で後に少年冒険小説『敵中横断三百里』などの作者として有名になる山中峯太郎（一八八五〈明治一八〉～一九六六〈昭和四一〉年）は、一九一四（大正三）年一〇月、飛行機に関する啓蒙書『現代空中戦』を金尾文淵堂より刊行した。定価一円二〇銭の同書のねらいは、第一次大戦の空中戦に好奇心を持ちながら知識の足りない世人に「空中威力に関する多少の智識」（序文「読者に」）を提供しようとするものであった。著者の山中は陸軍大学校に在学しながら、この年の九月、依願免官となっていた。現役を離れた陸海軍将校が軍隊生活や戦争に関する啓蒙書を書いて生活の糧とする事例は戦前よくみられたが、山中はそのはしりと言えるかもしれない。

『現代空中戦』の主な内容は陸上戦における偵察や要塞攻撃といった飛行機・飛行船（山中は「航空船」と呼ぶ）の用法だが、海戦におけるそれらの役割についても特に「海戦に及ぼす飛行機の一般効果」と題する章を設け、欧州の動向に依拠しながらそれなりに詳しく論じている。

山中は飛行機を軍艦と連繋させれば、敵のありかを偵察するのに有利と認めたが、その軍艦攻撃については言及していない。飛行機が未発達で、到底損害を与えうるだけの威力ある爆弾を積めないとみなされていたからだろうか。一方、飛行船にとって艦船は絶好の目標のようにみえるが、爆弾の命中精度は悪いし、逆に軍艦の射撃砲から集中的に撃たれるので非常に危険と述べている。つまりこの時点では、軍艦の方が力関係上、飛行機にまさるとみられていた。ただし、飛行機による対潜水艇についてはそのような危険がなく、比較的少量の炸薬で大損害を与えうると述べ、将来の可能性を認めている。

海軍中佐の若林欽も一九一六（大正五）年、一般向けに海事思想を啓蒙する著書『海の趣味』を著し、海戦で「最も必要なものは、無論戦艦」と言い、「戦艦は、砲弾雨の如く迸り落るの間に、雄姿堂々と進撃し、大敵たりとも敢て恐れず、猛烈に対戦することが出来る」とその威力に崇敬の念を示している。

しかし潜水艦はその戦艦を中堅とする敵艦隊を白昼、水中から肉薄襲撃できるので、さらなる進歩発展の暁には戦術上の一大変化を惹起するだろう、とも予測している。そして若林はその潜水艦を空中から容易に発見妨害したり、敵艦隊の動きを長駆偵察できる海上飛行機について特に一章を設け、全体の戦勝を期するためには「我に制海権を獲得すると共に、制空権をも獲得せなくてはならぬ」という事実が近来「世界軍事界の原則」として一般に認定されるに至ったと述べている。

つまり大正の初めの時点ですでに、飛行機の優劣が戦艦による海戦全体の死命を制するという原則が、世界的な動向として日本国民に報じられていたのである。若林は、それにもかかわらず日本の技術は年数を経ていないので、欧州先進国と比較すれば遺憾ながら対等の位置にあるとは思えない、ほとんど物の数にもならぬと述べ、この方面に対する「朝野一般」の「冷淡」を問題視していた。ここに多くの陸海軍人がたびたび飛行機の啓蒙書を書く理由があった。

若林は飛行機が「軍用の一機関」として飛行船とともに将来ますます威力を発揮するのはまちがいない、海洋上では効果がもっとも顕著である、少額の経費で重要な大任務を遂行できる利益がある、と解説した。このいち本書でしばしば言及されるであろう、飛行機導入の利点を〝安価さ〟に求める国民説得のあり方がすでに現れている。

飛行機と軍艦の関係のあり方については、帝国議会でも議論された。一九一五（大正四）年一二月二〇日、第三七帝国議会衆議院予算委員第四分科会で、山根正次議員は欧米では飛行機に大金を掛けているのに日本は少ないのではないか、「是ハ大変ニ〔海軍〕主力ノ上ニ関係ヲ及ボシハ後〔デ〕来ハシナイカ、独逸ノ如キ発達シテ来タ時ニ於テハ、航空デ働クコトガナカ〳〵盛ニナリハシナイカ」と質したのに対し、加藤友三郎海軍大臣は、将来大きな飛行機が出来ればどうなるかわからないが、現在の一〇〇馬力や二〇〇馬力の飛行機から落す爆弾は威力が小さいので軍艦が戦闘力を失うようなことはないと思う、このために「主力ノ計画」に影響を及ぼすということは、自分たちは考えていない、と答弁している。彼らは決して世界の趨勢に無関心ではないが、この時点では、軍艦を飛行機で撃破できるという考えはない。

「空飛ぶ騎兵」

さて日本陸軍は一九一九（大正八）年に陸軍航空部を設立、フランスからフォール大佐の率いるミッション（教育団）を招いて航空術の講習をおこない、海軍からも一部軍人がこれに参加した。

一九二五（大正一四）年五月、陸軍航空部は航空本部と改められた。同年の宇垣一成陸軍大臣による大規模な軍縮（いわゆる宇垣軍縮）で四個師団を廃止、浮いた予算で飛行隊の増設をはじめとする軍備の近代化が図られた。これにより、従来の戦闘機・偵察機のみだった第一～第六飛行大隊は一部編制改正のうえ飛行連隊に改称されるとともに、初の爆撃隊として飛行第七連隊、同第八連隊が新設された。第七連隊は浜松三方原に、第八連隊は台湾にそれぞれ設置された。第八連隊は一九二八（昭和三）年に編成を完結したが、台湾に置かれたのは将来のフィリピン攻略作戦への協力、すなわち対米戦争に備えるためであった（防衛庁防衛研修所戦史室編『戦史叢書　陸軍航空の軍備と運用〈一〉昭和十三年初期まで』）。

飛行第七連隊が高射砲第一連隊とともに置かれた静岡県浜松の人びとは、軍縮を求める世論の大きかったこの時期ではあったが、新しい科学技術・文明への憧れといった「文化的側面」からこれを歓迎し、やがて両連隊による航空思想普及や防空演習、青年層の軍事訓練への協力を通じて国防論的見地からの支持も増加していった、といわれる（荒川章二『シリーズ　日本近代からの問い6　軍隊と地域』）。

一九二八（昭和三）年三月には高等統帥規範書である「統帥綱領」を制定して航空部隊の運用思想を示したが、その役割は敵の捜索や視察、連絡、爆撃など、地上部隊の作戦への直接的な協力であった。一九二五年の宇垣軍縮で陸軍飛行隊は偵察部隊主体から戦闘・爆撃部隊主体に改編されていたが、「統帥綱領」における攻撃への言及は、捜索にくらべてはるかに少なかった。この時点での陸軍航空隊は「空飛ぶ騎兵」「空飛ぶ砲兵」という位置づけであった（立川京一「第二次世界大戦までの日本陸海軍の航空運用思想」）。航空部隊だけで独立作戦をおこない、戦争の勝敗を決するという「空軍」的な発想はまだみられない。

「決戦武器」としての飛行機――中島飛行機

海軍は一九一二（明治四五）年六月、砲兵の着弾観測のため気球を重視する陸軍と袂を分かって別個に海軍航空術研究会を設置、横須賀軍港内の追浜に水上機飛行場を設けた。

後に戦闘機「隼」などを製造する中島飛行機の創始者・中島知久平（一八八四〈明治一七〉～一九四九〈昭和二四〉年）は、元は海軍の機関科士官であった。一九〇七（明治四〇）年に海軍機関学校を卒業、戦艦石見に配属されていた時、ドイツの雑誌を読んで飛行機に興味を持つようになり、佐世保の下士集会所で飼っている鷲を研究していた。上官に「将来飛行機が発達して、海戦にも役立つようになれば、日本にとつて有利兵器となるばかりでなく、貧乏な日本の国民が助かります」と述べたという（以下、中島については渡部一英『巨人中島知久平』による）。

その後佐世保で水雷艇乗りをしていた一九一一（明治四四）年の三、四月ごろには「近き将来に飛行機から魚形水雷を投下して、軍艦を撃沈する時代が来る」と予言していたという。同年七月、海軍大学校の専科学生として飛行機の研究を命じられ、その翌月には臨時軍用気球研究会の御用掛となり、一二月機関大尉に昇進した。

海軍航空術研究会は横須賀軍港内追浜に飛行場を設けるとともに、カーチス式水上飛行機とモーリス・ファルマン式飛行機をそれぞれ二機、購入することに決めた。中島ら三名がアメリカへ渡り、一九一二年七月から同年一二月まで米国滞在、この間に飛行機製作・整備技術の習得という軍の命令に反するかたちで飛行士免状を得ている。

中島は一九一四（大正三）年一月、フランス出張を命じられると、その前に「大正三年度予算配分ニ関スル希望」と題する意見書を提出した。同年度の海軍航空予算二〇万円の使途についての希望を記したもので「数艦ヨリ成ル一ツノ艦隊建設ニ二億乃至（ないし）三億円ノ巨費ヲ要スル現「ドレットノート政策」」は貧国日本のよく採るところではない、「魚雷ヲ発射シ、機雷若シクハ爆弾ヲ投下シ得ル飛行機ヲ多数海戦ニ参加セシムルトキハ、其ノ能力ノ如何ニ依ツテハ、弩（どきゅう）級艦ノ存在ヲ不可能ナラシムルコト」ができる。その飛行機は安価で「金剛級ノ軍艦八隻ヨリ成ル一艦隊ニ要スル資ヲ以テセバ、現級飛行機八万ヲ得」られる、よって日本は飛行機に予算を集中して「飛行機ヲ決戦武器タルノ域ニ発達セシムル」ことが必要だ、と説いた。

「ドレットノート」「弩級艦」とは、重武装と高速力で世界の戦艦史上に一大画期をもたらした英国戦艦ドレッドノート（一九〇六年就役）とその同型艦を指す。しかし、海軍部内では「余りに飛躍した理想論であるとして軽く扱つたばかりか、委員の中には「中島は誇大妄想狂になつた」などと悪口を言つた者もあつた」という。今となっては中島の先見性が光る。

中島は「一海軍々人として限られた海軍航空のためのみに働くよりも、一愛国者として国軍全体のために優れた航空機を造る工場を民間に起し、これに一身を捧げて尽す方が、遥かに生き甲斐があると思うようになつた」ため、一九一七（大正六）年一二月一日、海軍の現役を離れ、予備役となって民間で飛行機製作に取り組むことにした。群馬県太田町に「飛行機研究所」を設立したが、翌一八年四月一日に東京帝大の付属機関として「航空研究所」が設けられ、名前が紛らわしいので「中島飛行機製作所」と改称した。

図2　魚雷を投下する飛行機（『少年倶楽部』付録絵はがき）

この時、中島が関係者に配付した「退職の辞」には、金剛級戦艦一隻の費用で優に三〇〇〇の飛行機を製作できる、三〇〇〇の飛行機は特種兵器「魚雷」を携行することでその力は金剛よりはるかに勝る、しかし飛行機を官営で製造したのではその劇烈な進歩と改革についていけず、民営飛行機工場の設立は国家最大最高の急務であるから自分がそれをおこなう、と記されていた。

この魚雷とは円筒形で内部にエンジンを持ち、尾部のスクリューによって水中を魚のように自走する兵器で、すでに一八七〇年代に実用化されていた。命中爆発すれば戦艦といえども船体水線下の装甲の薄い部分に大穴が空いて浸水し、転覆沈没に至る。

【図2】はのちの昭和初期に刊行された雑誌

『少年倶楽部』付録の絵はがきで、日本の飛行機が決戦中の敵戦艦に続々と魚雷を投下している空想上の場面である。中島の頭のなかにもこれに近いものが描かれていたはずだ。

海軍は一九一六（大正五）年、航空を一兵種として整備する方針を定めて軍備計画に航空兵力を加え、前記の研究会を解消して本格的組織である横須賀海軍航空隊を新設した。以下の記述は主として防衛庁防衛研修所戦史室編『戦史叢書 海軍航空概史』による。

海軍は第一次大戦で英海軍に航空母艦、すなわち多数の飛行機を入れる格納庫と発着用の飛行甲板を備えた軍艦の着想があることを知り、一九一九（大正八）年に航空母艦鳳翔（ほうしょう）を起工したが、試行錯誤のなかで改造を重ね、使用可能となったのは一九二五（大正一四）年であった。

一九二〇（大正九）年、海戦における用兵の基本原則を定めた「海戦要務令」に航空隊の戦闘に関する一行を加えた（第二改正）。航空隊の主任務は（一）敵情偵察、（二）敵主力及び空母攻撃、（三）敵航空兵力撃攘（げきじょう）、（四）敵潜〔水艦〕捜索攻撃、（五）主隊の前路警戒、魚雷・機雷等監視、（六）敵の運動監視、射撃効果発揚協力、（七）以上のほか支隊に協力、と定められた。

海軍における飛行機の地位

日本海軍は一九二一（大正一〇）年に英国からセンピル大佐を長とする訓練団を招き、航空母艦の運用を含めた航空部隊戦力化の基礎を学んだ。戦史叢書は、この講習により海軍航空は揺籃（ようらん）期を脱し、以後の躍進の第一歩を固め得たといっても過言ではない、と高く評価している。

英国側が日本の要請に応じたのは大戦終結後の航空市場開拓という意図があった。センピル教育団は合計一一〇機もの各種飛行機を日本に持ち込んだが、その後日本が技術の移入先を英から独へとシフトさせたため、英国の思惑ははずれるかたちとなった。しかも、センピルは英国側が機密扱いとしていた空母からの飛行機発着実験に関する情報を金銭と引き替えに日本側へ提供していた。このことが空母鳳翔の実用化に大きく貢献したとされる（横井勝彦「戦間期イギリス航空機産業と武器移転」）。

海軍は一九二三（大正一二）年に国防上の基本方針である国防方針、国防所要兵力量、用兵綱領をそれぞれ改定、所要兵力量に航空母艦三隻、付属として航空兵力と航空関係のものを加えた。これにもとづき、一九二七（昭和二）年三月に航空母艦赤城（あかぎ）、翌二八年三月に同加賀（かが）が竣工した。一九二七年四月、海軍航空本部が海軍省の外局として設立された。

一九二八（昭和三）年四月、赤城・鳳翔の二隻に駆逐艦一隊を付して第一航空戦隊を編成し、第一艦隊に編入した。同年六月、海軍は「海戦要務令」を改訂した（第三改正）。「航空隊ノ戦闘ハ　友隊ニ協力シテ敵主隊ヲ攻撃スルヲ本旨トス」の文言が示すように、航空部隊の任務は主力決戦時の協力であった。戦闘機が敵の飛行機を撃滅して決戦場の制空権を獲得し、攻撃機は敵の主隊と航空母艦を雷爆撃する。偵察機隊は偵察を行ったり戦艦の放った主砲の弾着を観測したりして味方を勝利に導くのである。

当時の艦隊戦策では、第一航空戦隊の位置は「主力の非戦側後方視界限度付近」とされていた。つまり敵に向かって進撃する主力戦艦部隊の後方から目視できる範囲内を航行しつつ、飛行機を発進させて長距離偵察などをおこなうのである。しかし、当時の海軍航空関係者である角田求士（つのだひとし）・元中佐は、この時点ですでに、飛行機はその長大な航続距離などに鑑み、敵の空母を攻撃して制空権を獲得後は主力の決戦時期にとらわれることなく敵の主力を反復攻撃、漸減をはかるべしとの意見が強かったと回想している。

このような飛行機に対する考え方の食い違いは、飛行機の威力に対する海軍部内での判断の違いにあった、といわれる。海戦要務令などの文言の変化を検討した軍事史研究者の立川京一（たちかわきょういち）は一九二〇（大正九）年の「海戦要務令（第二回改正）」で航空隊の戦闘に敵情偵察、敵主力及び空母攻撃などの項目が加えられたことについて、この時点では飛行機の攻撃能力が低いので、考えられる任務を列記したに過ぎないのでは、とみる。一九二八（昭和三）年の「海戦要務令（第三回改正）」については「航空隊ノ戦闘要領ハ通常戦闘機隊ヲ以テ敵航空機ヲ制圧シツツ攻撃隊ヲ以テ敵艦隊ヲ強襲スルヲ例トス」との文言などから、攻撃重視だが主任務は艦隊決戦への協力であり、補助兵力とみなされていたと述べている（立川「第二次世界大戦までの日本陸海軍の航空運用思想」）。

少なくとも文書上は、航空隊は海軍のなかで補助的地位に置かれつづけたことになる。だが、前出の角田元中佐の「主力の決戦時期にとらわれることなく」云々との回想が確かならば、当時の海軍航空関係者にかぎっては、飛行機だけで敵主力を事実上撃破可能と考えていたとみることができる。

「攻防の首要兵器」――長岡外史の飛行機宣伝

以上の大正～昭和初期における軍事航空の形成期に、都市防空思想発展の立役者として活躍したのが、陸軍中将長岡外史（がいし）（一八五八〈安政五〉～一九三三〈昭和八〉年）である。長岡は陸軍航空の父とも称され、プロペラ髭（ひげ）と呼ばれる長大な髭をトレードマークとする、個性の強い人物であった（【図3】）。彼と航空との関わりは、一九〇九（明治四二）年に前出の臨時軍用気球研究会の会長を寺内正毅（まさたけ）陸相から命じられたことにはじまる。以下の記述は、長岡本人の回顧録『飛行界の回顧』（一九三二年、長岡外史文書研究会編『長岡外史関係文

書 回顧録篇』所収)による。

長岡は一九一五(大正四)年八月、陸軍の現役を離れ予備役入りすると「飛行の研究其趣味知識を普及する」趣旨の民間団体・国民飛行会を設立して会長となった。一六年に『日本飛行政策』と題する小冊子を作り、なぜ航空戦力の拡充が大事であるかの宣伝活動をはじめた。

図3 長岡外史

同書の示した航空が大事である理由は、敵の高速艦隊が日本に襲来して近海を暴れ回れば我が主力艦隊はこれに決戦を挑むべく追いかけるであろうが、その間に飛行機を乗せた敵の別動艦隊が都市焼き打ちを専務として沿岸各所を手当たり次第焼き払うはずであり、日本にとってこれほど困ったことはないからであった。ゆえに今後の海軍戦術は飛行機発達により一大革新を要するであろうし、敵の飛行船、飛行機を防いで「空防」の目的を達するためには、敵よりも優良な飛行機を用いて邀撃(ようげき)し、打ち落とさねばならない。『日本飛行政策』はつぎのように、飛行機こそが将来の「攻防の首要兵器」であり国の勝敗をも決め得る、まして建物が木造の日本においてはなおさらだ、と主張する。

飛行機が此の世に生れ出で各国共に之を以て攻防の首要兵器と為し実際に於て着々其実績が挙る以上、最早議論の余地は無い、其精否が戦争の勝敗に関し、戦争の勝敗が国家の存亡に係るとすれば、如何にかして各国並みに、否、我邦は全都市が木造より成る関係上、寧ろそれ以上に設備せねばならぬ。（読点は引用者）

長岡は「文明の利器はそふ安くは買はれぬ」のであるから、国民は増税の苦痛を忍んでも都市防空に努めるべきである、と述べた。航空拡充に必要な金は国民が負担するのであるから、国民にその意義を宣伝して理解を深めることが必要だと考えたのである。

空襲の恐怖

以後も長岡は各大都市への空襲の恐怖を人びとに向けて宣伝しつづけた。一九二九（昭和四）年の小冊子『日本を攻撃せんとする敵は先ず大阪を空襲するであらう』は、現在でいうシミュレーションのかたちをとる。敵の双発爆撃機三〇〇機が無防備な都市・大阪に低空から投下する「六百噸の大爆弾」、つづいて飛来する爆撃機三〇機が投下したテルミット焼〔夷〕弾三万個から生じる二万五〇〇〇個の火元によって「市民の八、九割は爆殺又は焼殺」され、大阪全滅の結果、日本は降伏に追い込まれるだろう、と予言した。

同年の『嗚呼！　名古屋の潰滅』はよりリアルに、空襲を体験した架空の老人の口を借りる。老人は「泣き乍ら市民爆殺の模様を咄されたが、迚も人間として語るにも聞くにも忍びない、惨たらしいことであった。曰く、すわ敵襲といふので、名古屋市内外、百万の老若男女は悉く戸外に飛び出し右往左往に遁げ迷ふたが、総ての川々の橋といふ橋は先づ爆破せられた為めに、東西南北八方塞りで道路上にグヨ〳〵する許りである。老人子供など踏み潰された者も多い。若し茲に爆弾が落ちたらどうなるだらうと、思ふ丈でも身の毛がよだった」という。

この無差別空襲で「大名古屋の人々は九分通り死滅した」のであったが、敵機はさらに毒ガスも投下したので文字通り「此の世からの地獄」が現出した。その間、味方の飛行機は不意打ちを受けたのと数が少ないのとで、名古屋上空にはついに一機も現れなかった。

長岡はこの恐るべき「地獄」の惨禍を、六年前に発生した関東大震災の記憶に即して描いたかもしれない。彼はもし前記の「地獄」のような事態が起こったとすれば、それは「多年に亘る政府政党の不覚は申すに及ばず、日本国民一般が、空中戦化学戦を余りに軽蔑したる当然の応報」だ、と警告した。国民一般に空襲への恐怖心をこれでもかとばかりに喚起することで、航空戦力の拡充を訴えつづけたのである。

こうした宣伝手法は現役の陸軍少将・航空本部総務部長である小磯国昭（のち首相）も一九二八（昭和三）年の啓蒙書で用いている。小磯は「敵が千五百発の焼夷弾を東京の上空から投下すれば確実に戦慄すべき修羅場が演じ出される」、将来爆弾一〇トンを積める飛行機が開発されれば「唯僅に一機の飛行機を以てして東京に於ける大震火災を再現せしむるに足る」し、今の飛行機でも八機で十分だ、などと長岡とほぼ同じことを言っていた（小磯・武者金吉『航空の現状と将来』）。

バイウォーターの日米仮想戦記

長岡がこのような空襲シミュレーションを公表した背景に、本人が明言しているわけではないが、英国人ヘクター・バイウォーターの日米仮想戦記 *The Great Pacific War: a history of the American-Japanese Campaign of 1931-1933*（一九二五年）があるのではと想像される。同書は石丸藤太訳『太平洋戦争と其批判』（文明協会事務所、一九二六年）など複数の邦訳が出ており、猪瀬直樹『黒船の世紀』などが明らかにしているように、戦前日本人の対米観に多大な影響を与えた。

そのあらすじは、中国を巡る日米対立がついに戦争に発展、日本がフィリピンとグアムを占領し、反撃に出た米艦隊と日本艦隊がヤップ島で決戦をおこない、数で劣る日本艦隊は退却する、というものである。日本近海に出現した米空母の搭載機五〇が火薬の代わりに休戦勧告ビラを入れた爆弾を夜の東京へ投下、日本政府は平和を求める世論に押されて講和を選んだ。講和条約では日本が南洋諸島の委任統治権を米国に譲ることや、中国の政治的経済的支配権を求めないことなどが定められたが、賠償金は要求されなかった。

この結果、日本は一等国の地位を失った。しかし米国も通商回復の見込みが立たず、莫大な軍費が税金として国民にのしかかり、社会不安が高まった。日米戦争は、少なくとも物質的方面においては勝者も敗者と同じく悲惨である……。

以上の結末は現実の日米英関係にそれなりに配慮したものといえるが、日本人からすれば米空母機の投下した爆弾が実際に爆発したらどうなるのか、と慄然とせざるをえなかったはずだ。ここに米空母とその搭載機への恐怖が生じる。ちなみにバイウォーターは日米艦隊決戦の場面で戦艦同士の戦闘に先立ち飛行機同士の戦闘がおこなわれると予測しているが、その効果は限定的で、決着はあくまでも彼我の戦艦同士でつけられた。とはいえ「雷撃機は海戦の武器として爆撃機よりも一層有効なること」が実証されたとし（米機の放った魚雷で巡洋戦艦榛名と金剛が沈み、霧島が擱座した）、その将来的可能性に含みを残している。

補助艦と飛行機の優位論争

長岡外史は衆議院議員（一九二四〈大正一三〉～一九二八〈昭和三〉年）となり、持論の航空拡充策を帝国議会でも主張した。それはある種の海軍批判の様相を帯びていた。彼は一九二七（昭和二）年三月一五日、第五二議会衆議院本会議で「飛行事業並補助艦ニ関スル質問」をおこなった。ここでいう「補助艦」とは、一九二二（大正一一）年二月のワシントン海軍軍縮条約で戦艦の新造を一〇年間禁止された各国海軍が力を入れつつあった、巡洋艦や駆逐艦などより小型の艦種を指す。日本はこの条約で戦艦の保有量（トン数）を対英米六割に制限されたが、おかげで海軍軍拡競争による財政破綻を回避できた。

長岡が事前に提出した同質問の内容は、海軍が補助艦建造に没頭して昭和二年度に増設予定の飛行隊二隊半を半隊に止め、航空母艦加賀の建造を取りやめ、艦載飛行機の調弁（調達）を所期の四分の一に止めたという新聞報道は事実か、陸軍が四個師団を減じて飛行設備を拡張しているのに対し、海軍が予定の航空充実を取りやめて莫大な費用をかけ補助艦を建造しているのは統制ある政府下の陸海軍とは思えないが政府の所見はどうか、などの一一項目にわたった。

そのなかには、海軍の飛行機ははなはだ少ないのに、その擁する六十余万トンの艦船を敵の空中攻撃から援護できるのか、飛行機から投下する爆弾は容易に軍艦に致命傷を与えうるのであるのに、政府は補助艦を大概に切り上げ航空機を多く造ることが国防上有利とは考えないのか、といった海軍の戦闘・軍備方針に直接介入するかのような質問もあった。

長岡は質問当日の一五日、議会の壇上でつぎのような長広舌をふるった。いわく、海軍軍人のなかには、帝国海軍は攻勢防御を取らなければならぬ、そのために莫大な補助艦を要する、と説いて回る者がいる。しかし日本の海防は、伝統的平和愛好の国民性にもとづく専守防衛でなくてはならぬ、ハワイやフィリピン、シンガポールまでのその出かけていくのではない。日本海海戦で東郷平八郎（へいはちろう）が大勝利を得たのはこの主義を徹底し対馬海峡で敵を待ち伏せたからであって「攻勢防御ナント云フ馬鹿議論」に迷わされて出かけていれば勝敗は逆で、酷（ひど）い目にあっていただろう。海軍がこれを踏まえて無線電信や水雷（機雷か）、潜水艦、飛行機、飛行船を発達、統制して全知全能を尽くせばシナ海、日本近海を「侵スベカラザルノ域」とするのは難しいことではない、これが国防の経費を最小限にし、かえって国防を固くする所以（ゆえん）だ、と。要するに、海軍が飛行機で守りに徹しさえすれば日本の国防は盤石だから、多額の金を投じて軍艦を造る必要はない、というのである。

長岡は以上の所論を踏まえて、陸海軍、民間の航空行政を一元的に所管する航空省を作れ、戦時には空軍主将一任の指揮にまかせて陸海軍と「照応」（協同）させよ、これが戦に勝つ唯一の方法である、と主張した。つまりは陸海軍分属の航空を一本化した「空軍」設立論である。

今日、この発言を読む者は、太平洋戦争で日本海軍がハワイ真珠湾まで「のそのそ出かけて」いったり、陸海軍の航空部隊がおよそ統一を欠いた指揮で戦った結果「酷い目」にあったことを知っているから、長岡は予言者のごとき先駆的な話をしていると考える。だが、当時にあっては突飛に過ぎ、真面目に対処すべき意見とはみなされなかった。

実際、答弁に立った宇垣一成陸軍大臣は「啓発スル所頗ル大」で「相当ニ攻究モ致シテ見ル考」であると応じつつも、質問上の具体的な論点については「追テ書面ヲ以テ御答弁申上ゲマス」、と木で鼻をくくったような答え方をした。長岡が主たる批判対象とした海軍大臣に至っては、答弁自体がなかった。

戦争も一つの商売

突飛と言えば、一九三〇（昭和五）年、関東大震災の復興祭にあわせて開催された帝都復興座談会に出席した長岡は、関係者たちが皆よくできた、早かった、西洋人も驚いているなどと自慢話ばかりしているのに憤慨し「なに少しも良くなりはしない、空中戦から見れば昔し乍らの東京だ」と言って「満座を驚倒させた」と自ら誇らしげに語っている（長岡『飛行界の回顧』）。

長岡の没後に作られた評伝は、その人柄について、民間航空の発展を真剣に考え、私心がなく相手が誰であろうと言うべきことは言ったと評価したが、一方で独断専行、ワンマン的で「俺についてこい」式の性格であったとも記している（戸田大八郎『人間長岡外史 航空とスキーの先駆者』）。自分が正しいと考えたことを、後先なしですぐ口にしてしまうのである。これでは他人の共感や賛同は得られにくいだろう。帝国飛行協会副会長の座も一九二九（昭和四）年に会内対立の結果、追われてしまった。

しかしながら、長岡が一九三〇年ごろの講演で「大観すれば、戦争も亦一つの商売である。前申した通りの、〔飛行機という〕元手の多く要らぬ武器があるのに、何で不経済の陸軍や海軍を持って来ませう。未来の戦争は手取早く飛行機で勝敗を一挙に決せんとするに相違ない」と戦争を商売にわかりやすく喩えながら、飛行機の重要さを一種の予言のように主張していた（長岡「飛行機の戦時と平時」『長岡外史関係文書 書簡・書類篇』）のは、日本における飛行思想啓蒙の歴史を考えるうえで興味深い。

帝国主義戦争としての日露戦争や、輸出で儲けた第一次大戦を経験した多くの日本国民にとって、戦争はひとつの儲かる「商売」だった。大正〜昭和初めの航空拡充論、そして「未来の戦争像」がその「商売」のスピード化という、じつにわかりやすい語り口で語られていたことは、戦前日本国民における〈軍事リテラシー〉のあり方を考えるとき注目に値する。

滅亡の予言

長岡「飛行機の戦時と平時」は、「未来の戦争」を飛行機主体で速戦即決とみる予言が他国でもおこなわれている例として「和蘭のドルン城の奥深くに隠居している独乙の廃帝」すなわち第一次大戦の敗北で退位、亡命した元ドイツ皇帝ヴィルヘルム二世がしたという「凄い予言」を挙げている。それは、一九三六（昭和一一）年にもう一度恐るべき大戦争が起こるに相違ない、それはほんの数日間か数時間で終わるであろう、宣戦布告の瞬間に飛行機・飛行艇からなる膨大な空中艦隊は無線によって出動を命ぜられ、即座に敵の艦船を撃沈し都市を破壊する、すなわち戦争準備なき国家は、四八時間内に滅亡の運命に陥るだろう、というものであった。

これは陸軍中将・石原莞爾が唱えた、有名な世界最終戦争論を先取りしたような「予言」といえる。石原は一九四〇（昭和一五）年五月、京都での講演で、今から約三〇年後に「日本とアメリカが飛行機で決戦する」、それは敵の都市や人びとを焼き尽くす「真に徹底した殲滅戦争」で「始まったら極めて短期間で片付き」世界は一つになって永久の平和が訪れる、よって日本は怠りなく準備すべきである、と喝破したのであった（石原「最終戦争論」、同『最終戦争論・戦争史大観』所収)。だがこの壮大なる予言は、時系列的にみると彼の完全な独創ではなく、以前からあった類似の予言に影響された可能性が高い。

元ドイツ皇帝が実際にこのような予言をしたのかまでは確認できなかったが、当時の日本人——少なくとも長岡や石原といった目端の利く人びと——のいささかオカルトじみた想像力のなかで、飛行機が「恐るべき大戦争」をごく短期間で手っ取り早く決着できる手段とみなされていたのはたしかである。

こうした空想は、当時大反響をもたらしたとまでは言えないにせよ、一般向けの講演というかたちで社会に向けて語られてもいた。

第一次大戦の惨禍を経験したばかりの当時の世界では、「大戦争」はどの国も、もはや二度と起こせないだろうと考える人びとも多かった。先例としての第一次大戦が長期にわたる国家総力戦と化し、膨大な犠牲者と国々の疲弊をもたらしたからだ。陸上では兵士が泥のなかを這いずり回って何年ものあいだ戦い、海上では膨大な経費を投じて建造した多数の戦艦がその巨砲で決戦をおこなうというのが古い戦争のイメージであった。しかしそれは、飛行機の発達によって一新されつつあったのだ。

2　飛行機と戦艦

元連合艦隊司令長官と戦艦

長岡外史から昭和初期に至るまで艦艇建造を厳しく批判されつづけた海軍は、飛行機と水上艦艇との力関係についてどのように考え、国民に説明していたのだろうか。

一九一五（大正四）〜一九一七年にかけて連合艦隊司令長官を三度務めた海軍大将・吉松茂太郎（一八五九〈安政六〉〜一九三五〈昭和一〇〉年）は論文「海戦の目的とその武器」（『海之日本』一九二〇年七月号に掲載、中川繁丑『海軍大将吉松茂太郎伝』所収）において、第一次大戦中に出現し敵国の海上交通路封鎖に活躍した潜水艦にふれ、「優勢なる超弩艦の潜勢力も、潜艦を以てする封鎖に対しては、何等の効力なきことを立証して、確かに海軍戦略上に一大生面を開いた」と、戦艦に対する戦略上の優位性を認めた。超弩艦とは、前出の英戦艦ドレッドノートをさらに超える、大艦巨砲主義の申し子というべき戦艦を指す。

しかし彼は、その潜水艦を撃滅するのは少なくとも近い将来においては水上艦艇であり、列強がその勢力を競っていけば、依然として戦艦が「水上艦船中最大最強の掩護者」の地位を占めるからそれを無視するわけにゆかない、日露戦役の結果産まれた大艦巨砲主義は列強海軍の共鳴した大教訓である、国防上の主要武器に大革新を加えるに当たってはいかなる達観の軍事家といえども、これらの教訓を無視した政策の断行は躊躇せざるをえない、などと述べて、戦艦を重視しつづける姿勢を示していた（中川繁丑『海軍大将吉松茂太郎伝』）。

とはいえ吉松は、将来日本が敵国から本土や台湾の封鎖を受けると仮定した場合、相手国の主な武器は比較的行動範囲の狭い戦艦ではなく、遠洋作戦に適当な潜水艦と、これに呼応する巡洋戦艦以下の快速艦船であろうと観察していた。工業力に劣る日本としては列強の製艦方法に追随するのを断念し、将来新造すべき戦艦は、たとえ多少防御力を犠牲にしてでも速力を第一の要素に置き、遠洋作戦に適した巡洋戦艦の艦型に変えるのがよい、と主張している。巡洋戦艦とは、戦艦とほぼ同じ武装で装甲を薄くし、代わりに速力を高めて偵察や敵国の海上交通路を断つ通商破壊戦向きとした艦種をさす。

吉松の意見の要点は、「単に地形上より見るも、理論としては速かに戦艦と潜水艦とをして、互いにその主従の位置を顚倒せしむるの賢なるを思はしめる」という一文にあるようだ。いささか意味が取りづらいが、「最強海軍」の採る大艦巨砲主義に追随困難な「二等以下の海軍国」日本としては、最強海軍（米英）との戦艦建造競争にはどうせ勝てないから止めて防御に徹し潜水艦に注力すべきだ、ただし当面は遠洋作戦に適当な巡洋戦艦の建造に力を入れよう、といったところか。ここでいう「遠洋作戦」とは、長駆洋上に出撃し、日本本土封鎖を試みる米英艦隊と本国間の伸びきった補給線を襲って切断する作戦のことかもしれない。

飛行機の潜在的価値

しかし吉松は一年半後、一九二二（大正一一）年に発表した論文「制海権と制空権との関係」（『海之日本』一月号に掲載、前掲『海軍大将吉松茂太郎伝』所収）では潜水艦と並ぶ新兵器の飛行機に着目し、つぎのような見解を示している。

第一次大戦で偵察と爆弾投下の能力という飛行機の二大優越性が大きくなったのは「周知の事実」である、戦時戦後を通じて、航空術は絶大な進歩を遂げたうえ、爆弾投下の装置もますます精巧を加えつつある現下の状勢をみれば、移動目標に対する投弾命中の可能性を大ならしめ、「武器の精巧と技術の錬磨と相俟ちて、絶大なる脅威を軍艦隊に加へ得るの時機」も近い将来に期待できるだろう。このように吉松は、飛行機が軍艦にとって将来「絶大なる脅威」となりうることを予測していたのである。

吉松はすでに現役を退いており、海軍軍備政策上の決定権はなかった。比較的自由な発言ができたのもそのためだった。それでも彼の発言は、日本海軍のお偉方はつねに大艦巨砲主義を絶対視して航空を軽視していた、というステレオタイプな見方を疑うための一事例にはなろう。

しかし、さすがの吉松「制海権と制空権との関係」も、制空権を握るものは制海権をも左右しうるという考え方は「遠き未来の理想談」に過ぎぬと退けた。飛行機はあくまでも戦艦を支える脇役なのである。それでも、彼我の艦隊が一〇海里（＝一八・五二キロメートル）の遠距離を隔(へだ)てて砲火を交える将来の海戦では、「飛機の集団が味方の艦隊と策応して、敵の艦隊に向つて騎兵団の突撃に髣髴(ほうふつ)たる活劇を演ずることも決して空想ではあるまい」「空軍が海軍の実力に欠くべからざる要素となりたるは、否定すべからざる事実である」と断言している。一九二二年の段階ですでに、「空軍」という言葉が「海軍」と同等の軍事勢力を指すものとして使われているのである。

吉松とともに、加藤定吉(さだきち)海軍大将（一八六一〈文久元〉～一九二七〈昭和二〉年）もまた雑誌上で陸軍の長岡外史と軍備論戦を演じていた。長岡が一九二六年に補助艦よりは飛行機の充実が先決との意見を記した印刷物を配布したのに対し、加藤は飛行機が落とす爆弾や魚雷は通常のものと変わりはなく、軍艦はこれに相当の防御設備を持っているし、水面を動きながら戦うのだから「素人の想像する程空中攻撃を惧れぬのも当然」である、と反論した。そのうえで、むろん飛行機の戦闘価値は偉大で将来日本本土が空襲されることがあるだろうが、来るとすれば敵の航空母艦から来る、その空母を撃退するためにも補助艦の充実は絶対必要、と述べていた（加藤「補助艦と空軍」）。

加藤が敵の空母を撃破するのに飛行機ではなく補助艦でよいとした理由は、敵機の高高度爆撃や距離一〇〇〇メートル以上からの雷撃は軍艦が高速を出せば退避容易であり、低高度爆撃や近距離からの雷撃は高角砲で撃破できるから、とされた（桑原虎雄『海軍航空回想録　草創編』）。

桑原によれば、加藤の艦艇重視論は「飛行機の爆撃はたいしたことはないという、海軍伝統の砲術尊重の思想」に基づいていたという。だが、その加藤も吉松と同じく、海戦や本土防空における飛行機の潜在的価値が「偉大」であることは国民の面前で認めざるをえなかった。しかし、軍艦の建造予算確保という海軍組織の利益は予備役編入後も守らなくてはならなかった。

反米感情の高まり

大正期の日本でこうした陸海空軍備の論戦が盛んになったのは、仮想敵国である米国との関係が必ずしも良好ではなかったからである。

一九二四（大正一三）年、米国における排日移民法制定などで日本人の対米感情が大いに悪化するなか、国民対米会なる反米団体が結成された。この会は「浪人会、黒龍会、大化会其他諸団体より成る」（『東京朝日新聞』一九二四年六月二日朝刊）右翼の運動団体で、排日移民法実施当日の同年七月一日に東京芝増上寺で「対米記念国民大会」を催し、一万余の会衆を集めた（同七月二日夕刊）。さらに八月七日から五日間にわたって上野自治会館で反米講演会を開き、その速記録『対米国策論集』が読売新聞社より同年に公刊されている。

この講演会で会の幹事・葛生能久（一八七四〈明治七〉～一九五八〈昭和三三〉年）は、米国の人種差別政策と海軍軍縮政策について、「要するに米国が日本の軍備を制限し対支政策を妨碍するのが唯一目的である、将来彼が東洋に対する野心を遂行する前提として先づ日本の手足を捥いで置くのが其目的である」と厳しく批判した。では軍事面で追い詰められた日本は、どうすれば米国の欺瞞に対抗して大陸権益を確保できるのか。講演会で数名の識者が専門分野より対策を披露するなかで、話はいきおい将来の対米戦争にまで発展していく。

民間の海軍研究家・川島清治郎は「海軍より見たる日米問題」と題する講演をおこなった。川島は『二六新報』の記者で民間の海軍通として知られ、大日本国防義会の創立者として同会系の国防評論誌の発刊を引き受け、一九一四（大正三）年に雑誌『大日本』を発刊した人物である（長谷川雄一「満川亀太郎の対米認識」）。

川島は「日米問題はどうしても日米一戦しなければ解決せぬと云ふ事を考へて」いた強硬派であったが、一昨年のワシントン海軍軍縮条約で戦艦の保有量が対米英六割に制限されてしまった。万一日米戦争になれば何としても勝たねばならないが、国力的にも地勢的にも「日本は最初から攻勢作戦は出来ない」というじつに不都合な大前提があるのは痛いところである。

そこで彼は「あらゆる苦肉の策を施して、或は潜水艦、或は飛行機、或は駆逐隊、或は機雷隊、其他種々なる方法を用ゐて敵の主力艦隊を襲ひ、〔中略〕出来るだけ敵の軍艦を一艘づゝ片付けて行つて、略ぼ勢力の均等になるのを見て、そこで出て決戦をする。斯う云ふ方法に出づるの外に手が無いのであります」と日本海軍が部内で構想していた対米戦略（漸減作戦）と同じ戦略の実行を提唱した。敵艦隊、なかでも戦艦の数を減らす手段の一つとして飛行機を挙げているのに注目したい。だがつづけて「此戦さは非常に無理な戦さであつて、到底勝味の無い頗る悲観すべきやり方と思ふのであります」とあるように、日本にとって対米戦争が「無理な戦さ」であることには変わりない。

もし日米両海軍の〝人〟の練度の比率が（戦艦とは逆に）一〇対六であれば戦力比は対等になるし、日本側が戦術や砲術、水雷術、操縦術などに一分でも巧みなところがあれば、それらを逐次総合して「十対六に関する〔を越える?〕平均が取れる」かもしれないが、これらは言うまでもなく苦しい希望である。

しかも川島は「一度の戦さは勝つかも知れないが、持久戦となれば日本は到底負ける外はなからう、亜米利加には金が沢山ある、又工業力があるから、ドシ〳〵軍艦を造つて、何処迄も準備を整へて何時迄も掛かつて来れば、日本は到底敵はないではないか」という日本国内に根強い「月並の説」にも反論しなくてはならなかった。

この弱気な、しかし説得力ある俗説に川島は、米国といえども人、それも熟練を要する海軍の将校兵員は急造できないはずだ、と反論した。そして「戦さは気のもので、第一戦で頭からやつ付けられゝばそれが御仕舞ひで、それから持直して持久戦でぢりぢり遣つて来るなどゝ云ふ事は一寸難しいと思ふ。〔中略〕故にさう云ふ心配は余程の取越し苦労であつて無益な考へ方」である、と決めつけたのである。

ここで思い出されるのは後の一九四一(昭和一六)年、山本五十六連合艦隊司令長官のおこなったハワイ真珠湾奇襲作戦である。この作戦は、米艦隊を不意打ち、一網打尽にして「米国海軍および米国民をして、救うべからざる程度にその士気を沮喪せしむる」ことを狙っておこなわれたものだが、同様の考え方は、すでに大正期の民間反米論者によって公言されていたわけである。山本はこの古くからある希望的観測を引き継いだに過ぎない。

川島は、日本人が対米戦を不可能とみなすもう一つの「説」として「日本が亜米利加と戦さをすれば貿易が止まる。海上の交通が止まって物資の供給を断たれる、自給自足が出来ない。此点に於て矢張り日本は屈服しなければならない」という「御定り文句」を挙げ、同じく反論した。いわく、日本がフィリピンを占領して米国艦隊の根拠地を奪えば欧州貿易、インド航路、南洋、豪州との口は開かれたままであるし、米や鉄、綿は内地と中国・朝鮮でなんとかなるだろう。艦隊を動かすのに必要な石油は石炭やシェール（頁岩）から造れば「略ぼ日本の艦隊の運用に間に合はせる事が出来るだらうと云ふことになつて居ります」。よって米国と「本当に戦さをしても恐くないと私は確信するのであります」。

一民間人の無責任な思いつき、放言といえばそれまでだが、日本が太平洋戦争に至るまで、結局ものにならなかったとはいえ、人造石油の研究を国策として熱心につづけたのは事実である。川島の意見は、日本人が対米戦争は決して不可能にあらずと自己説得をつづけた歴史の初期事例の一つと位置づけられる。

川島は、第一次大戦時のヨーロッパで繰り広げられた都市爆撃にもふれた。仮に日米戦が勃発して米空母が日本近海に襲来、そこから発進した四〇〇機の米機が東京へ五万発ないし二〇万発の焼夷散弾を投下しても、「市民消防の編制訓練が徹底して居るものとすれば、五十万の壮丁能く其十人若くは両三人を以て其一個づゝの小散弾を始末し出火を消止むることが出来る」と言い切っていた。現実の東京大空襲の結果を知る者にとっては無謀な精神論としか言いようがないが、当時はそんなものか、と安心した人もいただろう。

人、機械、金、時——物質軽視の精神論

『対米国策論集』では、川島以外の論者も航空戦備拡充の問題を取りあげている。現役の陸軍工兵大佐にして陸軍省航空課長の四王天延孝（しおうてんのぶたか）（一八七九〈明治一二〉～一九六二〈昭和三七〉年）が、個人の立場を強調するためわざわざ和服でおこなった講演「航空界の現状と日米問題」がそれである。

四王天は特異な反ユダヤ論者として今日有名だが、第一次大戦時には欧州の戦場へ観戦武官として派遣され、一九一八（大正七）年の仏国シャンパーニュで四〇〇機もの飛行機が大爆音をとどろかせ、独軍の後方めざして飛んでいくのを目撃したというエリート軍人である。

彼は一般向けの話がうまく、「航空機は本当の飛び道具である。分り易（やす）い例で申せば将棋の飛車角のやうであります」ときわめてわかりやすい喩えを使って聴衆に語りかけた。彼は講演中、陸軍軍人でありながら、大艦巨砲主義はもう古い、これからは航空の時代だと喝破した。長岡外史がそうであったように、陸軍軍人にとっても対米問題は要す

るに海軍の問題であった。だからおのずと海軍の領分に口を挟むようなかたちになるのである。

四王天に言わせれば、ワシントン海軍軍縮条約は、欧米列強が航空拡張という抜け道をあらかじめ確保したうえで、「巨砲大艦」を「弊履（へいり）を棄つるが如く」廃した結果に過ぎなかった。「当時仏国の航空官ルシユールは論じて、軍備を制限すると云ひ乍ら海軍の大艦巨砲などを制限して、而して航空機の制限をしないのは、底抜けな軍備制限である、列国の意図は常に抜け道を作る様に仕向けて行くと喝破して居り」、財政に余裕のない仏国が欧州で重きをなしているのはこの先見の明があるからだ、という。

四王天はこの仏国のやり方を日本もぜひ見習い、「抜け道」としての航空戦力に注力すべきだ、と説く。その航空拡充には人、機械、金、時の四拍子が大事だというのだが、興味深いのは、彼がここで突如、機械と金は国民の愛国心さえあればなんとかなる、だから大事なのは人と時だなどと、物質軽視の精神論に走りだしたことである。

この講演の最後で四王天はアメリカの空襲などは「国民の覚悟一つで何でもない」し、「我々には、何のために戦をして居るか、我〔彼〕等が何の為に日本に向つて斯くの如き事をするかと云ふ様な、我帝国の国体、我帝国の存立を脅（おびやか）す所の彼等の根本政策がよく了解されて、崇高なる吾が理想を貫く為には如何なる艱難（かんなん）如何なる辛苦をしても何処迄もやると云ふ精神が必要である」と、「覚悟」や「精神」の大事さを説いている。これではただの根性論ではないか。

四王天にとって精神力で米国に勝つことが日米問題解決の最有力手段であったことは、「若し其の根本〔精神〕を忘れましたならば、如何に日米問題を考へてもつまらぬものとなります」という講演中の発言からもわかる。だが、欧州の総力戦を目の当たりにした、しかも技術を重視する工兵将校であるはずの四王天、そして川島たちはなぜ、後年の対米戦下の日本軍部や国民と同じレベルの卑小な「精神論」に走ってしまったのだろうか。

答えは、米国との戦争がまだまだ遠い先のことと考えられていたからだろう。このような具体性を欠いた精神主義に基づく講演にも、集まった人びとは拍手喝采を送った。溜飲がとりあえず下がればそれでよかったのだ。だが、川島たち対米強硬論者はいつまでも現実味の薄い根性論ばかり並べていたわけではない。時世の変化に応じて、それなりの根拠を挙げながら航空軍備の重要性を説き、人びとに協力を求めていく。つまり「説得」をおこなうようになるのである。

川島清治郎の「空中国防」論

川島による国民「説得」の様子や論理を詳しくみていきたい。彼は一九二八（昭和三）

年の一般向け著書『空中国防』において、独自の航空軍備拡充論を再度くわしく唱えている。以下にその概要を紹介しよう。

川島『空中国防』は「自序」で「国防の将来は空中に在り」と喝破し、各国における空軍の出現は各国の軍備に根底より一大革変をおこなわせずにはおかない、ワシントン条約で海軍軍備を制限された日本にとっては逃すことのできない好機だと述べた。本文では将来の戦争は「空軍」単独で決着する旨の予言をおこなった。その趣旨は、今後の戦争には飛行機がまず現われて戦闘を開始し、優勢な一方の空軍が敵の陸軍海軍の進軍、集中、展開を妨げていち早くこれを壊滅してしまう、「将来の戦争は空軍の戦争を以て勝敗を決し、陸軍海軍の互ひの本戦を見ずして終ることがあるかも知れない」というものだった。

川島は、今後の海軍とその戦法も航空機中心になるとみた。すなわち、今後の海戦は、「三段落」すなわち三段階に分かれるという。今後の飛行機時代の海軍では、我が艦隊所属の飛行機は敵艦隊の集結している軍港を爆撃する。この場合、敵軍艦は軍港内にあって自ら動くことができず、坐ったまま我が飛行機の爆撃を甘受し、我が飛行機は敵艦隊をことごとくそのまま軍港内に覆滅させることができる。我が艦隊そのものはほとんど一発の大砲を放つこともない。これが第一段階である。

しかし敵艦隊もそこまで魯鈍（ろどん）ではないから、開戦後いち早く出撃するだろう。その場合、両艦隊の距離がまだ一〇〇マイルも二〇〇マイルもあるあいだに、俊敏果敢な艦隊側の飛行機はいち早く飛び立って驀進して敵艦隊に向け攻撃を開始、爆弾や魚雷、毒ガス弾を投じて敵艦隊殲滅を企図するだろう。

この場合、敵艦隊は一発の大砲をも我が艦隊に酬いることができない。味方の艦隊もまた一発の大砲を放つことがなく、「たゞ差遣した味方の飛行機の戦闘如何を高見の見物……否低見の見物をしてその勝戦の報を俟つのみである」。今日でははるかに飛行機の偵察もおこなわれるので、雨天や夜間でないかぎりは、概して両艦隊の接近および位置は互いに知られ、互いに飛行機を進発させ、攻撃を開始することになる。

要するに、飛行機の優勢な艦隊は、進軍中自らの「大砲力」を用いることなく敵艦隊を撃滅できるのである。このケースが今後の海戦ではもっとも多くなるはずなので、そのためには一国の艦隊は「最先第一の急務」として飛行機の勢力を十分に、いな十分以上に充実させねばならない。

川島の言う海戦の第三段階、すなわち「飛行機が艦隊戦闘の場面に出没参加すること例の常套海戦図の如くなる場合」とは、当時の各国海軍が想定していたような、戦艦同士の決戦に飛行機が補助的に参加する戦闘を指す。しかしそれは、飛行機の空中戦闘中に両艦隊が自然に接近して大砲射程内に入った場合、雨天もしくは夜暗の関係で不意に両艦隊が出会した場合、両艦隊の飛行隊が互いの戦闘において相打ち、刺し違えて全滅の状態に陥ってもはや飛行機のみでは大勢を支配できず、最後におこなわれる艦隊戦に若干の残存機が参加する場合、のいずれかに過ぎない。

このように、今後の海戦は三段階に分かれ、うち二段階はほとんど飛行機のみでおこなわれると予見された。川島は、もはや軍艦が直接戦場に現われてたがいに「大砲戦大猛闘を交ゆるが如きことはないことになつてゐる」とまで断言する。

飛行機と戦艦較べ

川島『空中国防』は兵器としての飛行機と戦艦の強さ較べについても、「飛行機爆弾の威力は最早否認することは出来ない。たとひ将来における新式戦艦がその強度を増加するも、飛行機はます〳〵大となり爆弾はます〳〵大となるから、結局は戦艦側の不利といはねばならぬ」という。現状では飛行機の投下爆弾は戦艦の甲板を貫通、撃沈できないかもしれないが、米国で一九二一（大正一〇）年から二三年にかけて廃戦艦アラバマやヴァージニアを使っておこなわれた爆撃実験が示したように、爆弾で艦上の構造物がすべて破壊されればもはや戦闘不能だからである。しかも一九二一年、米陸軍軍人のミッチェルは大戦終結後にドイツから引き渡された旧式戦艦を目標に飛行機からの爆撃実験をおこない、撃沈にすら成功していた。

また、両者の価格を見れば「戦艦一隻の代価は四千五百万ドルである、これで千台の爆撃機が購入出来る。戦艦の人員は八百名以上であるが、飛行機の人員は二三名で足りる」ので、経済的側面からみても飛行機に軍配が上がる。

しかし川島は、「飛行機と戦艦との費用較べは、元来比較すべからざるものを比較することゝなるのである性質上大に誤れる比較となるのである」と述べ、両者の単純直接的な比較には意味がないと退ける。

なぜなら、飛行機は戦艦を攻撃できるが、戦艦は飛行機を攻撃できない。それに今後の戦争では互いに相当の飛行機を持っているので、飛行機同士の戦いで少しの優勢を占めた方が敵の戦艦を一方的に撃滅できるからである。戦艦対戦艦で戦えば互いに相打ちとなり、たとえ勝利を得ても、自らも大きく損傷するだろう。しかし戦艦対飛行機であれば、飛行機はほとんど無抵抗で戦艦を撃滅できるから、比較的少しの勢力と費用をもって戦勝の目的を達し得るのである。

川島は、「飛行機派の主張」をつぎのように要約する。戦艦群の建造に無用に近い費用を捨てるくらいならその金を飛行機に注ぎ込め、その全額でなく一部分でもよい、言い換えれば一隻の戦艦費でもよい、と。これは日本海軍部内では一九三七（昭和一二）年に勃発した日中戦争以降に唱えられるようになったいわゆる航空主兵論そのものであり、川島本人も「飛行機派」に属しているのは明白である。川島は直接述べていないが、戦艦よりかなり「安価」な飛行機は貧国日本の財政上も、軍事費縮減を求める世論対策上も都合がよかったはずだ。

三流国の低レベル

川島は、海軍のみならず、陸軍の航空についても一家言を有していた。一九二六（大正一五）年、雑誌『日本及日本人』に掲載した論文で単なる地上戦支援ではいけない、「深く敵地に進入して敵の後方策源地、兵器製造所、重要都市及産業地を破壊すべきである」「敵の後方に於ける数十百万哩（マイル）間に用ゆる戦略的飛行機を要する」と、今日でいう戦略爆撃の可能な飛行隊の整備を主張した（「国防の弛緩」一九二六年四月）。これは一九二〇年代に伊国のドゥーエ将軍が提唱した爆撃理論の影響を受けたとみられ、海軍についても米国軍人ミッチェルやシムスの「航空母艦の前には戦艦の存在を許さぬ」といった発言を紹介している。では川島はこれらの新しい欧米軍事情報をどこから得ていたのか。

川島は「国防の弛緩」執筆の三年前、富士の裾野で陸軍「第一回の新兵器新戦術実験の予防（ママ）演習なるもの」に見学を願い出たものの、わずか二時間で帰ったと書いている。理由は「大戦役当時より欧洲の軍事に若干の注意を払ひ且つ軍事画報類を通覧して居る者にはいかにしても児戯としか映じられなかつた」「三流国の陸軍を見るの感を禁じ得なかつた」からだった。

このことから、川島は欧米の軍事書籍を継続的に入手し読んでいたとみられる。昭和初期、一民間人でも欧米最新の軍事情報にふれることは可能だったわけである。第一次大戦後の日本陸軍が反戦平和の空気のなかで国民から「役立たずの大飯喰らい」という批判を浴びていたことは知られているが、このような欧米軍隊にくらべて低レベル、「三流国の陸軍」という方向からの批判にもさらされていたことは記憶されてよい。

彼がこうした先駆的な飛行機重視論を唱えるに至ったのは、同時代米国での空軍論争もよく観察していたからである。『空中国防』は、前出の軍人ミッチェルの戦艦爆撃実験に端を発する空軍独立論争の激化を詳しく取りあげている。この論争に接したクーリッジ米国大統領は自らの学友でモルガン商会の重役であるモローに委員会を組織させ、「米国航空政策の根本」を審議させた。

一九二五（大正一四）年一二月二日、同大統領に提出された委員会報告書は空軍独立については「航空隊は陸海軍における最大重要の要素ではあるが、未だ陸海軍と並列して独立したる攻勢作戦を実施するほどの域に達してゐない」として否定、「飛行機がよく戦艦を爆沈し得べしとの問題に関しては、これは余りに専門的なると同時に、その論争は、多くは事実にあらずして予言に属するものである」として同じく退けたという。

川島は、米国の戦艦爆撃の実効性に関する議論は、航空派と戦艦派の論争が双方とも恣意的に過ぎ、周囲が辟易（へきえき）したため「水掛論」に終わった、と述べる。空軍独立の問題についても、陸海軍の将星がことごとく反対し、また海軍将校中一人として賛成した者がなく、いまだその時期でないと「明白にこれを排斥し去つた」結果、実現しなかったと述べた。

米国におけるこの空軍独立論争は日本でも似たような経緯を経て「水掛論」に終わり、日米両国は陸海軍に航空部隊を分属させたままで太平洋戦争を戦うことになるが、川島が仮想敵国米国の動きをよくみて、航空拡充政策の実現を国民に説得する材料にしていたのは注目される。いささか深読みかもしれないが、私にはせっかく米国が戦艦に未練を残しているのだから、日本はさっさと安価な飛行機に注力すればよいではないか、と提案しているように思えてならない。

昭和天皇と爆撃実験

日本海軍も一九二四（大正一三）年七月九日、相模湾で廃艦石見（いわみ）（もとは日露戦争で捕獲したロシア戦艦アリヨール）を目標に飛行機から爆撃実験をおこない、陸海軍飛行機が五次にわたる爆弾投下で数発の直撃弾、至近弾を与え、浸水により転覆沈没させた。爆撃高度は八〇〇ないし一〇〇〇メートル、目標はほとんど静止状況で困難な状況は何もなかったが、訓練をはじめて日が浅い当時としては立派な成績で、爆撃隊の士気は大いに上がったという（桑原虎雄『海軍航空回想録 草創編』）。

当時の新聞によれば、この爆撃実験は、石見が爆撃だけで沈むはずがないという予想に基づいて翌一〇日もひきつづきおこない、焼夷弾と魚雷で沈没させる予定になっていた（『大阪毎日新聞』一九二四年七月一七日「戦艦偏重主義から覚めて来た我が海軍 トテモと思はれた廃艦石見が爆弾投下で見ン事沈没した」）。ところが石見は九日の試験だけで沈んでしまったので、一〇日の実験を見る予定だった海軍大臣も外国武官も貴衆両院議員もとうとうその爆沈の様子を見ることができなくなってしまったという。

『大阪毎日』は、この実験は海軍部内大多数の予想を見事に裏切り、従来戦闘艦のみを重視し飛行機の爆撃の威力を軽く見ていた海軍もようやく飛行機の威力を知ることになってきた、戦艦偏重主義から覚めて航空設備充実の必要を説くものがようやく増加せんとする傾向が現れてきたのは、航空隊拡張に熱心な財部（彪）大将を海軍大臣とする折柄、注目に値すると読者に解説している。すでに大正末期から、戦艦に対する飛行機の優位が一般国民に向けて証明されはじめたのである。

この爆撃実験から三年後の一九二七（昭和二）年、連合艦隊は豊後水道沖で戦技演習と水上艦に対する飛行機の爆撃実験を再度おこなうことを決め、同年六月二五日、当時二六歳の昭和天皇に演習への行幸を願い出た（「連合艦隊ノ戦闘射撃及爆撃実験ニ行幸ヲ奉仰度件」）。海軍はこの爆撃実験と天皇の行幸を事前に公表し、必ずしも大きい扱いではなかったが、新聞で報道された（『東京朝日新聞』一九二七年七月二二日「陛下御前で両艦撃沈か　豊後水道の海軍演習に軍艦千代田と初春」）。若き天皇への見学要請は、天皇本人のみならず一般国民のあいだに広く爆撃という新戦法への興味関心を喚起する意図もあったろう。

この行幸に随伴した侍従武官長・陸軍大将奈良武次の日記によれば、八月五日、天皇たちの目前で水上機母艦能登呂より発進の水上偵察機四機が擬潜望鏡に爆弾を投下、ついで廃船となった元防護巡洋艦千代田への爆撃実験がおこなわれた。第一回は空母鳳翔搭載の攻撃機三機が高度二〇〇〇メートルから爆弾を二回一斉投下、第二回は能登呂の水上偵察機四機が一機ずつ爆弾を一〇〇〇メートルから二回投下、第三回は鳳翔の攻撃機三機が第一回と同じ条件で爆弾を投下した。奈良の観たところ「此爆撃は稍〔おおむね〕巧に行はれ」たものの命中弾はなく、駆逐艦の放った魚雷一発により千代田は沈没した。

しかし実験翌日の新聞報道では「飛行機数台から爆弾を投下すれば一まつの水煙とともも

に廃艦千代田はあへなき最期をとげた」（『東京朝日新聞』一九二七年八月六日「お召艦一路奄美大島へ　千代田撃沈を最後に海軍戦技終る」）ことにされた。

これに先立つ八月三日、天皇は佐伯湾の空母赤城を巡覧した。翌四日には赤城と鳳翔の飛行機の接艦、発着作業、ついで千代田を目標とした巡洋艦加古の昼間戦闘射撃（二〇センチ主砲）、戦艦長門・陸奥の夜間戦闘射撃（一四センチ副砲）をあいついで観覧している（以上、波多野澄雄・黒沢文貴ほか編『侍従武官長奈良武次日記・回顧録　第二巻日記（大正十三年〜昭和二年）』）。

昭和天皇がこの爆撃実験を観て何を思ったかは残念ながらわからない。たしかに爆弾は命中しなかったが、同じく見学した弟の高松宮（当時海軍少尉）の日記によれば、加古の射撃も「意外に成績不良、20糎〔主砲〕の価値はこんなものかとも思へた」そうである（高松宮宣仁親王『高松宮日記　第一巻』）。この演習は必ずしも水上艦艇の優位を確信させるものではなかったようだ。

想像をたくましくすれば、若き天皇は、軍艦の主砲に比肩しうる新たな海軍戦力としての飛行機の可能性を感じ取ったかもしれない。少なくとも海軍自らはそれを感じ、天皇、そして国民にも新しい軍事知識、本書の表現でいえば〈リテラシー〉の向上を願っていたはずである。そうでなければ天皇にわざわざ爆撃実験を見せたりはしないだろう。

海と空の博覧会

一般の国民は天皇と違って爆撃実験を実見することはできなかった。その代わりとなって人びとに航空と軍艦の関係についての知識やロマンを提供したのが、博覧会というイベントであった。

その啓蒙的博覧会の一例として、一九三〇（昭和五）年三月二〇日から五月三一日まで、東京上野不忍池畔（しのばずちはん）でおこなわれた「日本海海戦二十五周年記念 海と空の博覧会」を挙げる。主催は三笠（みかさ）保存会と日本産業協会である。前者はワシントン海軍軍縮条約で廃艦となった日露戦争時の連合艦隊旗艦・戦艦三笠の保存を目的に設立された団体で、後者は各種商工業者が国産品奨励や輸出促進のため作った団体である。

そのため会場には、海軍の歴史資料や新旧兵器と各地の商工業品・物産品とが、若干同床異夢的に並んで展示された。会期七三日間中の入場者は八三万五四八七人に上った。以下の記述は、博覧会終了後に作られた報告書『日本海海戦二十五周年記念 海と空の博覧会報告』（一九三〇年）による。

博覧会開催の目的は、その「趣意書」によれば「産業ノ振興ト国力ノ充実」と「欧米ノ思想ヲ謬取（びゅうしゅ）シ漸（ようや）ク軽佻浮薄（けいちょうふはく）ニ赴（おもむ）カントスル際質実剛健ノ気風ヲ涵養」の二つであった。前

図4　「海と空の博覧会」の装飾塔

者は文字通りの意味だが、後者は、大正期に欧米から流入した個人主義や自由主義のせいで社会が浮ついているから、今こそ国民が一致団結して戦った日露戦争の記憶を節目の年に思い出して国を立て直そう、というくらいの意味である。

会場に建てられた装飾塔は戦艦の檣楼（しょうろう）と主砲をあしらった（【図4】）し、正門内側には戦艦陸奥の主錨（しゅびょう）や一六インチ主砲身、同弾丸の模型も置かれ、いかにも大艦巨砲主義を鼓吹顕彰する内容だったようにみえる。だが、海軍が民衆啓蒙の見地から全面協力して作られた各種の展示物やイベントをみると、そうとばかりはいえない。

会場パビリオンの一つ「海軍館」には、日本海海戦時に掲揚されたZ旗や、長さ三〇尺（約九メートル）もの戦艦八島の精密模型などとともに、「潜水艦の襲撃の実演」なる模型が展示された。水槽に水を湛えてまず戦艦の洋上航海を表し、ついで左舷後部より潜水艦が現れ、戦艦に近づくにしたがい漸次潜航して魚雷を発射、「水柱天に注すると見る間に戦艦は戦首を下に直立して海中に没する状況を動的に実演して潜水艦の威力を示し」た。これらの品々は「一として観衆に対して斬新、珍奇ならざるはなく不知不識の間に海軍に対する常識を涵養せし所甚大なりと信ず」るに足る、と解説された。

これを海軍の立場から考えると、「斬新、珍奇」さや刺激を求める大衆の欲求に訴えて軍事知識の「涵養」を計ろうとすれば、おのずと強大な戦艦が新兵器の潜水艦によってもろくも撃沈される、という意外性をもった展示にせざるをえなくなったのではないか。

海軍の斬新性志向は、第一会場の他の展示物についてもいえる。海軍は、不忍池で無線による模型軍艦の操縦や「大艦巨舶ヲ一瞬ニシテ粉砕シ得ル」敷設水雷の爆破実演、魚形水雷を発射して「浮揚セル模型軍艦ノ側面ニ命中シテ艦体ヲ両断セシメ」る様子の実演をおこない、あわせて軍艦から飛行機を射出する装置、カタパルトの実演も試みた。

この実演は長さ一二間、幅二間（一間は約一・八二メートル）の水槽をこしらえて背景に一万トン巡洋艦を描き、その艦上から翼の幅三尺五寸（約一・〇六メートル）の模型飛行機がカタパルト上で飛翔上必要な「エナルシヤー」（慣性）を与えられる様子を再現したものである。そこから模型飛行機が実際に飛び立つ様子の再現までは場所の関係で断念されたが、『報告』はこれを「我海軍ニ於テハ独特ノ装置ヲ考覈〔研究〕シテ随意ニ艦上ヨリ飛行機ヲ飛翔セシムルコトヲ得セシメ列国ノ羨望ノ的」であると解説し、「其装置ノ斬新ニシテ其ノ作業ノ珍ラシキタメ大ニ〔観衆の〕感興ヲ惹キタリ」と自画自賛した。

うがった見方かもしれないが、都市の大衆に海軍の珍奇さや派手さを体感させる教材として、戦艦はもはや大きすぎて不適格、代わりに機雷や魚雷、そして飛行機がちょうどよいサイズだったから、このような展示となったのではなかろうか。戦艦陸奥の主砲身や戦艦八島はどれほど精密に再現されていたとしても、しょせん模型に過ぎない。しかも八島の実物は約二六年もの遠い昔、旅順港外で露海軍の敷設した機雷によりあえなく沈んだ。

とはいえ、『報告』は日本海海戦の夜間戦闘で味方水雷艇や駆逐艦が魚雷を使ったことも明記し、「会期中総入場者八十余万人中当年ノ夜戦ニ於テ水雷発射ヲ敢行セシ勇士モ有リツラン。此実演ヲ見テ其感想果シテ如何ナリシ歟」と述べることで、明治生まれも大勢含まれたはずの観衆の懐古や情緒に訴えることも忘れなかった。

海軍の世論対策

海軍の国民宣伝における新奇性志向は、この海と空の博覧会の会期中、多数の新聞記者たちを招いておこなわれた「日本新聞協会招待会」からより明確にうかがえる。主催者は四月一〇日、全会員三〇〇名を上野精養軒に招待して会場を観覧させ、翌一一日は海軍省の好意で芝浦埠頭に回航した軍艦（機雷敷設艦）厳島に便乗させて横須賀に向かい、記念艦三笠のある第二会場を観覧させた（以下『報告』による）。

この一一日、芝浦埠頭倉庫内でおこなわれた午餐会で、名古屋新聞主幹・與良三郎は海軍側の厚意に対し、「現時の行詰まれる我国の情態を打開して、国運を発展せしむるには、海外致る処に日本村を建設し、之を日本とつなぎ合せる事を必要とするのであります。此の難局打開の方法としては、日本村を海外に扶植する以外にはないのであります。而して之を実現する為には一に海軍の力に依る外はないのであります。我等新聞人は日本人をして海外に殖民せしめ、之を鼓舞激励する重大なる役目を有するものであります」と謝辞を述べた。

與良は、この手厚い接待に隠された海軍側の意図を十二分に理解している。その意図とは、対外進出政策の後ろ盾という自らの存在意義の強調、そしてそれを国民に教えるためのマスコミ利用の二つである。新聞側にとっても、海軍側の意図を体して記事を書くことは、発行部数増という自らの利益につながっていた。

このような海軍の世論対策は以前よりおこなわれていた。近年の研究で、日露戦後から大正にかけての海軍が議員や官僚、実業家、新聞記者などを招待して実際の海戦さながらの演習を観覧させる行事をくりかえしおこない、軍備拡張に対する世論の支持を得ようとしていたことが指摘されている（小倉徳彦「日露戦後の海軍による招待行事　恒例観艦式の創設」）。その様子はメディアでも臨場感をもって報じられ、人びとに海軍の姿や存在意義を感じさせるものとなっていたという。昭和の記者招待会はこうした先例に基づいておこなわれたと言える。

軍艦を撃沈

さて、厳島に記者たちが乗り込むと、艦長はまず彼らを「社会の指導者」と持ち上げ、ついで艦が去年一二月に竣工したばかりの「最新最鋭」でディーゼル機関を搭載し従来の六分の一の燃料で動くこと、電波を利用した音響測探機を積んでいることなどを懇切に説明した。

芝浦から横須賀へ向かう洋上で、潜水艦と飛行機が厳島を模擬襲撃する演習がおこなわれた。まず敵の戦闘機に模した飛行機二機が艦の真上から爆弾を投下、左舷に敵の潜水艦が現れ、厳島は一四キロ〔センチメートルか〕砲を開いて応戦した。つづいて敵の四機が襲来し、二機は艦橋をかすめて爆弾を、二機は魚雷を投下して飛び去った。厳島はふたたび砲で応戦したが、さらに別の潜水艦が現れて艦を襲撃、「軍艦厳島は撃沈せられたりと仮想して演習終」りとなった。

海軍は、大艦巨砲主義の固守どころか、大衆の好む「斬新」「珍奇」性を出すために、飛行機と潜水艦という新兵器を使って「最新最鋭」の軍艦をあっさり撃沈してみせたのであった。

到着した横須賀で記者たちは記念艦三笠を見学後、横須賀鎮守府主催の晩餐会に招待された。司令長官の大角岑生（おおすみみねお）中将は席上、海軍は世間と疎遠にしているので自分はつねに遺憾としている、本日は艦上で種々戦争作業をお目にかけたが、これで「海軍が何であるか」を観る機会を得られたと思うので「必らずや偉大なる筆の力となつて御紹介下さる事と信ずる」、どうぞ海軍に関しよく全国に紹介していただきたい、と挨拶した。

これに応えて光永星郎（ほしお）協会理事長は「海軍当局の別段の好意により軍艦上、最も進歩せる海軍現勢による機会を与へられ」て「我海軍の偉大なる進歩に驚嘆した」、この博覧会の目的は単なる日露戦争の記念ではなく「海の軍事思想の普及」にあることを知った、大角は海軍と世の中が疎隔しているといったが、この第二会場でその点は完全に除かれている、などと答辞を述べ「大ニ（おおい）海軍ヲ礼賛」した。

このように、海軍が博覧会や「大いなる筆の力」のマスコミを利用しておこなわせた宣

図5　海軍大展覧会の吊広告

伝活動のなかで、大衆の耳目を引くべく活用されたのは、大艦巨砲主義の軍艦よりはむしろ「斬新、珍奇」な新兵器の潜水艦、そして飛行機であった。

　こうした展示会は、東京だけでおこなわれていたのではない。大阪ではすでに一九二七（昭和二）年、在郷軍人会により高島屋呉服店で「海軍大展覧会」が開かれていた。五月一八日から三〇日までの会期中、一四〇万七九九六人を集めたと称するこの展覧会には、戦艦陸奥の主錨や四〇センチ主砲弾の模型なども展示されたが、「最も人気を集めたる大海戦の大パノラマ」は主砲を振りかざす戦艦や巨大な水柱の上空に乱舞する飛行機や飛行船を配置して、来たるべき艦隊決戦における飛行機の地位を人びとに示すものであった（山中寿一編『海軍大展覧会記念帖』）。【図5】は市内電車に掲示された展覧会の「面白く珍らしき」吊り広告である。ここに描かれた空母赤城は実際には三段甲板で完成したが、大胆な絵柄にはある種の新奇性志向が感じられる。

3　墜落と殉職——人びとの飛行機観

作文集『征空』

とはいえ、大正〜昭和初期の日本人にとって、戦艦が明治以来なじみ深い存在であったのは事実である。【図6】は戦前の少年に人気のあった雑誌『少年倶楽部』一九三〇（昭和五）年一月号付録の「新案物識(ものし)りかるた」の一部である。

絵札には当時世界最大の四一センチ主砲を積んだ長門(ながと)型戦艦の後ろ姿が描かれ、読み札の表には「陸奥と長門は日本の誇り」、裏には「何一つ外国人の智恵も借らず手も借らず、全く日本の海軍の力で生れたもの。世界各国も我が陸奥、長門の威力には眼をみはってびつくりしてゐる」との解説文がある。巨大な戦艦は国の誇りだったが、新参の飛行機も、徐々に人びとの心のなかで存在感を高めていく。この変化はどのような経緯をたどっ

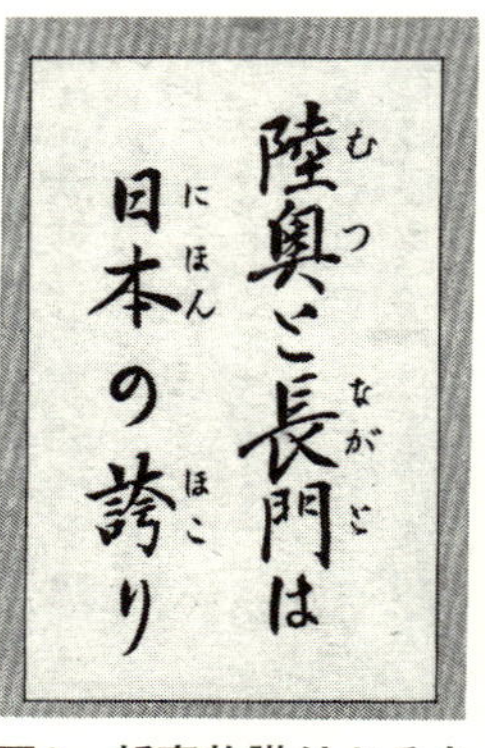

図6　新案物識りかるた（『少年倶楽部』1930年1月号）

たのか、人びとは飛行機に関する宣伝に対していかに反応したのかを考えてみたい。

戦前日本人の空や飛行機に対する憧れについては、これまでにも研究がなされてきた。和田博文『飛行の夢 1783-1945』や橋爪紳也『飛行機と想像力 翼へのパッション』はいずれもモダニズムの視点から、文芸作品やポスター、飛行イベント、デザインなどの多様な資料を駆使して人びとの空への夢が膨らんでいく――といっても飛行機は出現当初から戦争と結びつけて語られたので、夢は暗い滅びの、あるいは破壊のそれともいえるが――過程を描いた文化史的研究であり、教えられるところは大きい。

そうした夢を人びとが紡いでいく前提となった戦争と飛行機に関する諸知識を、陸海軍などがどう語りかけ、啓蒙していたのか、人びとはそれをどう受けとめたのかを、以下時代順に追っていく。

大正期の大阪に、曾我一郎という人物がいた。株相場で儲けた金で飛行機「曾我号」を帝国飛行協会に寄贈するなど、航空に並々ならぬ関心を持っていた。帝国飛行協会とは一九一三（大正二）年に発足した、飛行思想普及を目的とする民間団体（初代会長大隈重信）である。

曾我は一九一七（大正六）年に賞金（書籍券）一〇〇〇円を拠出し、国民の航空に対する関心を深めようと、航空機に関する作文の懸賞をおこなった。全国から集まった作文一六〇〇通余の審査を京都帝大の五博士に委託、一～五等に選ばれた四三通を『征空　航空機に関する懸賞文集』にまとめ、翌一八年に公刊した。

作文の多くは第一次大戦下という時代背景上、航空と軍事を直接結びつけていた。曾我が新聞に出した募集広告からして「我国刻下航空界の現状は之を欧米各国の進歩せる斯界に対比して著しく遜色あり軍国の将来に想到せば陰に慄然たらざるを得ず」とうたっていたし、『征空』に序文を寄せた長岡外史（帝国飛行協会副会長）は、独軍の飛行船機が「一蹶直ちに東京大阪に殺到し、爆弾数千百個を投下して、容易に焦土と化せしめらるべき一大危機」に備えよなどといって人びとの恐怖心を煽っていた。ちなみに長岡が会長をしていた国民飛行会はこの年六月に会勢立て直しのため帝国飛行協会と合併、本人は副会長の座に納まった（日本航空協会編『協会75年の歩み　帝国飛行協会から日本航空協会まで』）。

この作文集は、「戦闘艦」がいかに装甲で身を固めようと飛行機が数十貫の爆弾を投下すれば避けることはできない、「数分間ニシテ海底深ク没シ終ランノミ」「軍艦要塞ハ飛行機ヲ防グ能ハズ」と断言する山口県室積師範学校生・吉川新助（一八歳）の作文を三等に選んでいた。

もちろん熱心な飛行機好きの文章であるから一般化はできないが、巨大な軍艦を凌駕する先進兵器としての飛行機像は、大正六、七年の時点で、地方の一師範学校生でもその気があれば入手し、言葉で表現しうる程度には普及していたといえる。

五等に入選した川島喜一郎（京都市、二〇歳）の作文「飛行機」は「飛行機ヲ以テ京都市街ヲ焼尽スニハ約十五分間ヲ要ス」のみという長岡の講演を聴いて「吾人ハ枕ヲ高クシテ眠ルコトガ出来ヨウカ」と感じたと述べて、陸海軍のみならず民間飛行事業の拡張を訴える内容だった。長岡の啓蒙活動がそれなりの影響力を持っていたことがうかがえる。

一等（書籍券三〇〇円）に選ばれた大阪府在住、二一歳の酒井政雄の作文「飛行船」は今で言う仮想戦記で、日本を空襲したドイツ軍飛行船の操縦士が故郷ベルリンに宛てた手紙という体裁をとる。ハンブルクから二日間かけて東京に飛来した操縦士はロンドンへの空襲と違って探照灯や高射砲、飛行機の迎撃も受けることなく爆弾を投下、東京は全市火の海と化した。彼は「此ノ小気味ヨキ敵地ノ焦熱地獄ヲ嘲笑ヒツヽ」「汝等ノ都ハ焼カレ汝等ノ同胞ハ惨ラシキ屍ヲ平和ナルベキ母国ノ地ニ曝シ、開闢以来一度モ敵ノ蹂躙ニ委セザリシ汝等ガ国土ハ、今我等ガ一喝ニ怖デテ見苦クモ足下ニ伏シタリ」などと侮蔑の言葉を記した紙片を投下してアラスカへと飛び去ったのであった。

この紙片には「聞ケ敗者ハ弱シ、常ニ勝者ニ従ハザルベカラズ、汝モシ我ニ抗セントセバ今百倍ノ航空力ヲ要スベシ」との煽り文句も書かれていた。これこそ、筆者酒井が読者に訴えたかったことだったろう。われわれ日本人は飛行機がないばかりに戦争に敗れ、外国に侮られてもよいのか、と。

大正期の日本で飛行機についての知識が広まったのは、こうした優勝劣敗の人種思想に端を発する人びとの劣等感と、平和な大都市が一瞬で焼かれ火の海と化すことへの漠然とした恐怖心があったればこそと私は考える。作文入選者のなかには、現在は欧州大戦で「東洋ニ対スル白人ノ活動ハ一時中止」となっているが、講和が成立すれば彼らはふたたび東洋にやってくるだろう、そのとき東洋の運命は如何、アジアの中心たる日本の責任は重大だ、と説く二五歳の青年もいたのである（鎌野誠一、大阪市南区在住）。

作文の懸賞元たる曾我が航空に強い関心を持ったのも、長岡たちの宣伝が喚起した、自らの生きる都市大阪がいつか火の海と化すのではという漠たる不安からではなかったか。

堕落した飛行界

ただ、『征空』に収められた諸作文が面白いのは、当時の飛行機や航空隊に関する世論が必ずしも好意的、積極的なものばかりではなかったことをうかがわせるからである。

四等に選ばれた京都市在住、二四歳の松本清太郎の作文には、一九一四（大正三）年に東京の騎兵連隊に入営した際、中隊長だった林金象大尉が航空隊に編入され、ある日飛行機に乗って上空から騎兵隊を訪問した話がある。林が乗機から投下した紙片には「上空ヨリ母隊ニ敬意ヲ表ス」と書いてあった。松本はこういう飛行機の悪戯も快く感じていたが、やがて飛行機に「甚ダシイ嫌悪ト慨嘆」とを感じるようになったという。なぜだろうか。

その理由は、除隊後の一九一七（大正六）年に旅行で箱根山麓に泊まった際、飛行機が箱根の山を越そうとしてどれもできないまま引き返し、やがて地元の人は飽きてしまって爆音がしても見なくなり、「日本ノ飛行機モ、箱根ガ満足ニ越セナインヂヤ仕方ガナイネ」と言っていたからであった。松本は「陸軍ノ飛行機ハ、斯クノ如ク相模国足柄上郡ノオ百姓ニサヘ見放サレテ居マシタ」と皮肉を込めて書いている。ついで熱海・湯河原温泉にちかい吉濱村（現・湯河原町）の海岸でも、村人からつぎのような話を聞いた。

ある日、村の上空に飛行機が飛来した。生まれてはじめて飛行機を見た人びとは、その日は一人も仕事をしなかった。ところがその飛行機は海のなかに墜落、引き揚げられた機体は滅茶滅茶になり、羽根の布は小学生がもらって帰り、発動機だけが軽便鉄道に積まれて東京へ戻っていった。皆は「飛行機ハ危イモノ」「駄目ナモノデスネ」と決めつけてしまった。松本は、「此地ニ於テモ彼ノ陸軍飛行機ハ、小学生ガ小サク裂イテ紀念ニ貰ツタダケノ布片ノ印象シカ留メナカツタサウデアリマス」とふたたび皮肉を込めて書いている。

この陸軍の飛行機が数台を追加して特別大演習に参加し、良成績を挙げた。しかし翌日一人の飛行将校が遊郭の上を飛んで悪戯をやったため、昨日の名誉は地に堕ちてしまった。さらに演習の終了後、満足に東へ飛んで帰ったのは二台のみであった。松本は「冗談ヤ悪戯ハ、熟練ノ後ニ於テヤツテモ好イモノダ」、日本の飛行将校には「実戦ヲ想フ」観念が欠けている、軍のみならず民間の飛行界も昔の真摯だった時分にくらべて「今日ノ飛行界ハ堕落シテ居ル様ニ思ヒマス」などと厳しく批判、関係者の発憤をうながしている。

大正期とは、陸海軍航空といえども技量や志が低いなどといった、国民からの（飛行機への愛に裏打ちされた）辛辣な批判を免れ得ない時代であった。ここに長岡たち志ある軍人、そして軍組織自らも国民に向けた宣伝や啓蒙活動をつづけねばならない別の理由があった。

子どもたちの航空知識

『征空』に収められた諸作文のなかでも特異なのは、島根県安濃郡大田町(現・大田市)尋常高等小学校教師の菊田順治郎が書いた「飛行機」(五等)である。彼は子どもたちが飛行機に恐怖心を抱いていてはその発達は望めないと考え、勤め先の小学校児童六五〇名が飛行機の知識をどれほど持っているかを質問、結果をまとめて懸賞に応募した。

質問項目は、「一(イ)飛行機ハナニヲスルモノカ。(ロ)飛行機ハ一時間ドノ位走ルカ。(ハ)飛行機ハ普通何人位乗ルカ。二(イ)飛行機ニ乗リタイカ乗リタクナイカ。(ロ)乗ツテ空ニ飛ンダラドンナ心持チガスルダローカ。」であった。質問は「口問法」すなわち聞き取りでおこなわれた。

このうち一(ロ)と(ハ)については、子どもたちは知識皆無といった有様で、知らずと答えた者が過半数、ことに尋常小学校五年生以下は支離滅裂の情態であった。菊田は子どもたちは飛行機を見たことがなく「我国七百十万ノ児童中、我校ノ如ク未ダ飛行機ヲ見ザルモノヽ多数アルヲ思ハザルベカラズ」と嘆いている。その他の設問への回答状況は、彼が作った【表】の通りである。この結果は、一九一八(大正七)年の島根県の一地方でも、飛行機は戦争の道具としてそれなりに知られていたことをうかがわせる。表中の

「尋」「高」はそれぞれ尋常小学校、高等小学校を指す。

菊田はこの表より、飛行機についての意識は男女で差があり、男子は低学年から高学年に至るまで空を飛びたいというが、女子は高学年になるにつれ恐怖の念に駆られて否(いな)

答　項	尋1·2年 男110人 女108人	尋3·4年 男105人 女92人	尋5年 男46人 女50人	尋6年 男53人 女41人	高1·2年 男24人 女30人
一の（イ）					
人を乗せて飛ぶもの	男74 女79	男62 女77	男4 女17	男1 女12	男 女1
戦争のため	男10 女5	男40 女13	男41 女30	男49 女29	男14 女21
戦争及び運搬に	男 女	男 女	男 女	男3 女	男10 女8
宙返りして金儲けに	男 女	男2 女	男 女1	男 女	男 女
知りませぬ	男16 女24	男2 女3	男1 女1	男 女	男 女
二の（イ）					
乗りたい	男96 女94	男100 女79	男44 女25	男51 女13	男23 女5
乗りたくない	男13 女14	男5 女13	男2 女25	男2 女28	男1 女25
二の（ロ）					
心が大きくなる、面白い	男105 女100	男99 女77	男30 女19	男31 女15	男4 女2
恐ろしい、目まいがする	男5 女8	男6 女14	男13 女29	男20 女26	男15 女25
落つる、死ぬる	男 女	男 女1	男3 女2	男2 女4	男3 女3

※菊田作成、引用にあたり体裁を一部改めた。
一部数が合わない箇所があるが、そのままとした。

表　子どもたちの飛行機の知識

む、飛行機が戦闘用であるとの観念は、女子は希薄だが男子は尋常四年ごろから著しく旺盛だと観察した。そして、五・六年生のころから墜落惨死への恐怖が出てくるのは見逃せない、飛行機を好んで愉快に感ずるのは低学年の頃であるから、この間にその「趣味」を涵養し、高学年には「飛行機ノ懇切ナル説明ト、各列強国ノ飛行界ノ現状ヲ知ラシメ、皇国ノ将来ニ想到セシメ感奮興起」させるのが大事だ、と教師の立場から主張した。

白人への劣等感を解消する手段

実際、当時の飛行機はよく墜落した。『征空』三等に入選した京都府天田郡（現・福知山市）大正小学校高等科代表者・公手喜代史（一五歳）の作文「飛行機」は同校の卒業生で一九一四（大正三）年四月に「摸式第六号ト共ニ無惨ノ〔墜〕死ヲ遂ゲタ私達ノ兄様重松〔翠〕中尉ノ御霊」に捧げられたものだった。生前の重松中尉が陸軍飛行場のある埼玉県所沢から送った絵はがきは、日露戦争で戦死した桂（真澄歩兵第二〇）連隊長や丸井少将の戦地からの手紙とともに校内に掲げられ、毎年の忌日には追弔会をおこなって「益良男子ノイト固キ覚悟」を讃える琵琶歌が演奏された。このように、殉職飛行将校は学校教育の現場で英雄として顕彰されていた。

興味深いのはこの作文が「今ヤ獰猛ナ独逸ノ飛行船ハ私等ノ兄弟ナル英国ヲ度々侵シテ

ハ可憐ナ女子供ヲ惨殺シテ居マス」と述べ、自分たちはそうされないよう「御国ノ為ニ兄様ノ意志ヲ継」ぎます、と誓っていることである。単なる比喩といえばそれまでだが、同じ欧州の白色人種でありながらイギリス人は「兄弟」であり、ドイツ人は女子どもを惨殺する、いわば鬼畜扱いである。公手少年は黄色人種に属するにもかかわらず、前者とは「兄弟」になりたかったのである。彼にとっての第一次大戦とは、遅れた日本人が白人と対等な「兄弟」の地位に昇るための好機であった。

少年の脳裡には、生前の重松中尉が休暇で帰った母校で講演し、今日の飛行機はなかなか落ちるものではない、外国では女の人さえ巧みに乗っているのに日本では飛行機と聞けば恐ろしがる人が多いのは残念、「コンナ事デドウシテ各国ト戦争ガ出来マセウ」と「机ヲ打タレタ姿」が記憶されていた。ここで中尉の叫んだ「戦争」とは、どこか白人への恐怖心や劣等感を克服する手段としての戦いであったように思われる。その際、先進兵器の飛行機は自らのいわば文明度の度合いを計る恰好(かっこう)の指標であり、進んだ白人と対等になるという明治以来の〝夢〟を実現する道具だった。

地軸もゆるがん空中戦の

大正の陸海軍は航空戦力拡充のため日々努力し、飛行訓練の現場では重松中尉のような殉職者を多数出していた。若くして亡くなった将兵のために追悼録的な書物が作られることがあった。それらはいずれも、彼らの死を意義づけるための書であったから、必然的に軍航空の存在意義を世に訴えるものともなった。

日本国内初の航空殉職者は、陸軍砲兵中尉・木村鈴四郎と歩兵中尉・徳田金一の二人である。彼らの乗ったブレリオ式飛行機は一九一三（大正二）年三月二八日に青山練兵場を飛び立ち、所沢飛行場に着陸するあと一歩のところで突風に煽（あお）られて墜落した。彼らのために盛大な陸軍葬がおこなわれ、葬列が通過する九段偕行社（くだんかいこうしゃ）から青山斎場までの沿道には群衆が列をなして見送った。一般から寄せられた義金は四万円に達し、墜落地点には銅像（記念塔）が建った（徳川好敏『日本航空事始』）。この像は所沢航空記念公園内に移設されて現存する。

二人の没後、記念の歌「両中尉」が作られた（葛生桂雨歌／小松玉巖曲、『両中尉』共益商社書店、一九一三年）。その五番と六番は「雷轟電撃天柱（らいごうでんげきてんちゅう）くだけ、地軸もゆるがん空中戦の、雲の上にて開かれなんも、遠くはあらじ備えはいかに」「見ずや人々欧米諸国、飛行の進歩驚くばかり、国防上の最大急務、一刻一寸猶予はならじ」だった。日本でも大正初期からすでに、将来の戦争では飛行機が激しい空中戦を演じると予見されており、二人は立ち遅れた日本が先進欧米に追いつくための貴い犠牲とみなされた。そのことは結びの九番が

「勇士二人のなき魂（たま）そいて、やがて皇国（みくに）の飛行のわざも、月日とともに進みに進み、類なき名をば世界にあげん」とされていたことからうかがえる。

滋賀県八日市・飛行第三連隊の奥平（おくだいら）隆一陸軍航空兵中尉（死後、大尉に昇進）は一九二七（昭和二）年六月二一日、戦闘機での訓練中に墜死し、二五年の生涯を終えた。盛大な葬儀がおこなわれ、追悼録『嗚呼空界の「アス」故陸軍航空兵大尉奥平隆一君記念録』が二八年に同僚らの手で編纂された。アスはフランス語で、英語のエースの意である。

同書には故人の経歴や縁ある人びとの思い出話とともに、父である陸軍中将・奥平俊蔵（一八七五〈明治八〉年〜一九五三〈昭和二八〉年）が息子の死を悼み、同年七月二五日に大阪中央放送局の依頼でラジオを通じておこなった講演「空軍に犠牲を捧げて」が全文収録されている。

奥平中将は、息子隆一の死すなわち航空機発展の意義を、聴衆に向けてつぎのように語りかけた。いわく、昔は陸の征服者が世界の覇王となり、ついで海の征服者が世界の覇権を握った。将来においては空の征服は同時に陸海の征服となり、空界の雄邦はすなわち国際間の強国だということは、何人（なんぴと）といえど異論のないところであろう。すでに我が海軍でも補助艦と飛行機とそのいずれを増加するのが至当かについて大議論が起ったくらいであり、将来「空軍」の大威力の前には、軍艦も陸兵もほとんど顔色（がんしょく）なき時代が現出するのもさほど遠いことではなかろう。じつに航空不断の発達は国防、交通、政治、経済などの大変革を誘致し、いやしくもその奨励と研究とをないがしろにする国は国際間の落伍者となり、ふたたび台頭することのできない悲境に沈殿するのは火を見るより明らかである……と。

このように奥平は、長岡外史らによって提起された航空こそ国防の中心という議論の影響をうけ、息子はその発展の尊い礎（いしずえ）になったのだと考えた。そして「斯かる犠牲がなければ航空は発達しない。皇室の寵眷殊遇（ちょうけんしゅぐう）〔天皇皇后より祭祀料を、全宮家より弔慰金を賜ったことなど〕及び社会の熱烈なる同情は何の為だ。児供（ママ）が従容（しょうよう）として死に就たのに親として何時迄もくよ〳〵と泣く馬鹿があるかと気を取り直し」て悲しみを克服したのであった。八日市での本葬、東京荻窪（おぎくぼ）での告別式は「共に同地空前の盛儀」であった。奥平の講演は、日米の航空能力に大きな差がある一因に「国民の航空に関する冷淡」を挙げ、ぜひとも現在帝国飛行協会が取り組んでいる全太平洋横断飛行を挙国一致して成功させよう、と結ばれた。

戦前日本国民の〈軍事リテラシー〉のかたちを問う本書としては、奥平大尉の死が国民に対し補助艦よりも飛行機の製造を優先させるべきだと訴えかける、一つの宣伝機会となっていたことに注目したい。

殉職に飽きた人びと

このような飛行機や「空軍」の意義と欧米に対する日本の遅れを強調する宣伝が、ラジオという最新のメディアまでも駆使しておこなわれた背景には、大正後期から昭和初期にかけて航空兵の殉職があまりにも多発したため、人びとがそのニュースに飽きてしまい、かえって空への興味関心を低下させていたことがあったかもしれない。

凧(たこ)のような一〇〇馬力以下の発動機をつけた「モ」式六型(前述の『征空』に出てきた重松中尉が殉職したのもこの機種)は多くの空中分解事故のすえ一九二一(大正一〇)年に廃棄され、替わって陸海軍とも第一次大戦末期型の二三〇〜三〇〇馬力の発動機をつけた新鋭機群を配備した。そのため一九二二(大正一一)年を境に殉職者が激増したという(航空碑奉賛会編『続 陸軍航空の鎮魂』)。

たしかに、大正後期の陸軍航空事故死亡者数(カッコ内は海軍)をみると、一九二一年四(二)名、二二年一一(五)名、二三年五(六)名、二四年九(一七)名、二五年六(一一)名、二六年九(一四)名……と推移している。一九一二(大正元)〜一九三一(昭和六)年までの総計は一一〇(一一八)名に達した(帝国飛行協会編『日本航空殉難史』)。

さらに、陸軍の将校操縦者については、一九二四(大正一三)年から一九三一(昭和六)

年までの所沢飛行学校卒業者二一五名中の殉職者五二名（二四パーセント、ただしそのすべてが操縦者ではないという）との恐るべき数字が残されている（前掲『続 陸軍航空の鎮魂』）。

陸海軍、そして民間の航空殉職者に対する世の人びとの反応には、単なる感激だけではない複雑なものがあった。前出の作文集『征空』には、民間初の航空事故死亡者となった武石浩波（一九一三〈大正二〉年、京都で墜死）について、「私ノ空想シテ居ツタ美シイ天人ハ、一々恐ロシイ悲シイ事実ニナツテ現レタ。私ハ何ダカ惨酷ナ事ヲ待チ設ケテ居タ様ナ気ガシテ、貴イ犠牲者ニ対シテ申訳ノナイ様ナ悲シイ心が起ツタ」と回顧する二二歳女性（仙台市在住・塚本しづ子）の作文と、あのころは「偉大ナ犠牲」だの「斯界ノ先達」だのと讃え、新聞も一、二頁も割いて大騒ぎしたのに、最近は墜死者が出てもただ筋書風に履歴を記すだけ、まるで紙面を惜しむかのようだ、と社会の無関心ぶりを批判する一九歳の青年（和歌山県伊都郡在住・岡本良太郎）のそれが並んでいた。前者からは飛行家の悲劇的な死を悼みつつも内心では娯楽視、期待していた大正の人びとの心情が伝わるし、後者からはそれがしだいに飽きられつつあった様子がうかがえる。

前出の『日本航空殉難史』に収められた軍民墜死者たちの略伝にも、「付近は大破した機体の破片で頗る凄惨を極め、間もなく氏はみるも無惨な死体となつて浮き上つた」（一九二四〈大正一三〉年五月墜死の海軍三等兵曹）、「飛行機が物すごい勢ひで墜落して来たので、驚きの余り逃げ場を失ひ、機体の一部に触れて右手を付根からもぎとられ、出血多量にて瀕死の重傷に陥つたので、海軍の医務室へ収容し手当を加へたがつひに死亡した」（一九二五〈大正一四〉年六月、海軍機墜落の巻き添えとなった一六歳女性）といった露骨で扇情的な表現が頻出する。新聞報道などをそのまま転記したのかもしれないが、何となく空の「殉難者」顕彰という本来の趣旨を逸脱し、興味本位の人びとにおもねった感がある。

ただし、岡本青年は航空に対する世の無知無関心をただ批判するだけでなく、こんなことでは日本は「飛行機ガドンナ物ダトイフ事サヘ知ラナイ人」ばかりの国となり、そこで飛行機が発展する道理はない、だから我が国の飛行界や世界の様子をくわしく親切に示される人があってほしい、と前向きな提案をしていた。奥平中将のラジオ講演は、だいぶ時間が経ってのことだが、こうした国民からの要望に応えたとも考えられる。

もっとも、飛行機乗りの死に世間の関心が集まらなくなったのは「飛行機ガドンナ物」かぐらいはみんな知ってしまった結果、言い換えれば社会の〈軍事リテラシー〉がそれなりに向上したからではないか、と私は考える。

規律の乱れ——大正期陸軍航空隊の様子

息子を空で失った前出の奥平俊蔵中将自身も、大佐時代の一九二〇（大正九）年一月から八月までの短期間ながら航空第四大隊（福岡県大刀洗）長を務めており、航空の知識や関心は以前から高かった。彼の自伝『不器用な自画像』からは、あまり知られていない大正期の陸軍航空隊内の様子もうかがえるので、その概略を紹介しておく。同書によれば、創設当初の飛行隊は飛行機が未発達で危険率が非常に高かったため、隊付を志願してくる将校は原隊で成績不良、飛行科にでも転科して一旗上げたいという者が多かったという。

　彼らは明日の命も知れないのでその日の安楽を願う「板子一枚下は地獄だと言ふ漁師根性」に似た考えで放縦不規律の生活を送り、軍紀風紀が著しく弛緩していた。奥平が隊に赴任すると、よく知っている歩兵隊とは様子が大いに異なり、中隊長や上等兵が部下を殴打するので訓戒しても止めず、結局処罰や徹底的な訓戒でようやく収まった。

　こうした現場の気風や規律の乱れは、先に引用した『征空』収録の作文にあったような、国民の辛辣な批判を招く原因となっていた。奥平がラジオ講演の結びで言及した「国民の航空に関する冷淡」を招いた理由の一つも、この乱れにあったかもしれない。

　とはいえ、陸軍上層部はけっして飛行将校の教育を軽視したり、有為な人材を投入しようとしなかったわけではない。

　陸軍は一九一二（明治四五）年六月から空中偵察将校の、同年七月から操縦将校の教育を開始した。前者は陸軍大学校を卒業して東京で勤務する者に気球と飛行機からの偵察を三ヵ月間学ばせ、後者は全国から希望者を募って一年間実施された。これについては「陸軍の中枢を担う陸大出身者が空中偵察将校として航空への理解を深め、また各兵科の意欲にあふれた青年将校が、操縦将校として航空の世界に入るという体制が作られた」と評価されている（鈴木淳「日本における陸軍航空の形成」）。このことは、当時の陸軍の軍備政策における航空の位置を正しく理解するためにも付け加えておかねばならない。

奥平は飛行大隊への赴任とともに、ずぶの素人だった航空戦術を熱心に勉強した。師とすべきは書物と部下の将校より他に何もなかったが、三月初めには戦術を実施して将校を感服させるに至り、隊長の貫禄を守った。機材と同様、戦術も未発達で、その程度でも隊長が務まったのである。模索状態だった創設当初の陸軍航空隊の雰囲気が伝わる。

以上は陸軍航空だが、大正期海軍航空隊の様子についても、長野県の諏訪中学校（現・長野県諏訪清陵高等学校）卒業者を事例として述べたい。同校一九一七（大正六）年卒の一八回生からは三名が海軍に合格した。当時同校の秀才組は第一高等学校、海軍兵学校、一橋高等商業を受験する習慣があったという。

この三名のうち浜浩と平林長元（おさよし）の二名は一九二〇（大正九）年に海軍兵学校を卒業（四八期）後、航空隊を志願して霞ヶ浦（かすみがうら）航空隊で訓練を受けていた。諏訪中の一級友の回想によれば、当時隊を訪ねたところ二人は航空隊を志願した理由について「今後の日本の国防は空を最重点とするので、これに従事することが軍人として生きがいを感ずる」と語ってくれた。そして模型を示して飛行機の安全性を説明し、世界の高度の飛行技術に追いつく自信のほどを語ったので、非常に頼もしいと思ったという。彼らの個室をみれば香水がある、女優のブロマイドが飾ってある、流行歌を口ずさむという生活であった（諏訪海軍史刊行会編『海こそなけれ　諏訪海軍の航跡』）。

この二人は、一九二五（大正一四）年に浜が、一九三四（昭和九）年に平林が、いずれも飛行訓練中の事故で殉職を遂げてしまう。海軍戦備が世界水準に並ぶうえで「最重点」とみなされていた飛行機は高度の技量を要し、しかも彼らの言葉とは裏腹に危険であった。ゆえにその貴重な乗り手たちは、厳格な軍紀からある程度解放された自由な隊内生活を特に許されていたのだろう。発展期の航空兵たちの気風や待遇については今後さらに調べてみたいが、この方面からみても、海軍航空を軽視していたとは思えない。

小括——娯楽の対象としての飛行機

大正期、とくに第一次大戦時から昭和初期にかけて、欧米での飛行機発達や都市空襲をみた日本の陸海軍人や一部民間人は、飛行機の持つ軍事的可能性についての啓蒙活動をはじめた。彼らは海外の動向を詳しく紹介したが、一方で自らの宣伝にインパクトを与えるため、飛行機を日本の大都市を焼き払って大勢の人びとを殺しうる、あるいは強大な軍艦をも撃破しうる恐るべき、革命的な存在としてことさらに描いた。国防への関心を高めるため開かれた展覧会では珍奇を求める大衆のため、古い戦艦よりも新しい飛行機や潜水艦に焦点を当てた展示がなされた。

欧米列強への劣等感や人種戦争への恐怖が煽られたことも手伝って、人びとはこの上から示された飛行機像をしだいに受け入れていった。かくして国民の間での飛行機に関する〈リテラシー〉はしだいに向上していった。しかし相対的に平和だったこの時代、飛行機は、人びとにとってその操縦士たちの悲劇的な死も含め、娯楽の対象でもあった。この段階では、人びとの航空に対する関心は賛美や畏怖のみならず、軍紀の乱れに対する反感や無関心なども含む多面的なものであった。

第二章　満州事変後の航空軍備思想

空母赤城（上）と戦艦長門（1930年、横須賀）

1　軍用機献納運動

日本政府への挑戦——満州事変

一九三一（昭和六）年九月、石原莞爾陸軍大佐ら関東軍の幕僚が満州の事実上の領有を狙って引き起こした満州事変では、関東軍飛行隊が偵察や爆撃をくりかえしおこなった。一〇月八日、日本軍の飛行機一二機が中国側の根拠地である遼寧省・錦州を爆撃したた。日本政府が内外に唱えた自衛という武力行使の口実や事変不拡大の方針を裏切るものであったが、石原らが独断強行した。この間、日本国内では戦争熱が高まり、軍備に対する人びとの関心も高まった。日本陸海軍はこの波に乗って航空軍備拡充をめざしていく。とくに海軍の場合は、ワシントン・ロンドン両海軍軍縮条約で制限された戦艦以下の水上艦艇を飛行機で補うという発想も生じていた。

ロンドン海軍軍縮条約は一九三〇（昭和五）年四月に日米英間で結ばれ（仏伊は部分参加）、ワシントン条約の定める戦艦新造禁止の五年間延長や、日本の補助艦（巡洋艦・駆逐艦・潜水艦）の対米英保有量を実質七割に制限することなどを定めた。しかし日本が対米戦略上重視する重巡洋艦（排水量一万トン、二〇センチ主砲）に限っては対米英六割とされたことなどから海軍の一部などが猛反発、海軍のみならず国を二分する一大政治問題へと発展した。

民政党の浜口雄幸（はまぐちおさち）首相は国際協調と財政健全化の見地から反発を押し切り、条約締結に成功した。その背景には、昭和天皇の支持に加え、折からの恐慌下、巨額の軍事費に対する社会の強い反感もあった。こうした空気のなかで、陸海軍はどのような理屈で飛行機の重要性を語り、なぜ人びとは航空への熱を上げていったのか。本章ではこの経緯を追う。

前出の錦州爆撃をうけて、参謀本部は関東軍に「住民に対する爆撃は、往々世人をして大都市に対する空襲を連想せしめ……〔自衛という〕貴軍の企図を誤解ないし曲解」させると注意した。対外的には、国際連盟やアメリカを大いに刺激した。同月二四日に開かれた連盟理事会は日本政府に対し、ただちに軍隊を元の鉄道付属地へ撤退させる旨の決議を一三対一（日本）で可決した（防衛庁防衛研修所戦史室編『戦史叢書　陸軍航空の軍備と運用〈一〉昭和十三年初期まで』）。

この時期、都市無差別爆撃への恐怖は国際的に共有されており、石原らがあえてこれに挑戦するかたちで錦州爆撃を強行したのは、不拡大方針を内外に表明した日本政府に対する挑戦、不退転の決意表明に他ならなかった。

陸軍の航空運用思想

かくして実際の航空戦を経験した陸軍は、下位部隊の運用規範書として一九三四（昭和九）年に「航空兵操典」を、三七年に上位部隊のために「航空部隊用法」を編纂した。

「航空兵操典」は航空大隊以下の運用・教練規範書で、制空権獲得、航空優勢の保有、要地攻撃、敵航空勢力の撃滅などを説いた。しかしそれらの目的は「地上作戦を有利ナラシメ以テ全軍戦捷ノ途ヲ開拓センカ為」であり、航空部隊はあくまでも地上部隊を支援する脇役としての位置づけだった。もっとも陸軍は昭和一〇年度陸軍作戦計画から「開戦劈頭に敵の航空勢力を急襲して撃滅する用法」すなわち航空撃滅戦を陸軍の主戦法として採用していた。これは陸軍の最高機密であるので、広く一般に公開される航空兵操典には掲載されなかったという（立川京一「第二次世界大戦までの日本陸海軍の航空運用思想」）。

「航空部隊用法」は一九三七（昭和一二）年一一月、飛行集団および飛行団の運用規範として、陸軍航空本部より配付された。同用法は、航空撃滅戦という用語を運用規範書のなかではじめて使用して陸軍航空部隊の運用思想の柱とし、しかもそれを地上作戦への協力より上位に位置づけた。航空戦力を統一指揮して集結運用する運用用法、すなわち「所謂空軍的用法」を強調していたが、海軍航空との協同にはまったく言及がなく、本来の意味での「独立空軍」的発想はいまだなかった。

「航空部隊用法」は空軍独立に批判的な陸軍主流の警戒を招き、しかも「航空戦力中爆撃戦力ヲ重視」して戦闘機隊を爆撃隊のサポート役と位置づけたため、戦闘隊関係者の反発を招いた。このため、天皇の裁可を得て正式に交付されることなく、航空本部長から参考配付されるにとどまった。

大艦巨砲主義と航空主兵主義の混交――陸軍の宣伝パンフレット『空の国防』

こうした陸軍航空戦備の方針は、当時一般国民にどう解説されたのか。陸軍省軍事調査部が一九三四（昭和九）年三月三〇日付で作った宣伝パンフレット『空の国防』は、欧米列強がいずれも航空を拡充しているのに日本は軍民とも大いに立ち後れていること、特にウラジオストックから東京などの日本の大都市を空襲しうるロシア軍に較べ、日本は機数で劣っていることを強調した。そして、将来の戦争は「国交断絶と同時に、空中大艦隊を以てする敵国主要都市の大空襲と云ふが如き、小説的将来戦が、夢の如く展開せぬものと、何人が断定を下し得るだらうか」（傍点引用者）と問いかけ、「国防の将来は正しく空に在りと断言」した。同書は軍人たちの思い描いた〝飛行の夢〟そのものといえる。

そのうえで「防空の最良なる方法は自ら進んで先制の利を収め、機動によつて敵を撃滅するにあらねばならぬ。之が為めには常に敵に優る空軍の充実を計り、機を失せず敵の機先を制して敢然として攻撃を断行しなければならない。寸刻の遅速は以て国運の分るゝ所となることを忘れてはならないのである」として、「辛うじて列国に追随し得る程度の〔航空武力〕整備を為す為めの負担」の甘受を訴えた。

　陸軍はこの平易なパンフレットで前出の航空撃滅戦的な戦法を大枠のみとはいえ国民に開示し、〝飛行の夢〟の実現のための予算支出を要請していたのである。『空の国防』は一九三五（昭和一〇）年一二月、発行元を陸軍省新聞班に改めた改訂版が出されているが、軍備統計値などの数字が追加されたのみで、刊行の趣旨は変わっていない。

『空の国防』は重爆撃機の大群を「空中大艦隊」に擬えていたが、同様の表現は当時の人気大衆誌『キング』一九三三（昭和八）年五月号付録の小冊子『時局問題　非常時国民大会』に掲載された、陸軍少将・大場彌平の「洋々たり帝国空軍」も使っている。大場は航空第四大隊長や所沢・明野両飛行学校教育部長などを歴任した陸軍航空の草分け的な軍人で、一九三二（昭和七）年に少将進級・予備役編入後は多数の一般向け著書を刊行して啓蒙活動をおこなっていた。

　大場は航空専門家の立場から、空中戦も海戦と同じく火力主義であり我が超重爆撃機はすでに将来の空中戦艦を暗示している、今後の空中戦は（戦闘機ではなく）重爆撃機が中心となり、堂々空中艦隊が編成されて物凄い大戦闘がおこなわれるだろうとの予言を披露し、「極東、曠野の果、太平洋の怒濤の上を航進する大空中艦隊の勇姿を想像すれば、そゞろに昭和空軍の任務の重且つ大なるを痛感するではないか」などと読者に訴えた。

大場が海軍ではなく陸軍の軍人でありながらこうした比喩を啓蒙上使ったのは、長いあいだ畏敬の対象だった「軍艦」や「艦隊」は将来の独立「空軍」とその戦いの形を大衆の想像力に訴えてもっともよく理解させられると考えたからであろう。軍人たちの繰り出す言葉の重々しく力強い響きは、当時の国際的緊張、「非常時」態勢下にあっては、読者に頼もしく聞こえたのではないだろうか。軍人、そして一般の人びとが宣伝により脳裡に思い描いた〝夢〟のなかでは大艦巨砲主義と航空主兵主義とが奇妙な混交を遂げていたのであり、どちらか一方が主、もう一方が従などという単純な話ではなかった。

航空は「文化向上の原動力」

大正期から昭和にかけて、陸海軍のみならず民間でもいわゆる航空思想の普及活動が全国各地方を対象におこなわれた。古く一九一三（大正二）年四月に成立した帝国飛行協会は、その担い手の一つである。

歴史研究者の大山僚介は、戦前日本の航空思想を「文明・科学の利器である航空機を発達させることによって、国防を完全にすると共に、日本の文化・文明をも発展向上させようとする思想」と定義し、満州事変時に同協会や富山県当局、商工会議所などが繰り広げた軍用機献納運動（募金により購入した飛行機を軍に献納する運動）に端を発する、富山飛行場の建設過程を考察している（大山僚介「一九三〇年代初頭における飛行場建設と航空思想　富山飛行場の建設過程を事例に」）。同飛行場は一九三三（昭和八）年九月二五日、婦負郡倉垣村（現・富山市）に竣工、翌三四年五月一五日には東京―富山間の定期航空が開通した。

前出の陸軍軍人・四王天延孝は一九二九（昭和四）年八月の中将進級・予備役編入（本人の回顧録によれば、生来の世渡り下手に加え、反ユダヤ運動が陸軍上層部ににらまれた模様）後に帝国飛行協会の総務理事となり、飛行場開場式前日の一九三三（昭和八）年一〇月七日に富山県を訪れておこなった講演で「航空機が新しい文化向上の原動力となるべきは最早疑ひを容れない」、世界の距離短縮による「文化の調和は遂に世界統一の黄金時代を招来する」などと語り、聴衆に航空発展の重要性を訴えた。

大山は、このように航空や飛行場の重要性が国防上のみならず、明るい文化・文明的側面からも主張された理由を、基地反対運動への説得のためとみる。建設候補地の一つとなったある村では土地収用に対する耕作者の反対があったし、深刻な不況・不作下にもかかわらず多額の建設寄付金が町村に割り当てられたことへの反発もあったとされる。

大山によれば、完成した富山飛行場の軍事利用を積極的に推進しようとしたのはむしろ県当局であり、当の陸軍はさほど利用価値を認めていなかったという。県側には航空部隊の誘致による不況対策や、今日で言うところの地域興しの意図があったのだろう。国防上の要請のみならず、こうした地域的打算の存在もまた、軍事と文化の両面からなる航空思想を各地方にもたらす契機となったのである。

防空啓蒙の手段としての関東大震災

しかし、四王天の航空啓蒙活動は、その全体を見ると明るい文化的側面からのみ航空拡充を訴えるものとはいえない。彼が一九二四（大正一三）年の反米講演会で単なる根性論としかいえない話をしていたことは前述したが、昭和に入ってからの講演録を読むと、内容はかなり説得を意図したものへと変わっている。たとえば、彼は一九三四（昭和九）年四月一四日のラジオ講演「わが航空界の今昔」で、つぎのエピソードを語った。

四王天は関東大震災の発生当時、陸軍省航空課に勤めていた。地震で棚から散らばった書類を片付けていると、数年前に田中館愛橘（たなかだてあいきつ）博士らが連名で出した、地震予知の研究機関設立の建議書が目に入った。四王天は「四方を見れば正に焔炎は天に漲（みなぎ）つて居る。犠牲者の数も幾何（いくばく）あるか分るまい、自分の妻子眷属（けんぞく）も無論どうなつて居るか分らぬ」という状況にあって、数年前に権威ある学者の説に耳を傾け研究を開始していれば、たとえ五分前でも予知ができて火元を止め、こんな災害は起こらずに済んだろうにと咄嗟のあいだに考えた、というのである。彼がこのような体験談を語ったのは、

> 他日日本の神州の空に、皇国の運命を呪ふ敵機が襲来し、帝都の如きも阿鼻叫喚の巷と化し高射砲の音は殷々として爆弾の炸裂の音と和し、其の砲弾の細片は何千何万と雨の如く市内に落ち来つて道路上を迂路々々して居る人達の頭に穴を明けると言ふ風になつた時、丁度私が大地震の時地震予知の機関についての書類を見付けて嘆声を発した様に、空中勢力の充実し方が足りなかつたとの後悔のない様にしたいと思ふのであります。

と、あくまでも国防政策上の観点から飛行機の充実を訴えるためであった。四王天が帝国飛行協会で精力的に活動していたのは、積極的防空を実現して敵機が各都市へ飛来すれば「お師匠の放つた鷹が確実に鳥をやりつける様に」撃退するためであった。軍航空の予備としての民間航空、なかでも人材の拡充がその鍵とされた（帝国飛行協会編『一、わが航空界の今昔　一、大戦間空襲をうけたる体験を追懐して　一、防空は誰の任務か』）。

関東大震災の記憶は防空思想啓蒙の手段として満州事変後も依然人気があった。この講演と同じ一九三四（昭和九）年、北九州方面でおこなわれた防空演習の事前講習録には「ロシヤ極東司令官ブリユッヘルの如きは「三噸(トン)の爆弾量を以てすれば、全東京を大震災と同等程度に潰滅せしむることが出来る」と豪語して居る模様」と書いてある（関門及北九州六市国防協会ほか編『関門及北九州防空演習講習録』）。前年の三三年刊行の山田新吾『爆撃対防空』には、「大震災の場合には頻発する余震の恐怖があつたが、これに対して空襲を受けた場合は、投下榴弾や毒瓦斯弾の投下といふ遥かに恐るべきものが引続いて起る」とより生々しい文言がある。

四王天の議論に関連していうと、かつて彼とともに反米講演の弁士となった海軍研究家・川島清治郎も一九二五（大正一四）年の著書『日米一戦論』で「日米戦争に於て我国人の最も恐るゝ所は敵飛行機の襲撃である」「然(しか)し昨年〔一九二三年〕の大震火災に無比の鍛錬を受けたる我国人は飛行機位の襲撃に失神錯愕(しっしんさくがく)するものでないと同時に、国を賭して戦を断行する場合に在りては若干都市を犠牲に供するも尚且(なおか)つ之(これ)に忍ばなければならぬ」と極論を述べていた。むろん都市の一つや二つ滅んでもかまわないと本気で考えているのではなく、震災時の大火災の強烈な記憶は自己の航空拡張論に一般国民の関心を惹きつける好材料とみての修辞(レトリック)である。

四王天は別の講演「大戦間空襲をうけたる体験を追懐して」（一九三四年七月一三〜一五日、大阪朝日講堂）で戦争になったら日本の陸海軍は、敵の飛行機が空母や飛行場から飛び立つ前に叩きつぶす「蜂の巣戦術」――蜂が一〇〇匹も二〇〇匹も飛んでくれば、いちいち叩き落としてもどれかに刺されて痛い思いをするので、襲ってくる前にその巣ごと踏みつぶす――を積極的に取り、速戦即決でなるべく早く戦争に勝たねばならない、そのため国土防衛には大した防空飛行隊は期待できない、よって「所謂吾等の空は我等で護れ」のモットーを掲げる民間の義勇飛行隊が必要だ、と訴えていた。

これは要するに、陸海軍だけでは国土は護れないから国民にも協力してほしい、という説得である。四王天の話は自らの特異な体験談や「蜂の巣」といった喩え話をうまく使い、真面目な人が聞いたら引き込まれてしまうようなところがある。

出口王仁三郎のリアリズム

四王天の名前が出てきたので、彼にまつわる特異な航空啓蒙書を紹介しておきたい。新宗教・大本の教祖の一人として知られる出口王仁三郎（一八七一〈明治四〉〜一九四八〈昭和二三〉年）は満州事変後に右翼色を強め、昭和青年会などの外郭団体を結成して防空運動に従事していた。同会防空部は『挙国制空』（一九三三年）と題する国民啓蒙用のパンフレットを発行していた。四王天は同書に序文を寄せ、やはり戦時に陸海軍航空を補完する民間航空の拡充論を説いている。

同会総裁の出口も序文で「皇軍即ち　陛下の陸海軍はこの〔天皇がその威徳で地上天国を樹立する〕神剣であり、陸海軍の空軍は御剣の切先である。切先は特に精鋭なるを要する」と精神右翼的な口調で述べ「今や航空機の驚くべき進歩は国防をして航空防たらしむるに至つた」と断じている。

『挙国制空』は四王天の属する帝国飛行協会と海軍航空本部が推奨（助言も？）しただけあって、書かれている軍事知識のレベルは高い。第四章「海軍の航空機」第二節「海軍の戦勝と航空機」には、空中戦に敗れて制空権のない艦隊は一方的に叩かれて惨めだとか、日本本土防空のためには敵の空母や飛行基地をなるべく遠くの洋上で叩かねばならない、そのためには味方の沿岸飛行隊を小笠原諸島をはじめとする島々に配置して、これに若干の仮装空母をつけるのがよいなどの解説が並ぶ。同書が沿岸飛行隊の役割をとくに強調しているのは、空母が高価と考えられていたからとも、知識を助言した海軍士官が空母に積む小型機ではなく、大型陸上機または飛行艇の専門家だったからとも考えられる。

『挙国制空』はその第七章「制空　国土防衛の要訣」でも、「予算に縛られて国防の危急をも思ふ存分に防ぎ得ないのが海軍の現状ではあるまいか。〔中略〕国民は大和魂をよりよく

図7　米空母サラトガ

活用し、肉弾をよりよく活躍し〔させ〕得る武器を多数に提供すべきである」「陸海軍の航空方面、陸軍の装備等は世界列強の落伍者たる状態であった」と述べ、国防は「大和魂」や「肉弾」だけでは不可能、世界水準に質量で並ぶ優秀な航空軍備とその予算確保が大切だと納税者たる一般国民に訴えている。決して単なる精神論ではなく、ある種のリアリズムに裏打ちされた説得の性格を持つ主張である。

このころの出口は小天皇を気取り、昭和青年会で軍事訓練をおこなって軍服に模した服をまとい、白馬上から「閲兵」していたという。これらの行為が官憲に不敬視されて一九三五（昭和一〇）年の大本第二次弾圧事件の一因となったとされる（百瀬明治『出口王仁三郎　あるカリスマの生涯』）。出口本人は本来の意味での右翼とはいえない特異な個性の持ち主だが、仮に一見右翼的な団体や論者の発言だったとしても、神がかりの精神論一辺倒とは限らないと強調しておきたい。こうした「制空」の主張は当時、海軍自身もおこなっていた（本書一七〇頁以降で後述）。【図7】は、作成元は書かれていないが、内容から見て昭和青年会作成の宣伝ビラと思われる。米空母サラトガの写真を載せて都市空襲の脅威を煽っている。昭和初期の日本人にとって、米空母はよく知らないどころか叩きつぶすべき恐怖の的であった。

愛国立山号の献納

そのような四王天たちの国民宣伝活動も功を奏してか、富山県民は一九三二（昭和七）年四月、募金により単発二人乗りの八八式軽爆撃機「愛国第一二（立山）号」を陸軍に献納した。「立山」の名は言うまでもなく同県内に連なる立山連峰からとられている。これは人びとの軍国熱の高まりの現れといえるが、そこでなぜ飛行機が選ばれたのか。これを問う前に、まず国民からの軍用機献納がどのように制度化されたのかを概観しておこう。

もともと陸軍は恤兵金品（戦地の将兵に対する慰問金品）以外の献金献品を受理していなかったが、「我が航空界の不振を慨して献金を申し出る者」があるので一九一八（大正七）年四月から受理するようになった。さらに一九二二（大正一一）年、学芸技術奨励規定を設けて航空のみならず毒ガスなどの兵器研究用の献金を簡便に受理することにした。その額は一九三一（昭和六）年一二月までに一三万円余に達し、事変以来の分を加算すると翌三二年三月一〇日までの通計は二三万六五六二円、口数一〇三五口、拠出者は一〇万人を突破したとされた。その九割九分までが航空のために献金したもので、毒ガス研究目的が一万円、その他は数十円程度しか含んでいなかったという。愛国第一号、第二号機はこの基金を使って建造された（「献金と献品に就いて」『グライダー』二―四）。

満州事変勃発後は鉄兜（てつかぶと）や防寒具、飛行機などの兵器献納を申し出る者があいついだが、特定の取り扱い規定がなく、各種の手続も面倒なため、陸軍省内に国防献品委員を設け、申し出さえすれば陸軍への手続、献品入手に必要な手続を全部本人に代わってやってもらえるようにした。国民の軍航空に対する関心の強さと、それを利用して軍備拡充のみならず世論対策をも図った陸軍の工夫がうかがえる。

しかし富山県より献納予定の愛国立山号は小型機ながら価格八万円と高価であったから、その費用は県内で広く繰り広げられた募金活動により調達されることになった。富山連隊区司令部内に置かれた軍用飛行機献納義金取扱事務所が事業終了後の一九三二（昭和七）年六月に刊行した活動報告書『愛国立山号　献金決算報告』により募金活動の様子がわかるので、以下見てみよう。

献納事業の第一回発起人会は三二年一月二五日、富山市役所でおこなわれた。参加者は商工会議所会頭や連隊区司令官、富山市社会課長、町村長、小学校長など四二名であった。席上、「各市町村に対し醵金すべき標準額を通牒すべく決議」された。募金活動の多くがそうであるように、実際には上からの割当であり、予定の八万円が集まらなかった場合には発起人が拠出することになった。この際に鈴木中佐が「献納趣旨の細部」を説明したとあり、軍が飛行機を必要とする理由などが述べられたようだ。つまりこの献金は一見県民の純粋な自発性に基づいているようで、じつは陸軍の意向に沿っておこなわれたものといえる。かくして公表された「献納趣意書」の大意はつぎのようなものだった。

陸軍の編成装備、なかでも新兵器が欧州大戦の経験を経た列強にくらべて著しく劣っているのは国民の熟知しているところで、陸軍も憂慮しているが国家財政上積極的な改善は期待できず、寒心に堪えない。顧みれば軍人勅諭が下賜されて五〇年、日清・日露の二大戦役で大勝を得て、皇威を発揚し国権を伸張することができた。日清・日露の時も現在と同じく不況で装備が十分でなく、なかでも日清戦前はそうであった。明治天皇は製艦費の一部として毎年三〇万円を下賜され、国民も競って献金を申し出、全国の官吏も俸給の一〇分の一〇を毎月献金した実例はいまだ記憶に新しい。しかし当時と異なり、世界列強を相手とせざるをえなくなった現況において、満州事変における飛行機の活躍、将来戦での物質的威力の著しい進歩を思うとき、国軍の施設については憂慮に堪えない。ここにおいて当時の製艦熱を航空機に移し、国軍の短所を補填するのは時宜にかなったことである。いま（軍人）勅諭下賜五〇年の記念日を迎えるにあたり、国軍の欠陥を補うため当県官民一致の力で軍用飛行機一台を献納するので、憂いを同じくする愛国の士はこぞって賛同されるよう熱望する……。

興味深いことに、昭和〜満州事変後の富山県では、国軍の主兵器はもはや明治時代のような軍艦ではなく、欧州大戦の新兵器たる飛行機であることが言明されていた。すなわち、あくまで理念上のこととはいえ、大艦巨砲主義は日清・日露戦争という遠い昔の遺物扱いになっているのだ。

立山号は四月一〇日に東京代々木練兵場で命名式、同月二三日に郷土訪問飛行がおこなわれた。しかし募金活動はその後もつづき、六月八日までに県下より目標額を超える一一万一四三七円九九銭が集まった。

『愛国立山号　献金決算報告』には、この募金活動中に生まれた美談や子どもたちが書いた作文が載っている。富山市五番町校第五年・高岡文子ほか三名の作文「街頭に立つ四少女」には、学校の先生から満州事変について「敵は何十倍ともわからぬ大軍でことにひ賊〔匪賊、抗日ゲリラの意〕は山や谷にかくれてゐるので今、日本軍には飛行機の活動が非常に有利なる事を聞き」、親やおまわりさんの許しを得て、夜四人で街路に立ち募金活動をおこなうことを決意した、とある。彼女らは一〇円一二銭を集め、親切なおまわりさんに八銭足してもらって一〇円二〇銭を献金、「後に立山号が出来上つたらどんな大敵でも我が国にあだをなす者は一度にこらす事が出来ると思へばうれしさが顔にみち〳〵た」のであった。

立山号の献金活動や作文執筆を通じて、彼女たちは、飛行機が外国との戦争で偵察など非常に有用な、勝つために必要な武器であることを学んだわけである。藤井忠俊がいうように、当時すべての人びとが彼女たちのように愛国心や軍国熱に燃えていたわけではなく、上からの割当や督促に応じてしぶしぶ払った人もいただろう（藤井「昭和初期戦争開始時における大衆的軍事支援キャンペーンの一典型」）。

だがそれでも、立山号は県民のあいだに飛行機の重要性という〈軍事リテラシー〉の向上をもたらす一つの機会になったと思われる。子どもたちの作文は、その内面にある素朴な飛行機観の表れではなく、彼・彼女らが公的に示された啓蒙の論理とみるべきである。

澄宮の「航空に関する御作文」

飛行機の存在意義を作文に書いたのは、富山県の子どもたちだけではない。本書にたびたび登場する長岡外史は一九三二（昭和七）年、宮中に参内して一七歳の澄宮（すみのみや）（三笠宮崇（みかさのみやたか）

仁、一九一五〈大正四〉～二〇一六〈平成二八〉年）が書いた「航空に関する御作文」を読んだという。長岡がある飛行雑誌に記したところでは、長文なので全部はとうてい記憶できなかったものの、その要旨はすべての交通ならびに戦闘が陸と海とを離れて漸次空へ移っている、海外にくらべ日本の航空界が遅れているのは一般国民の理解知識が不足しているからである、今度の戦争では敵機が一番先に都市を襲撃するであろうから官民共同の備えが必要である、などであったという（長岡「澄宮殿下の航空に関する御作文」）。長岡はこれを読んで「感泣」したと書いているが、決して単なる決まり文句ではなく、多年の啓蒙努力がついに報われたと感極まったのかもしれない。

長岡は宮の御用掛に頼んで作文の結論のみを筆写してもらい、それを誌面に掲げている。この三笠宮の作文が国民の航空意識に大きな影響を与えたとまでは言えない。けれども、上は皇族から下は小学生の少女に至るまで、青少年たちは誰かに啓蒙された飛行機の存在意義を作文に書き、自ら確認していたのが戦前日本の実情だったとは言える。

「愛国号」と「報国号」——兵庫県の陸海軍機献納

満州事変後には全国、そして海外で軍への兵器献納運動が展開された（【図8】）。兵庫県でも前述の富山県と同様、一九三二（昭和七）年に飛行機献納活動がおこなわれた。同県

図8　鹿児島県の海軍機献納式（写真提供＝朝日新聞社）

からは報国第二号「兵庫号」（海軍水上偵察機）と愛国第一九（兵庫）号（陸軍八八式軽爆撃機）の二機が献納された。募金の開始にあたって富山県と同様、献納の趣意書が作られた。その大意はつぎのようなものであった（兵庫県教化団体連合会編『軍用飛行機献納記』一九三二年）。

海軍軍縮条約によって一定の比率を課せられた結果、質では優秀比類なき国軍も量ではいささか寂寥の感がある。加えて国家経済の逼迫により、兵器の整備改善すらおぼつかない。最近の航空機の急激な発達は軍略上重要な地位を占め、列強はその精鋭を競う時代に入ったが、我が国軍にとってその充実は前途遼遠である。満州事変に照らすと空軍は全軍の援護者として、偵察に爆撃に、はたまた連絡に功績赫々たるものがある。我が空軍の充実は、今後国軍の威力をいよいよ大ならしめる所以であるから、国を挙げてその完成を期すのは現下喫緊の要事である。よって軍用飛行機を献納し、我が県民の至誠を捧げるのだ……。

この一般県民に向けた文章が、「空軍」という言葉を海軍軍備の劣勢を補うに足る勢力として、くりかえし普通に使っていることに注目したい。

海軍機は同年四月一七日に川西飛行機鳴尾工場で、陸軍機は同月二四日に姫路城北練兵場でそれぞれ命名式が挙行された。陸軍の献納機にはいずれも「愛国号」、海軍のそれには「報国号」の名称がつけられた。

一七日の海軍報国号献納式ではまず海軍側より、海軍の偵察機というのは、名前の通り捜索や偵察が主任務ではありますが、その他弾着の観測、機雷や魚雷、敵の潜水艦に対する見張りもします、また煙幕を展開したり爆弾で水上、陸上の敵を攻撃したり、時には機関銃で敵機と交戦することもあるように、各種の広汎な任務に就くものであります、とその戦闘機能についての解説があった。

陸軍側から出席した第四師団長の寺内寿一中将は式辞のなかで、最近科学兵器の進歩により戦闘形式は一変を来し、ことに飛行機の発達は「戦闘勝敗ヲ決スル主要兵器ノ一」たるに至った、この時に際し、海軍に兵庫県民愛国の結晶たる一新鋭機を加えたのはまことに意を強くするところである、と述べた。この式典自体が集った人びとの軍事知識を向上させるための教場であったようにみえる。

つづけて県下女子中等学校生徒代表の県立第一神戸高等女学校生徒・藤原道子が、満州事変が「飛行機の目覚ましき活躍と威力の偉大さとを伝へ、精鋭なる兵器と熟練且（かつ）刷新なる戦術とを外にしては勝利を制し得ざる事を覚悟せしめました」と式辞を述べた。男子代表の県立第一神戸中学校五年生・県賢一は、顧みるに国際関係はいよいよ複雑になり「陸ノ戦、海ノ軍（いくさ）ハ最早（もは）ヤ空ニ移ツテ居」る、日本は去るロンドン会議で不利な地位に置かれたが、満州事変の発生以来、目覚ましい「我ガ空軍」の働きに感じて我が国民の航空熱は盛んとなり、その結果飛行機の献納が続々とおこなわれてきた、と述べた。あたかも国際的地位や海軍勢力上強いられた国家的「不利」をこの報国号飛行機で挽回するのだ、と一国民として決意表明しているかのようだ。

二四日の陸軍愛国号命名式では、国防献品取扱委員長の松村正員少将より、飛行機が軍事上重要であることは欧州大戦以来あまねく確認されていたが、今次の満州事変を契機として我が国民のあいだにも深くその感念は植えつけられた、しかるに「我空軍」の整備はいまだ十分でないため、国民が充実の必要を痛感した結果、このたび随所で献納の気運となった、との挨拶があった。

第四師団長の寺内は、先の海軍報国号命名式とほぼ同じ内容の式辞を述べた。海軍側の山梨勝之進（やまなしかつのしん）・呉鎮守府司令長官は、帝国の国防は昔日のように海陸二面に留まるのではなくさらに空中の一面を加え、「空軍」を保有しない軍隊はまさにその価値の半ばを失う時代となった、最近の「日支事変」の跡に照しても「空軍ノ欠ク可（べ）カラザルモノ」であることを悟らない者はない、しかしひとたび思いを列国軍備にめぐらせば「帝国空軍」がその質、術で列強に冠絶しているにもかかわらず、量で遠く及ばないのは寒心に堪えない、と述べた。同様に県会議長・上田義二も、近時の戦闘が立体化して「空軍」が猛威を発揮するのは「日支ノ事変」において民衆の記憶に新しい、しかるにこの種の近代的防備が著しい劣勢にあるのは喋々するまでもない、と断じた。

ここまで陸海軍や兵庫の人びとが述べた式辞を長々と引用してきたのは、「空軍」が戦争の勝敗をも決めうるほどに重要でありながら、主に量の面で依然欧米列強に立ち遅れている（したがって改善が必要）という認識を三二年の軍民、男女が共有して（させられて）いたことを示すためである。活字で読めばありきたりな国防問題についてのお説教も、公的な場で純真な若者たちがくりかえし絶叫すれば、いつしか批判を許さぬ正義になっていく。

「銀翼」への女性たちの憧れ

そして、飛行機はその軍事的威力や重要性とは別に、飛ぶ姿の美しさゆえ、男性のみならず女性にとっても憧れの対象となった。県中等学校女生徒代表・県立姫路高等女学校第五学年・田村嘉與子はつづく式辞のなかで、「輝かしい陽光をま新しい機体にあびて、暖かい春風に乗り軽やかに飛ぶその姿、大気を震はす響も快く、翼高らかに自由自在と大空を飛び駆ける其の姿、私達の心には澄みきつた青空にくつきりと描き出される銀の姿が鮮かに想像されるのでございます。強く張つた銀翼つやゝかなプロペラーさては車輪支柱に至るまで愛国の真心をこめて、今から大空へ飛び立たうとするその端然たる姿、直接事にあたらぬ私達女性も己が幾分かの志なつて此の様に立派な姿を見る事が出来たと思ひますれば、誰か喜ばないで居られませうか。今更の如く強い感激にうたれるのでございます」などと、光に溢れる大空や「銀翼」への憧れ、感激を熱をこめて語る。

こうした詩的な空のイメージは、他の生徒たちにも共有されていた。前出の報国号命名式で式辞を述べた中学生の県賢一は「今目ノ前ニ銀色ノ翼ニ和(やわら)カナ春光ヲ浴ビテヰル我兵庫号ノ勇姿ヲ眺メテ感慨無量デアリマス」と、高等小学校生徒の小山清次は「まばゆいばかりの銀翼に日の丸のあざやかにしるされたこの姿」と、その美しさを口々に讃える。

いずれも式辞である以上、献納機を見たその場で書かれたものではなく、あらかじめ用意されたものである。生徒たち（と式辞を事前に添削したであろう教師たち）の頭のなかには、どこか夢のなかの話のような、銀色の光り輝く飛行機のイメージがすでに共有されていたことになる。

しかし、当時の人びとにとっての飛行機は、光あふれる平和な夢の世界をのどかに飛ぶ、文化的で詩的な存在のみではありえなかった。前出の女学生・田村嘉與子はその式辞の結びで、兵庫号が「我が日の本のために東洋の平和ひいて世界の平和のために」活躍することを願う、「戦の庭に立つも立たぬも国を思ひ、平和を思ふ心は一つで御座います、銃後にある女の身にも迸る熱誠を禁ずる事が出来ません。いざ勇ましくわが愛国第十九兵庫号よ我等のために雄飛せんことを」と述べている。

たしかに彼女にとっての飛行機は平和のための道具であった。だがその平和とは、日本が軍事力で他国に優越し、「戦」に勝つことではじめて得られるものであった。今日の、たとえば日本国憲法がめざすところの平和とは大きく意味が違うのである。彼女たちが男子と並んで勇ましい式辞を述べ（させられ）たことの意味をよく考えるべきだろう。それはやがてはじまる国家総力戦に向けた、準備作業の一環に他ならない。

人びとの防空思想を養う

兵庫県ではこの愛国兵庫号につづき、高射砲や探照灯などの防空地上兵器の献納運動もおこなわれた。一九三三（昭和八）年七月二三日に野戦高射砲三、観測具二、探照灯二、小空中聴音機三、機関銃四、牽引用自動貨車二ほか（価格三二万九〇一〇円）が兵庫県知事より陸軍大臣に献納され、それぞれ「愛国第〇〇（兵庫）」の名称が与えられた。

運動の経緯を記した兵庫県国防協会神戸地方支部編『神戸地方防空兵器献納記』（一九三三年一二月）によれば、三三年四月に「今後の戦争に於ける国防問題として最も重大なるは空中の防備」であり、神戸市とその付近は「我国最大の貿易港であつて我が国物資輸出入の大関門をなし」、大阪市付近と関連して「我が国産業の一大中枢地」であるから「神戸地方防空設備の必要が益々痛感せらるる」という認識に基づき、神戸以東武庫川以西の有志より防空兵器献納の議が起こった。前出の大山僚介は、兵器献納を支えた人びとの戦争熱については地域差の存在を考慮すべきだと指摘している（大山「満洲事変期の石川県における民衆の戦争熱について」）が、神戸の場合は大都市圏を抱え、人びとが空襲の脅威をひときわ感じていたという特徴があろう。

第一回の発起者会は同年四月五日、兵庫県庁でおこなわれ、知事、神戸・西宮各市長、武庫川以西の町村長、神戸・西宮・武庫郡各在郷軍人会連合分会長、商工会議所会頭、新聞社代表（朝日、大阪毎日、神戸、神戸又新日報）が集まり、募集総額を大体五〇万円と定めるとともに、人びとに向けての趣意書を作成した。以下はその一節である。

今日主として昼間爆撃に用いられる軽爆撃機は多くは数機編隊をもって襲来し、一機当たり二〇〇～一〇〇〇キログラムの爆弾を搭載してその可航力は八〇〇キロメートル（往復）に及び、夜間爆撃に用いられる重爆撃機は一〇〇〇～三〇〇〇キログラムの大爆弾を搭載して優に一二〇〇～一三〇〇キロメートルの行動半径（往復）を有する、いま仮に敵機の根拠地を大陸（上海、北平〈北京〉、ウラジオストック）または小笠原諸島などとすれば、我が阪神地方は優にその行動半径のなかに入る。いわんや一〇年二〇年後における世界航空界の進歩に想到すれば、まことに戦慄の外はない……。

この趣意書は「神戸市、武庫川間防空の設備を講じ防空思想の涵養と之が訓練を行ひ一朝有事の際に備え」るのが運動の目的とも訴えている。つまり高射砲などの兵器献納は、その不足を民間の資金で補うよりもむしろ、募金を通じて人びとの「防空思想」を養うことのほうが大きな目的であった。先の趣意書が敵国爆撃機の性能をじつに詳しく解説したり、「彼ノ世界大戦ニ於テ英仏等ガ防空設備ノ未ダ完成セザル際此ノ空襲ニ遭ヒ国民ノ狼狽ト恐怖トハ到底他ノ想像ノ及バヌ程デアツタ」などと第一次大戦の教訓が持ち出されているのは、ひとえにわかりやすい啓蒙のためである。

趣意書はさらに「本事業の趣旨たるや単に兵器の献納のみではなく空襲国防に対する市民の訓練をなす事も重大目標の一である」「殊に現代の国防は「国民国防」に重大なる意義がある」ともうたった。これにもとづき七月一七日、昼夜二回にわたる空中襲撃、防空監視、灯火管制などの演習がおこなわれた。陸軍と新聞社の飛行機や地上部隊が参加、一般住民も「殊に灯火管制に当つては規律を守つて統制に服し」た。この時期の防空演習は単なる消火訓練ではなく、県民一人一人に「国防」の担い手という意識を持たせて規律化し、「統制」するための方策であった。

一九三三年一一月二〇日に兵庫県国防協会神戸地方支部が設立され、運動の剰余金二一万四四五三円四〇銭を引き継いだ。この兵庫県国防協会とは、満州事変によって国民精神は著しく緊張し、国防観念は漸次普及したものの、「時日ノ経過ト共ニ動モスレバ国内ノ輿論モ其ノ熱度ヲ滅却セントスル憾ナシトセズ」という認識にもとづき、国防に関する調査研究、各種の演習・訓練、講演会、展覧会などをおこなうべく、県庁内に事務所を置き、設立された団体である。事変発生から時間が経つにつれて人びとの軍事や戦争に関する関心は次第に冷却し、〈軍事リテラシー〉の向上というより維持の手段が模索されたのであるが、ちょうどそこへ日中戦争が勃発する。

2　海軍と民間の対国民宣伝――「平和維持」と「経済」

航空主兵と戦艦廃止論

満州事変前後の海軍は報国兵庫号などの献納機、そして自らの予算で調達した飛行機をどのように使うつもりだったのか。

このころの海軍では、一九三〇（昭和五）年のロンドン海軍軍縮条約締結後、海軍の航空戦力拡充が進められたのにともない、いわゆる「航空主兵、戦艦廃止論」が台頭してきた。これは、近い将来、必ず航空攻撃で戦艦を撃沈可能になるはずである、戦艦同士の戦闘距離に入るまでに戦勢の大局は航空攻撃で決められるのはまちがいない、戦艦同士の堂々たる砲戦となる機会は少ない、よって戦艦を廃止し航空を主兵として充実整備する軍備方針に転換すべきである、といった議論をさす（以下、この項は防衛庁防衛研修所戦史室編『戦史叢書　海軍航空概史』による）。

しかしこの議論が起こってきた一九三四（昭和九）年ごろ、海軍の主流は米海軍が戦艦を主力とする艦隊で来攻するという従来からの想定に基づく戦艦主兵、艦隊決戦思想であり、まだ航空の戦艦撃沈能力は不充分であったこと、訓練時に想定される主砲の命中率がきわめて高かったこと、戦艦主兵論者が航空は天候の障害を克服するのに不充分と反対したこと、などの理由により、飛行機と戦艦の優劣論争は水掛け論で終わった。

それでも海軍は一九三五（昭和一〇）年度、航続力の大きな双発陸上機を「特殊偵察機」として三菱に試作させた。これが成績良好だったので「九試」（昭和九年試作の意）として陸上攻撃機化、翌三六年に九六式陸上攻撃機（略して九六陸攻）として制式機とした。この陸攻とは、日本が保有する南洋諸島上の各飛行場に展開し、爆弾や魚雷を抱いて広大な洋上の長距離飛行をおこない、ハワイから日本めざして来攻する米艦隊を空から攻撃して漸減ないしは撃滅するという発想に基づいて設定された機種である。

一九三六（昭和一一）年六月の国防方針の改定、これに基づいた三七年ごろの海軍作戦計画中、航空用兵の概要は主力決戦前に敵空母、主力艦を先制攻撃して制空権を獲得し、敵兵力の漸減をはかる、主力決戦時には策応して敵艦隊主力を攻撃する、米軍の根拠地であるフィリピンはまず航空撃滅戦をおこなった後で攻略する、とされた。同年一一月、海軍大学校のおこなった「対米国作戦用兵ニ関スル研究」では、ハワイ・真珠湾に集結する米主要艦艇、特に空母を不意に空襲して開戦する発想がすでに示されていた。

民間からの戦艦廃止論

以上は海軍部内で内密かつ専門的に検討された軍備・用兵方針の変化だが、戦艦廃止論は当時の社会、政治の場でも普通に唱えられていた。一例を挙げると、大正〜昭和期日本の有力な平和運動団体である国際連盟協会は、一九二七（昭和二）年の総会で近い将来に戦艦が全廃されることを希望する旨の決議をおこない、一九二九（昭和四）年一一月の理事会では主力艦（戦艦）の全廃、またはこれに代えて主力艦の艦型を縮小するなどの必要性を強調する声明を出している（松下芳男「戦艦全廃問題」）。

松下によれば、当時の有力な無産政党として議会に議員を送っていた社会民衆党も、一九二九（昭和四）年一二月の大会で戦艦の存置は造艦能力の劣る日本には不利と述べ、経費多大なこの攻撃専用の武器をまず世界の海洋上より消失させねばならぬ、と決議していたという。もちろん日本だけが一方的に戦艦を全廃するわけではなく、軍縮条約や国際連盟などの国際的枠組みに従い、米英などの各国と並んで廃止するのである。

ちなみに著者の松下芳男（一八九二〈明治二五〉〜一九八三〈昭和五八〉年）は一九二一（大正一〇）年に予備役入りした陸軍中尉で、反戦平和論の立場から多数の軍事評論を公表、今日でも海軍の水野広徳（ひろのり）と並び称される代表的な戦前平和論者である。

松下らが戦艦は日本に不利と主張したのは、戦争開始から三年もたてば続々と戦艦を完成させうる米英に対し、造艦能力と経済力に劣る日本は競争できないと考えたからである。このように、民間の戦艦廃止論は、主として軍事費抑制と平和維持の面から唱えられていた。海軍側もこれを無視できず、反論していったことを以下に述べる。

「理解と同情」の獲得

　日本海軍は世論の批判を受けるなかで、前述の対米軍備や戦術の方向性を国民にどう説明していたのだろうか。海軍は、すでに大正期からその傘下の離現役海軍将校団体・有終（ゆうしゅう）会（かい）に種々の一般向け図書・雑誌を刊行させ、軍事知識の普及活動をおこなっていた。歴史研究者の千田武志（ちだたけし）は大正期の同会誌『有終』を分析し、一九二〇（大正九）年三月掲載の論説で「日本海軍の航空兵力は諸外国に比較して貧弱であり、早急に拡張する必要がある」と論じられたのを皮切りに、同趣旨の論説が複数掲載されていったと指摘する（千田「軍縮期の兵器生産とワシントン会議に対する海軍の主張」）。つまりこの時期以降、海軍みずからによっても飛行機の必要性が一般国民に説かれていたわけである。

　例えば一九二二（大正一一）年一月の『有終』「新年の辞」は、今後十数年のあいだに海上における主力艦同士の戦闘は「空軍主力」同士の戦闘に移行する可能性がある、よって主力艦低減は歯牙にも掛ける必要はなく、主力艦にかける巨額の金を「空軍の整備を第一とする科学の進歩に伴ふ戦闘機関の準備的完成を図る」ことに回すのが大切だ、と主張していた。こうした航空機拡張論を支える論拠となったのは、英国のチャーチル航空大臣が議会でおこなった空軍縮小は将来空軍力をもって海軍力に代える可能性を失ってしまうから反対だという演説（一九二一年三月一日）や、「航空機と魚雷との組み合わせにより大きな効果が期待できる」という同国保守党議員の発言であった。本書でたびたびみてきたように、日本の軍人たちは、当時の流行語でもあった〝世界の大勢〟に敏感であった。

このように、少なくとも『有終』の誌上では「ワシントン会議を好機ととらえて諸改革を実行しようとしている論者、この間に軍事費の軽減をはかりながら、潜水艦などの補助艦や航空機などを拡充し、官民の兵器製造所の設備、人員の維持、転換により将来の生産力の拡大に備えるという主張が多かった」（千田前掲論文）という。

有終会は大正末から昭和戦時期にかけて、雑誌とともに現在で言えば防衛白書のような一般向けの海軍年鑑をたびたび刊行していた。年次によって『海軍及海事要覧』『海軍年鑑』などと書名こそ変わるが、刊行の趣旨は一貫していた。それは、昭和六年版『海軍及海事要覧』が「申す迄もなく我海軍は　陛下の海軍であるが、一面から考ふれば、又国民の海軍とも謂（い）へる。即ち海軍の経費は国税の中から支出され、此の海軍を取扱ふ人、即ち士官兵員も亦（また）国民の中から出てゐる」などと述べているように、「国民の海軍」なるスローガンを国民に示してその「理解と同情」を獲得するためであった。

こうした訴えは、同書中に「理解と同情とが一般社会の発達に必要なる如く、我が海軍も亦国民の理解と同情とを切に望まざるを得ない」「その力強い国民的支持は何に依て起るか？　云ふ迄もなく海軍に対する理解である」などとあるように、国内世論からの軍縮圧力を避けて建艦予算を獲得し、組織を防衛するための行為であったことはいうまでもない。だから、同書の端々で軍備は「経済」的でなくてはならぬと強調されたのである。

「制空権下の艦隊決戦」

では、海軍はこの国民向け宣伝のなかで、主たる仮想敵・米海軍の動向をいかに説明していたのだろうか。『海軍要覧 昭和十年版』によれば、その米海軍は「制空権下の艦隊決戦」を標榜していると解説されていた。これは、飛行機同士の戦いに勝った方が空から観測機を飛ばして戦艦の正確かつ一方的な射撃を可能にし、決戦にも勝てるという考え方である。つまり、「大艦巨砲主義」は航空機とその勝利なしには成立しないのであり、したがって戦艦の重視＝航空機軽視とは必ずしもならないのである。

この「制空権下の艦隊決戦」なる言葉は、一つのキーワードとして当時の軍事啓蒙書に頻出していた。その一冊である海軍少将・匝瑳胤次『日米対立論』（一九三二年）は「米国海軍は、制空権下の海上決戦なる海軍作戦を採つて居る。従つて彼等が先づ航空隊の充実に専念するのは、この作戦から出発してゐるので、日本海軍も之に関して学ぶべき所尠からずである」と説いている。日本海軍はひとり艦隊（水上）決戦に固執して飛行機を軽視していたのではない。仮想敵米国が飛行機の勝利を前提とする決戦を想定しているから、こちらも怠りなく準備するというのが当時の公式な考え方であった。

軍備が相対的なものである以上、日本は米国の動向をつねに気にかけねばならないのである。謙虚に学ぶべき航空後進国の日本にとって幸いなことに、米国の海軍情報はかなりの程度オープンだった。

大艦巨砲主義なのは米国

日本海軍の対国民宣伝は、大艦巨砲主義にもとづく艦隊決戦に固執しているのは日本ではなく、むしろ米海軍のほうだと主張しているように読める。日本は一貫して受け身・追随的に描かれているが、大正以来自らを二等の守勢海軍と規定してきた以上、ある意味当然ともいえる。『海軍要覧　昭和十二年版』はさらに言葉を強め、「米国が大艦巨砲主義の強化に努めることもまた、米国が西太平洋において不必要な優勢を誇らうとする結果である」と批判している。日本海軍としてはやむをえずこれに追随するよりほかないのだ、と

図9　宣伝パンフレット『海軍参考諸表』

いう弁明的なニュアンスがあろう。

このように、「大艦巨砲主義」とは今日では日本海軍の後進性のみを批判する言葉だが、戦前は米国の戦艦建造を金にあかせた一方的なものと批判するために使われた言葉であった。

【図9】は、海軍協会愛知県支部が一九三〇（昭和五）年ごろに出した宣伝パンフレット『海軍参考諸表』に掲載された漫画である。海軍協会とは一九一七（大正六）年に海軍軍拡を目標として設立され、のちに海軍・海事に関するPR活動をおこなった民間団体である（土田宏成「一九三〇年代における海軍の宣伝と国民的組織整備構想」）。右側の絵に記された「大艦巨砲主義」は、持てる国米国の傍若無人ぶりを風刺し、日本側いうところの「国情」に見合った軍拡を正当化するための言葉である。

漫画では、米側が軍縮交渉で主張した潜水艦廃止論も批判されている。なぜ日本には潜水艦が必要なのか。この点について海軍省人事局が一九三二年、在郷軍人向けに作ったパンフレット『昭和七年　点呼参会者の為に』は「潜水艦の現状と其の将来」という章を特に設け、潜水艦を劣勢海軍にとっては主力艦を悩ますことのできる唯一の武器と高く評価したうえで、例えば富強国が戦艦五隻を造るのに、貧弱国が潜水艦は不経済（トン当たりの建造費と維持費は戦艦の二倍）だからと戦艦三隻を造っていては戦争に勝つ望みはない、そこで戦艦は二隻にして、他は戦艦に対抗しうる潜水艦一〇隻を選び、富強国に対抗する政策をとるべきだ、と解説していた。潜水艦がけっして「不経済」でないのは、一隻当たりの価格と艦齢（潜水艦の耐用年数は戦艦の半分）とを加味して考えれば戦艦一隻で潜水艦五隻以上を造り得るからだ、という理屈で説明されていた。

このように満州事変期の日本海軍は、自国民に大艦巨砲主義を鼓吹するどころか、潜水艦という「貧弱国」の兵器なら「富強国」米英の大艦巨砲主義に対抗できる、だからそうしようと熱心に説得を試みていた。戦艦の建造競争で米英に勝てないことは、当時の日本ではほぼ誰の目にも明らかだったからである。海軍にとって「製艦方針を樹てるに当り第一に問題とする点は海軍軍拡総予算そのもの」（前掲『昭和七年　点呼参会者の為に』）であり、したがってその額を決める国民の意向に敏感であった。彼らはめざす対米軍拡の方向性について、軍事的有効性もさることながら、むしろ経済的効率性の観点から説明しなければ説得は難しいと考えつつ、宣伝を展開していたのである。前述の博覧会における潜水艦の威力を表した展示（本書七〇・七一頁）も、こうした説得策の一環に他ならない。

ちなみに、米国こそ大艦巨砲主義の信奉者ではないかという日本側の主張は、当時にあっては決して的外れではなかった。

米海軍兵学校の歴史学教授ウィリアム・マクブライドは当時の米海軍における戦艦と飛行機の関係について、「概して、一九三〇年代末までの伝統的――当時としては〝標準的〟――な航空の任務は、戦艦を戦闘に投じることのみにあった。その主砲は破壊に対する偉大な防御力、長大な射程、正確さ、射撃の速さ、打撃力、弾丸の補給力ゆえ」「一連の戦闘における最も強力な兵器」とされていた、飛行機や潜水艦などその他の兵器は「主砲を支援し、有利な状況を作り出すために戦闘に投じられることになっていた」などと、戦艦重視というよりほとんど崇拝であったことを指摘している（William M. McBride, *Technological Change and the United States Navy, 1865-1945*）。

「キングコングのような軍艦」

この米海軍が標榜する巨艦主義に対し、劣勢の日本海軍はどう対処することになっていたのか。本書一三五頁の宣伝漫画に描かれた海軍大臣大角岑生（おおすみみねお）とみられる人物は「我に秘策あり」と思わせぶりなことを言っていた。先に述べた潜水艦はその一つだろうが、他にはどのような策があるとされていたのだろうか。

海軍は国民、そして己に言い聞かせるかのように〝日本独自の軍備〟で対抗するのだ、という趣旨の宣伝をおこなっていた。たとえば一九三七（昭和一二）年の『海軍要覧 昭和十二年版』は今後「わが国情に最も適応した海軍力の強化に努めるであらうから、〔軍艦の〕備砲口径の如き全く独自の立場において按排決定されるものと思ふ」と主張している。

この「国情に最も適応した」海軍軍備とは、具体的にどのようなものだろうか。その二年前、三五年の『海軍要覧 昭和十年版』では海軍の「費用」を節約するために「先日『キングコング』と云ふ馬鹿々々しい活動写真があつたが、軍縮後日本で現在の亜米利加（アメリカ）の艦隊に対しては、『キングコング』の様な軍艦を一隻作つたらどうだらう」、そうすればいかにアメリカといえど手も足も出まい、それが「一番能率のよい費用の要らない軍備」である、と提言していた。

これらは、おそらく同時代の日本社会に存在した戦艦無用論に反論し、艦の備砲やトン数に細かい上限を加える軍縮条約の軛を脱して自由に戦艦を作りたかったが故の主張であろう。

その戦艦無用論を唱えた者の一例として、反軍自由主義の硬骨漢として知られる『福岡日日新聞』主筆の菊竹六鼓（一八八〇〈明治一三〉～一九三七〈昭和一二〉年）を挙げよう。菊竹は一九三一（昭和六）年九月一七日の同紙社説で「その〔戦艦〕一隻を建造するが為には、七、八千万円以上一億円近き巨費を要するし、その運用にも莫大の維持費を必要とする。戦術上の戦闘艦優劣論は姑く別とするも、之れ甚だ贅沢なる武器と云はねばならぬ」と論じ、航空母艦についても国の自衛のためには不要と述べ、これらに固執する海軍の建艦政策を批判していた。海軍としては、こうした国民からの批判に反論する必要があった。

我々は、海軍の「『キングコング』の様な軍艦」という一見突飛な思いつきが、巨大戦艦大和・武蔵の建造というかたちで具現化したことを知っている。たしかに両艦の建造は極秘であったが、当時の海軍が国民に向けておこなった宣伝は、人びとを騙して批判をまぬがれるための単なる虚言では決してなく、現実の建艦政策とも一致していたのである。ちなみにハリウッド映画のなかのコングは飛行機の執拗な攻撃によりビルから墜ちて死ぬのだが、それを言うのは野暮というものだろう。

むしろ大和・武蔵の建造は、海軍の軍人たちが「国民の海軍」とか対米軍備は安価で実現可能だとかいう自らの宣伝文句に引きずられ、それが現実の軍備体系にまでも影響を及ぼした結果であるとすらいえるのだ。両艦の建造予算は正確な金額こそ改竄（かいざん）されたものの、大蔵省の査定と帝国議会での承認を必要としたことを思い起こすべきである。

ところで当時の日本へ輸入、公開された映画『キングコング』は他ならぬ一般大衆に受けたようだ。一九三三（昭和八）年一〇月六日発行の映画雑誌『キネマ週報』（一七三号）の巻頭ページに掲載された（主として映画興行主向けの）キングコングの広告で、帝国劇場支配人・石田健はこの映画が「年寄りや子供」ら「日本物の観客層を食つ」ている、「今迄と違つてる事は二等席が込み合ひましたからきつと所謂（いわゆる）大衆には非常な魅力がありますから地方なぞは大したものでせう」と、その好調ぶりを述べている。

娯楽映画という卑近な例を用いた海軍の宣伝の狙いは、高学歴のインテリでも富裕層でもなく、「所謂大衆」に対する軍縮条約脱退の説得、社会全体の〈軍事リテラシー〉底上げにあった。その大衆が『海軍要覧』という一般向けとはいえお堅い本（昭和一〇年版の定価三円、当時はがき一枚一銭五厘）を直接読む機会がどれほどあったかは別としても。

日米建艦競争は起こらない

一九三六（昭和一一）年の海軍軍縮条約廃棄にあたり、海軍関係者によって書かれたその他の軍事啓蒙書として、海軍少佐・福永恭助『非常時突破 軍縮問答』（一九三五年）を挙げたい。福永（一八八九〈明治二二〉～一九七一〈昭和四六〉年、一九三七〈昭和一二〉年予備役編入）は多数の啓蒙書や戦記小説を著した啓蒙的軍人の一人である。その現役時代に書かれた同書の目的は、米英との海軍軍縮条約を廃棄しても日米建艦競争は当面起こらないし、仮に起こったとしても問題はない、まして日米戦争などありえないことを証明して国民の不安をなだめることだった。

仮に戦艦建造の制限を撤廃しても日本が安全である理由は、つぎの三点にまとめられる。

①日本は国情に即した経済的軍備の方策をとる。具体的には排水量五万数千トンの大戦艦を一、二隻造る。その主砲の口径が空前の一八インチ（約四六センチメートル）であることは、軍縮条約締結前の日本に同様の構想があったと別の頁に記されることにより、勘のよい読者には示唆される。米国は同等の巨艦はパナマ運河が通れないから造れない。よって、日本が建造予算を議会通過させただけでも妥協を申し込んでくるだろう。②米国が金にものをいわせて戦艦を多数造ろうとも、肝心の乗って動かす人が質量ともに足りな

い。③資源のない島国日本にとって中国大陸の権益は死活的だが、広い国土で自給自足できる米国は中国をさほど必要としない。米国民がその中国をめぐって日本と戦争する気になるはずがない。

①は排水量六万五〇〇〇トンに達した大和型戦艦構想そのものである。一少佐に過ぎない福永が極秘の同構想を知るはずはなかったろうが、巨大戦艦を造って対米劣勢を挽回しようという発想自体は極秘でも何でもなく、複数の一般向け書物で語られていたことがわかる。②の〝人〟の問題は、富強米国の数少ない弱点として、後述するように日本が対米戦争に負けない根拠としてくりかえし希望を込めて語られていく。③は希望的観測そのものだが、真珠湾攻撃の瞬間まで孤立主義志向の強かった米国世論をそれなりによく観察していたともいえる。

このように単純明快過ぎる理屈で対米戦争を楽観視し、さらなる軍備拡張を主張する一般書が一九三〇年代の日本海軍関係者によって書かれていた事実は、その対中・対米政策がしだいに強硬化して本物の戦争を招くに至る背景の一つとして注目に値する。海軍は、軍縮条約や国内世論の制約を脱して自由に軍艦を造りたいが故に、大和型戦艦という切り札の存在を（あくまで偶然、結果的にではあるが）国民に示してまで、条約廃棄への同意を得ようと試み、かつ成功していたのであった。

戦艦はむしろ安上がり？

民間の軍縮論・戦艦廃止論者を論破し、さらなる建艦を主張しようと試みたその他の海軍軍人の本として、やや時期はさかのぼるが佐藤鉄太郎中将（一八六六〈慶応二〉～一九四二〈昭和一七〉年）が一九三〇年に刊行した『国防新論』も挙げておきたい。

佐藤は日露戦争で参謀として活躍、一九一〇（明治四三）年に『帝国国防史論』を著して日本の戦史や海洋戦略を論じた理論派だが、一九二三（大正一二）年に予備役入りして現実の海軍政策への発言権はなかった。それでも新たに海軍政策論を公表したのは、『国防新論』の序によれば「平和を望めば平和来ると妄信」し「軍備を充実するにあらざれば到底平和を維持するに由（よし）なきを知らざるもの」の多い世相に物申すためであった。つまり彼のねらいは軍事専門家同士の高度な論争などではなく、一般国民の啓蒙に他ならない。

佐藤は『国防新論』のなかで、当時の海軍当局とは異なり、新兵器の潜水艦と飛行機に批判的な見解を示している。潜水艦はたしかに有効な兵器だが、彼我の保有数に差がない場合、味方は敵の主力艦に損害を与え得るものの、それは敵の潜水艦も同じで益がないから全廃すべきであると述べ、ロンドン海軍軍縮会議で潜水艦保有に努めた海軍当局のやり方を「怪（あや）しんだ次第」とはっきり批判している。

飛行機については、欧州もしくは西大陸の一国（英、ソ、米か）と戦争した場合、敵は日本の主要都市を空襲できるのに、日本は敵本国の主要部分を攻撃できない、よって飛行機は国際管理下に置いて各国の私有や軍事利用は禁止すべきだ、と訴える。

佐藤が国防上重視したのは、「古来海軍の中堅として今日に至れる、戦艦」であった。彼は菊竹六鼓的な戦艦廃止論を「目前の小利に眩惑して、其の大体を失するもの」と退ける。戦艦が絶対に必要である理由は、もし各国海軍が戦艦を廃止して小型艦だけとすれば、戦時にはこれを量産し、五、六ヵ月もあれば大海軍を造りうる工業力の大きな国（米英）が有利、逆に日本は不利だからである。よって平和維持のためには各国の軍備は宣戦後とっさに建造できないもののみで構成されるべきだし、建艦競争発生にともなう経済的打撃を減じるためには現状の不合理な比率主義（例えば戦艦の保有枠は米・英・日で五・五・三）を廃して各国とも同一程度の軍備保有枠を課し、各国はその枠内で任意に国情にあった軍備を追求すべきである。

佐藤は以上の見地から、海上武力は宣戦後も建造に相当な時間のかかる戦艦と巡洋艦のみに、いな可能ならば戦艦のみに限定してはどうか、と提案した。そして戦艦廃止論は、工業力や富力の大きな国が平生より海軍に巨額の資本を投じることなくその主張を貫徹する手段ともみなせるので、漫然と賛成してはならぬ、と退けた。

こうした佐藤の議論はそれなりに論理一貫しているが、しょせんは頭の古くて堅い老人の議論と退けることもできるし、米英が自己に有利な比率主義を放棄するはずもない以上、その非現実性を指摘するのも容易である。だが、佐藤が自らの愛してやまない戦艦擁護論を展開するにあたって、「平和」や「経済」というキーワードを使って国民を直接説得しようとしたのは興味深いことだ。

佐藤のねらいが、前出の社会民衆党などの「長期戦になれば戦艦は不利」という主張の打破、将来の戦艦建造再開にあるのは明白である。松下芳男は「戦艦全廃問題」の結論で「戦艦が全廃されたならば、次ぎには航空母艦の全廃を目標としなければならぬ。これまた絶大なる脅威性を有し経費の負担も多額であるからである」と述べていた。もし海軍が戦艦建造で国民に譲歩すれば、つぎは空母でも譲らざるをえなくなるだろう。

小野塚知二の研究によれば、第一次大戦で沈んだ各国戦艦・巡洋戦艦二六隻のうち、じつに一六隻が魚雷、六隻が機雷で水線下に穴を開けられて沈んだ。一方、砲撃はわずか四隻である。このことは、戦艦が敵の装甲巨艦を沈めるうえでほとんど役に立たず、むしろ敵の駆逐艦・潜水艦や機雷敷設艦に沈められる存在となっていたことを意味する。実際には、戦艦はこの頃すでに「戦術的にはほとんど意味のない存在」となっていた。

しかし日米英海軍とも佐藤老人と軌を一にして戦艦を偶像崇拝し、その威力を信奉する勢力が存在し、海軍軍縮条約廃棄後、彼らはふたたび戦艦の建造に乗り出してゆくのである（小野塚知二「戦間期海軍軍縮の戦術的前提」）。

このころの海軍の軍人たちは、それこそ佐藤のような非現役の老将に至るまで、国民から大飯喰らいの役立たずと非難され、建艦を制限されることを極度に恐れていた。彼らはそのような指弾を避けたかったがゆえに、今日でいう費用対効果（コスト・パフォーマンス）の高い海軍軍備の方向性をそれぞれの考え方で説明し、世の人びとの納得を得ようと努力していたのだ。

九六陸攻とB―17

もちろん佐藤の戦艦擁護論は一九三〇年代の国際情勢と軍事技術の発展下にあっては非現実的だった。日本海軍は潜水艦、そして「キングコング」のような戦艦建造をめざすとともに、軍用飛行機の開発にも力を入れた。

それは日本、そして米国の海軍にとって、開戦後、広大な太平洋上のどこを進攻してくるかわからない敵艦隊をいかに発見するかが大問題だったからである。しかもロンドン条約で補助艦――巡洋艦や駆逐艦、潜水艦といった敵艦隊を探し出すための艦にも総量規制が掛けられた。この状況に対し、一九三三（昭和八）年、陸上運用の長距離機で広い海面を哨戒して敵艦隊を発見し、攻撃しようという発想が日米両国でほぼ同時に生まれた（以下は小野塚知二「戦間期航空機産業の技術的背景と地政学的背景」による)。

日本海軍は、そのために前出の九六陸攻を開発した。三菱重工業製、一九三六年制式採用の双発機である。山本五十六ら海軍部内の航空主兵論者は敵機の攻撃に弱い空母(甲板に一発でも爆弾が命中すれば、航空機の離発着は困難となる)ではなく、陸上基地から発進する長距離攻撃機が味方にあれば、戦艦や空母は無用になると考えていた。一方、海軍の艦隊派=対米強硬派のあいだでも、航空機を数的劣勢を補う補助的兵力と位置づけ、米艦隊の勢力を奪い艦隊決戦を有利に運ぶのに用いるという意味での航空重視論が一九三〇年代前半には登場していた。

対する米陸軍も、別の理由で四発重爆撃機B―17を開発した。第一次大戦後の米陸軍には何らかの方法でみずからの存在意義を説明する必要があり、これにひときわ熱心だったのが陸軍航空隊であった。彼らは、陸軍航空隊が敵艦隊を爆撃して沿岸を防衛し、ついで潜水艦とも協働して制海権を確保、さらに敵地を占領してそこから敵国中心部に戦略爆撃をおこない、潰滅させるという一大構想を描き、その実現に努力していた。

米陸軍航空隊は孤立主義志向の強い議会や軍上層部の目を盗み、沿岸防衛という穏当な目的を前面に立てながら、戦略爆撃用の長距離爆撃機を開発しようとしたのである。これは海軍航空との縄張り争いを引き起こし、いったんは海軍が沿岸防衛に責任を負わず、洋上での自由行動を保障される（その代わり、陸軍航空隊のような陸上発進の大型機は持たない）というかたちで合意されたが、航空機の性能が発達して陸軍機が洋上をより遠くまで飛行可能となるにつれ、陸海軍対立の火種としてくすぶりつづけた。かくしてB—17の試作型YB—17が一九三六（昭和一一）年一月に試験採用された。

日米の両機とも爆弾（九六陸攻は魚雷も）を満載して千数百キロもの長距離を飛行し基地に帰投できたから、戦略爆撃機にそのまま流用可能であった。日中戦争初頭、九六陸攻は長崎県大村や台湾、朝鮮から東シナ海を越えて中国本土を爆撃、ついで武漢や重慶など奥地の中国軍・政府の都市拠点爆撃に用いられた。

一方、B—17は一九三八（昭和一三）年以降大量発注され、後にヨーロッパ戦線でその改良型がドイツ本土爆撃に大挙出撃した。同機は太平洋戦線でも重防御により被弾してもなかなか墜落せず、日本の戦闘機搭乗員を驚嘆させた。九六陸攻が重量増による性能低下を嫌って燃料タンクや搭乗員への防御装置を欠いたため、中国での実戦でわずかな被弾により火を噴き墜落した（宮崎駿監督の映画『風立ちぬ』〈二〇一三年〉にこの場面が出てくる）のとは、実戦への参加時期が数年違うとはいえ対照的であった。

「郷党にも広く閲覧せしめよ」

前出の『海軍及海事要覧』『海軍要覧』は専門的な軍事解説書で、現在の防衛白書と同様、映画雑誌のいう「大衆」向けとはとうてい言えない。だが、海軍は一般民衆を直接の目標として同趣旨の宣伝をおこなっていた。その対象の一つとなったのが、全国の在郷軍人である。彼らは軍を除隊したのちも軍籍を持ち、戦争になれば必要に応じて召集され、ふたたび軍務に就くことになっていた。

陸海軍は、在郷軍人を定期的に短時間召集して査閲する、簡閲点呼という行事を毎年おこなっていた。一九三五（昭和一〇）年の簡閲点呼にあわせて海軍省人事局が配った『昭和十年 点呼参会者の為に』という解説パンフレットには、「要するに海軍は国家の軍隊であり、海軍々人は国民の選抜者であり、代表者である。従つて国民生活――人生生活を離れて海軍の活動はあり得ない。海軍の活動を国民に普及徹底せしむる事は海軍に対し先天的に課せられた責務」とある。同書を通じて国民の軍事知識を最新のものにアップデートすることは、海軍にとって「平戦時を一貫する思想戦」の一環であった。

ではその最新知識とは何か。『昭和十年 点呼参会者の為に』は、海軍戦力中における航空機の位置づけについて、「要は航空なくして海軍の機能は決して完全に達せらるゝものでなく、否航空部隊を除けば真に均勢の取れたる海軍とは言ひ難い」「米国海軍は海上航空兵力の充実増勢に全幅を払ひ特に制空権下に於ける艦隊決戦の企図を実現せんが為めあらゆる方策を講じて居る」と解説している。ここでも、日本が米国の圧力をはねのけて自らの国策を貫くためには、海軍飛行機の増強が必要だと言っているのである。

『昭和十年　点呼参会者の為に』の冒頭には、「本書配付に就き希望」として、ここに書いてあることは「郷党〔同郷の人びと〕にも広く閲覧せしめ然るべきこと」との注意書きがある。海軍は同書を通じて最新の軍事知識を兵士のみならず社会全般に広く普及させようとしたのであった。戦前の日本では、どの市町村にも帝国在郷軍人会の分会があり、多くのそれには海軍の在郷軍人がいたはずである。彼らには一般社会への軍事知識普及回路としての役割も期待されていたのである。

海軍の既得権への批判

海軍はなぜ、国民に対する軍備方針や航空知識の普及啓蒙にかくも熱心だったのか。私は、若干時期がさかのぼるが、一九三〇（昭和五）年のロンドン海軍軍縮条約時の苦い経験があったと考える。この条約締結をめぐっては、海軍部内でも賛成する海軍省とあくまで反対する海軍軍令部が鋭く対立した。この対立について、『東京朝日新聞』の同年五月二五日社説「統帥権よりも国民負担軽減」はつぎのように批判した。

> 海軍大臣と海軍軍令部長との内輪喧嘩の妥協点も、結局は国民負担の軽減にむけらるゝべきものを、海軍軍備の充実にさらつてゆくことによつて、見出さんとするのである。あるひは内輪喧嘩と見ゆるところのものが、結果においては、海軍軍費より剰(あま)したるところのものを、海軍の既得権として、海軍のために使用せんとする共同作戦に外ならぬものとも見ゆるのである。〔中略、軍縮で浮いた予算の使い途は〕国民負担の軽減が出来るか出来ぬかといふ国民生活の上に直接ひゞく問題である。軍部大臣を含めた軍部全体と、国民一般との利害対立の問題である。

この社説の言わんとするところは、海軍省と軍令部は鋭く対立しているようで、じつは軍縮条約で浮いたお金を国民負担の軽減ではなく自らの「既得権」すなわち軍事費に回すという点では一致している、軍縮はもはや軍部と国民間の利害対立の問題である、ということである。すなわち、海軍が自らの予算を「既得権」とみなして死守し、国民の生活困窮を顧みようとしないのは不当だ、と批判しているのである。

この批判は、国家の興亡がかかった大戦争下ならばいざ知らず、平時にあっては痛いところをついていただろう。軍隊は建前上、国民生活の安寧維持のために存在するし、軍事予算の額や使い途を決めるのは普通選挙で選ばれた国民の代表からなる帝国議会だったからである。海軍はその予算を「既得権」と批判されないためには、予算使途の効率性や軍事的有効性をアピールする必要があった。かくして、これからの戦争は（安価な）飛行機や潜水艦でおこなうとか、潜在的敵国である米国が飛行機を充実させている以上、日本もそうすべきだ、という趣旨の宣伝が各種パンフレットなどでおこなわれたのである。

ロンドン海軍軍縮条約時の陸軍大臣だった宇垣一成（うがきかずしげ）大将はこうした海軍部内の抗争を横目で見ながら、「今次の海軍々縮条約は軍事的丈（だ）けの立場から見ても決して不利計（ばか）りのものではない。大艦巨砲の因襲より脱却して空中勢力の充実に転換の動機を与へたる結果を招来して居る」と一九三〇〈昭和五〉年九月三〇日の日記に記していた（角田順校訂『宇垣一成日記Ⅰ』）。宇垣もまた古い大艦巨砲に対する飛行機の優位を見抜いていた日本国民の一人であり、歴史研究者の野村實はこの発言を「物事の奥を読んでいた」と高く評価した（野村『日本海軍の歴史』）。だが宇垣は陸軍の先輩・長岡外史の繰り広げた補助艦批判論争を当然知っていたはずだから、先見の明があったのは宇垣というより長岡であろう。

平田晋策の軍事啓蒙書

満州事変勃発後のこの時期、民間からも注目すべき軍事啓蒙書が現れた。少年冒険小説『新戦艦高千穂』や『昭和遊撃隊』の作者として著名な作家・軍事評論家の平田晋策（しんさく）（一九〇四〈明治三七〉〜一九三六〈昭和一一〉年）が一九三二（昭和七）年に日本評論社より刊行した『陸軍読本』『海軍読本』の二冊である。定価は各一円。

平田の啓蒙書は、満州事変後の世情にかなってよく売れた。『陸軍読本』など一連の著作について、当時の講談社編集部員・川上千尋は戦後つぎのように回想している。

満蒙の風雲が急を告げ、軍事ものが大人の読物ではかなり読まれつつありました。そのころに一つ子供の本で、幅を拡げようじゃないか、ということになったわけです。その一つとして、軍事ものをやろう。それには平田晋策の「陸軍読本」が評判だから、平田先生にお願いしよう。〔中略〕それがいい工合に当たりました。定価一円五十銭（ママ）で、十二万四千部出ました。あんな固い物が、と思ったが、よく売れました。続いて平田さんのものを何冊かやったのです。「われらもし戦わば〔われ等若し戦はば〕」「われら〔われ等〕の海軍史」などです（社史編纂委員会『講談社の歩んだ五十年 昭和編』）。

平田はこのよく売れた『海軍読本』のなかで、海軍の主兵器たる戦艦と飛行機の関係をどう説明していたのか。「海軍戦闘力の中心」はあくまでも戦艦であり、「建造費七千万円以上に達する新式戦艦が、わづか空軍一、二小隊の爆撃で潰滅したりするやうなことはない」、よって「遠い将来、空軍の翼が更に更に強くなるまでは、戦艦は海上王たる王座を下ることはない」と断言した。

しかし平田の思考はここで停止しない。航空母艦についても、米国海軍のウィリアム・シムス提督による「戦艦一隻と航空母艦一隻が闘へば、必ず航空母艦が勝つ。何となれば、航空母艦の速力は戦艦よりはるかにはやいから、彼はいつも十六吋(インチ)砲の射撃距離外に立つことが出来る。そして爆撃機を放つて戦艦を空襲すれば、戦艦は数門の高角砲以外に、これに対戦することの出来る武器はないのである」との発言を紹介し、飛行機を軽視どころかむしろ脅威視していた。ここに記されたシムスの発言は、有終会発行の『海軍及海事要覧 大正十五年版』(一九二六年)の第一章「主力艦・補助艦及航空母艦」第四節「航空母艦」の(二)「米海将シムス氏の意見」を平易に要約したものとみられる。

その飛行機と戦艦の力関係を平田がどう理解していたかは微妙で、本人も考えあぐねていた節がある。『海軍読本』はシムスの発言を「提督はあまりに航空母艦を強く見過ぎて居るかも知れない」と批判し、「昭和六年春の、アメリカ艦隊パナマ運河攻防演習では、何回となく空軍の戦艦襲撃が行はれたが、戦艦の力を重く見る人達は、「空襲によつて受けた戦艦の損害は決して致命的ではなかつた。」」としている、と米国の戦艦擁護者たちの主張をそのまま紹介しているからである。しかし一方で「昭和五年秋のイギリス大西洋艦隊と空軍十機との対抗演習では、世界一の戦艦「ネルソン」と「ロドネー」が、ともに大損害を被つてゐる」と飛行機の威力にもふれている。

少なくとも平田は古い大艦巨砲主義の安住者ではなかった。「銀翼を輝かして爆撃雷撃の威を振ふ航空部隊は、正に昭和新海軍の中心戦闘力とならうとして居る」「今や如何なる国の、如何なる海軍と雖も、空軍を無視して行動する事は出来ない」と述べるなど、将来の海戦で飛行機が重要な役割を果たすことは十二分に認めていたのである。

では飛行機の果たすべき具体的な役割とは何か。平田『海軍読本』は「海空軍」という言葉を用い、その使命として「空の巡洋艦」である飛行艇や水上機による偵察戦、艦隊決戦前の戦闘機による「海上の戦闘よりも更に悽愴」な制空権争奪戦、「空軍威力の極致を示すもので、何人も戦慄を禁ずる事が出来ない」攻撃機の軍艦爆撃、空中観測による艦隊の長距離砲戦の指導などを挙げる。「彼等〔「空軍」〕は海戦の序幕から最後の追撃戦に至るまで、常に戦局を支配するのであるから、空軍の弱い海軍は、絶対に戦勝の機会を摑む事が出来ない」とされ、その役割は重大であった。

平田はこうした航空機重視の見解を、多くの先達と同様に列強諸海軍の事例観察から導いていた。たとえば「アメリカ渡洋艦隊は、単なる海上戦のみを目的とするものではなく、二十世紀の新兵種たる空軍の翼陣をもつて、史上未曾有の洋上空中戦を考へて居るのである」と、仮想敵であるはずの米国を見習うべき先進例として肯定的に紹介している。

戦艦は横綱である

平田は『海軍読本』よりもさらに一般うけする、平易なかたちで国民に自らの軍事論を語りかけた。一九三三（昭和八）年の『われ等若し戦はば』（大日本雄弁会講談社、定価一円五〇銭）である。平田は「僕」という一人称を使って自らの「日本が外国から攻められた時の、戦争の予想」を総ルビのソフトな語り口で読者に語りかけ、大人気を博した。その要旨はつぎのようなものである。

もし日米が戦争に突入すれば、米海軍の大艦隊が輪型陣を組んで日本に襲来するだろう。「僕は戦艦を横綱、空軍を大関だと思つてゐる」から戦艦は重要である。しかし日本の優秀な巡洋艦や駆逐艦からなる水雷戦隊が捨て身の夜襲を敢行して米戦艦の数を減らすはずだし、戦艦同士の戦いに先立って空中戦がおこなわれ、「この戦闘に勝つた方が、空中権を奪ふのだ。大空を自分のものにしてしまふのだ。そして、空中権を奪つた方が、きつと海上の決戦にも勝つ」「空中戦に負けた艦隊は〔中略〕全滅をまつよりほかに仕方がない」、よって「われ等は、どんなことがあつても、この空中戦で勝たねばならぬ」……。

しかし米国はその飛行機をせいぜい四隻か六隻の空母に乗せて日本に向かわせることしかできないから、空母に加え陸上からも飛行機を飛ばせる日本の方が数の面で断然有利である。したがって「日本は米国海軍の無謀な無茶な、遠征をやめさせるために、どうしても、強い〳〵空軍を、持つてゐなければならぬのだ」と強調する。

そして、日米戦争は「空中権」の獲得を前提とする艦隊決戦に勝った方の勝利である。なぜなら米海軍は新しい空母の建造に三年はかかり、その間に日本は東経一八〇度（南洋委任統治領の東端に当たる）から西の太平洋の守りを鉄壁に固めてしまうからである。万が一日本が対米艦隊決戦に敗れたとしても、米国が一度に遠征させられる陸軍の兵力は二〇万人程度に過ぎず、「かれ等が上陸するやうなことがあつたら、関東平野で決戦をやり、遠征軍を全滅さしてしまふだけである」。だから日米戦争になっても「敗けぬ先から敗けたやうな気になることは、どうしても出来ない」、つまり対米戦の行方を悲観する必要はまったくない。

こうした強気な対米戦予想はたしかに昔ながらの「大艦巨砲主義」に基づく艦隊決戦の勝利が前提になっている。しかし平田は米海軍シムス提督の「戦艦はまるで鯱(しゃち)に襲はれる鯨(くじら)のやうなものだ。逃げることとさへ出来ないだらう」という発言を新たに引用し、「戦艦はシムス提督のいふほど弱いものではない」と批判しつつも、「シムス提督のやうな激しい議論も無視出来ない」と飛行機の大切さを強調する。さらに、別の箇所では「わが戦略態勢の強いことは、ほとんど天下無敵とも思へる。しかし、この強い兵形をもつてしても、〔国土への〕空襲だけは、まぬかれることが出来ないのだ」と空への防備強化を主張する。すなわち、『われ等若し戦はば』でも飛行機は海軍政策上決して軽視されていないし、米海軍は憎むべき敵であると同時に見ならうべき手本扱いなのである。

アメリカ文学者の佐伯彰一（一九二二〈大正一一〉〜二〇一六〈平成二八〉年）は一二歳のころ平田『われ等若し戦はば』を愛読し、「「実に恐ろしい仮想敵」としてのイメージをぼくの心に消しがたくやきつけた」と回想しつつも、その筆致については日米戦艦の主砲の門数を比較するなど「実務家的なあけっぴろげの率直さ、リアリズムといった調子が一貫していて、陶酔的な狂熱や、陰惨な偏執の匂いはまるで見当らない」と評価している（佐伯「日米若し戦はば」）。

たしかに数字に基づいた「リアリズム」——といっても佐伯は平田が戦艦の主砲一六〇門を擁する米国に対して八八門の日本を「すこし劣つてゐる」と述べたことに微苦笑するが——が平田の主張に一定の説得力を与えていた。それは、当時の日本政府や海軍が条約失効後とは異なり、締結国との信義上、すべてとはとうてい言えないまでも一定の情報を公開していたからできたことである。

陸軍が白兵突撃を重視した理由

本書の主題は海軍とその飛行機であるが、ここで平田『陸軍読本』にみる陸軍論、すなわち陸戦における「主兵」的位置づけとされた白兵（銃剣や軍刀）と航空機の力関係にもふれておきたい。

平田『陸軍読本』は「現代の陸軍は、各国とも戦闘法が甚だ深刻なために、白兵戦にならなければ、決して戦闘の幕は下りない。故に科学戦時代に入っても、最後の運命を決するものは、依然として銃剣突撃である」「科学戦時代にあっても、両軍衝突の最後には、必ず肉弾と肉弾との格闘が行はれる。その時には、腕力による銃剣の刺突が唯一の戦闘方法として残されるのである」と述べ、歩兵による無謀な白兵突撃――銃剣を振りかざし、喊声を上げつつ敵陣へ一斉突撃する戦法に固執しているように読める。

昭和の日本陸軍が火力ではなく白兵突撃を重視した理由は複雑であった。軍事史研究者の小数賀良二は、日露戦後の戦訓調査で砲創（砲による死傷）が銃創よりも少なかったこと、砲兵の数が歩兵より少なく発言力も低かったこと、国力の低さからくる速戦即決主義と戦術至上主義とが結びついて陣地戦よりも早く決着のつく運動戦が重視されたこと、などの諸要因を指摘している（小数賀『砲・工兵の日露戦争』）。小数賀は、日露戦後の時点ではむしろ火力主義のほうが「破棄すべき旧思想」であったと興味深い指摘をしている。

しかし第一次大戦下、欧州の激しい陸戦で火力主義の有効性があらためて証明された。にもかかわらず、日本陸軍は科学戦の時代に古い戦法を改めようとせず、そのくせ夜郎自大にも世界最強を自称していた、という悪印象をお持ちの読者があるかもしれない。

たしかに戦争中の軍事啓蒙書にはその手の発言がみられる。陸軍中将・桑木崇明は一九四三（昭和一八）年刊行の『陸軍五十年史』で「我が陸軍は我が海軍と共に、世界最強の存在」とか「世界無比といふところに伝統日本の誇りがあり、その誇りがすなはち皇軍をして世界最強のものたらしめた」と豪語している。海軍少将・七田今朝一『海戦の変貌』（同年）も「世界最強の海軍」という章を設けたり、「伝統を誇る海軍魂」という章で「必勝の信念」や「熾烈無比の精神力」を「わが無敵海軍の強味」と自賛したりしている。いずれも今となっては空虚な精神論そのものといわざるをえない。

作家北杜夫（一九二七〈昭和二〉〜二〇一一〈平成二三〉年）の小説『楡家の人びと』（一九六四〈昭和三九〉年）は、明治から敗戦にかけて栄え、やがて没落していく精神科医の一族を描いた小説である。北は自らがモデルの登場人物・楡周二が中学で受けた軍事教練の場面で「突撃は日本軍伝統の力なんだ」、ドイツ軍がスターリングラード（現・ヴォルゴグラード）をなかなか陥せないのは彼らが突撃をやらないからだ、と解説する戦場帰りの配属将校を登場させている。『楡家の人びと』はあくまでフィクションだが、作者の実体験や周囲への聞き取りに基づく描写が多々あり、北自身がこのような台詞を聞いたこともあったのだろう。ちなみに周二の兄峻一は『日米もし戦はば』という類いの本を熱心に読みふけり、「日米戦争の実現を信じきり、その到来をほくほくするほど陶酔的に待ち望」むほどの熱烈な飛行機マニアとして描かれている。

陸軍士官学校卒、元陸上自衛官の軍事史家・前原透(まえはらとおる)は、この「世界最強」思想の由来について、日露戦争後の軍隊教育、国民教育では戦争中の日本軍の問題点、弱かった所が隠されて「日本陸海軍は世界最強の軍隊で、向かう所敵のない精強軍である」といった信念が強調され、国の指導的人物もこれに立脚して国の大方針を考え出すようになったと指摘する。昭和日本軍が批判される際によく挙げられる「攻撃精神」や「精神力」偏重の問題も、日露戦争後の戦史編纂で、戦場の日本兵がじつは精神力が強くなかった事実を覆い隠し、精神力が強かった面のみを強調したことに由来するという(前原『日本陸軍用兵思想史 日本陸軍における「攻防」の理論と教義』)。

夜郎自大な思い込みへの警鐘

しかし、対米開戦の一〇年近く前に出版された平田『陸軍読本』は、第一次大戦時の激しい陸戦が示した教訓をそれなりに咀嚼し、慎重に書かれていた。「〔先の〕世界大戦に於いては、機関銃は殆んど完全に歩兵の主兵器となつてしまつた」とあるように、白兵は最後の決勝兵器ではあっても、もはや陸戦上の「主兵器」とは位置づけられていなかった。これは海軍における戦艦と飛行機の関係によく似た図式である。

平田は日本陸軍の遅れについて、具体例や数字を挙げながらじつに率直に述べている。

我が歩兵連隊は世界大戦以来、経費の不足に悩みつづけ、昭和七年の今日において、なお化学小隊と自動車隊を欠き、機関銃、歩兵砲の数も少ない。鉄兜、防毒面も全兵員に行き渡ってはいない。かつて日本の歩兵、ロシアの騎兵、フランスの砲兵は、ともに世界第一であるといわれた。現代の帝国歩兵も、なお世界第一と称ばれるのに値するであろうか。その答は、ある意味に於て然り、ある意味に於て否である。指揮官の戦術戦略的能力、兵士の攻撃的方針などにおいては、我が軍は依然として世界陸軍の最高水準を示している。しかしその兵器、ことに数は、遺憾ながらいわゆる「一九一四年代の歩兵」である。すなわち大戦前の欧米陸軍とさして変わらない……と。平田はその著書で「日本の歩兵は世界一」という日本人の夜郎自大な思い込みに警鐘を鳴らそうと試みていたのである。

彼の危機感は、第一次大戦で出現した新兵器・戦車についての「現代軍は戦車を欠くことが出来ない」「その戦闘上に於ける地位は、補助兵種から次第に主兵種に進み、今や戦車を中心とする装甲機械化兵団さへ生れて、世界の陸軍は機動戦（運動戦）の一大変革期を迎へようとして居る」のに、日本軍はわずかに一中隊の小部隊を久留米に有するのみで「遺憾ながら未発達状態」といった、あからさまな指摘からも読み取れる。

平田は火砲についても「現代戦は砲戦で決す」と言い切り、歩兵が近接戦闘の主力であるとすれば、砲兵は白兵戦に達するまでの戦場を支配するにもかかわらず、日本軍の野戦砲兵は「数に於いては到底世界の第一級と称することが出来ない」と公然と批判していた。こうした赤裸々な批判は、それが国民に向けた軍備拡充の訴えという文脈上にある限り、特に問題視はされなかった。そのことは『陸軍読本』には宇垣一成元陸相や、「皇軍」という言葉を使いはじめた精神論者として知られる荒木貞夫陸相ら陸軍の大立者が推奨の序文を寄せ、いわばお墨付きを与えていることからわかる。

このほか平田は軍の兵站（補給）について「兵站の不備は敗北の原因である。〔中略〕軍需品を輸送補給する〔中略〕輜重の輸送力が鈍く、補給方法が不完全な時は、どんなに精鋭な戦闘部隊も、その作戦を行ふことが出来ない」と述べている。以上の指摘は、今日から見てもすべて妥当といえる。

では、彼の『陸軍読本』は陸戦における飛行機の位置づけをどう説明していたか。平田は欧州の例をもとに、「先づ空軍対空軍の制空権争奪戦が行はれ、つゞいて勝利空軍が陸軍と協同して、敵の陸軍を掃蕩し、殲滅するのである」「空軍はある意味に於いて現代戦の主兵である」と述べ、その「現代戦」における威力を高く評価している。

さらに「空軍」ならではの戦法である戦略爆撃にも言及した。「彼等〔ヨーロッパ大陸のある国の空軍〕の目標はどこまでも敵空軍の根拠地であり、軍需工業の大工場である。このやうな生命的機関を爆破すれば敵は戦争能力のない国家となるのである。十六吋の巨砲天を指す超弩級戦艦も、軍事科学の粋を誇る装甲機械化軍団も、背後の命脈を断たれては如何ともすることが出来ない——空軍の恐ろしい性質は、戦線を越へて、直ちに敵の本拠を衝く一点に極まる」「空中戦の中で、最も凄惨なものは敵地爆撃である。敵の戦意を屈服させるためには、その生命的地域を襲撃することが第一である。生命的地域とは何であるか、首府、工業地帯、交通中心地等である」と、陸海軍ではなく「空軍」とその戦略爆撃を戦争早期終結の有効な手段として称揚した。

以上のように、満州事変後の日本では、第一次大戦の教訓を踏まえて陸軍装備の遅れが批判されていた。そのことは当時の国民も読書により広く知るところとなっていたし、じつは当の陸軍すらも認めていた。

例えば、一九三一（昭和六）年九月に第一師団司令部が作った宣伝パンフレット『満蒙問題と帝国の軍備』は「帝国陸軍は兵数に於て不足を見る一面に於て装備の点に於ても甚だ不十分で、殊に最近列強の進歩充実振りに鑑み、到底之を看過するを得ない」「戦時の時の意気込みのみでは不十分」「外交も国際会議も背後に之を支持するに足る国軍と、烈々なる国民一致の後援があつて始めて充分なる成功を収めることが出来る」と述べている。要するに、満州事変直後の国際連盟で列強に日本の言い分を認めさせるには現在の陸軍軍備や戦時の「意気込み」——信念、精神力と言い換えてもよいだろう——だけでは不十分なので、国民は平時からその充実に協力してくれ、と訴えているのである。

見ならうべき戦争の違い

ならば満州事変ごろの日本には装備よりも精神力を重視する、今日の一般的日本軍像にかなう一般向け啓蒙書はなかったのか、というとそうではない。陸軍の話が続いてしまうが、陸軍少将・桜井忠温『子供のための戦争の話』（一九三三年）はその一例である。同書はたしかに飛行機や戦車、機関銃といった新兵器の解説もしているが、全体の基調はその「はしがき」が「機械の戦争か？　肉体の戦争か？」との問いかけではじまり、「近代戦争は機械でもある。しかし、人間の力が戦争の何よりの勝利者であるのです。日本人としての誇り、忠を尽し、勇を振ふの大精神さへあれば、如何なる敵も恐るゝに足らないのです」と結ばれていることからわかるように、装備よりも精神力優先である。平田晋策の『陸軍読本』とはまさに正反対だ。

なぜこのような違いが出てくるのか。私は、桜井と平田とでは、先例として見ならうべき戦争が違ったのだと考える。平田（一九〇四年生）のそれは第一次大戦だが、桜井（一八七九〈明治一二〉～一九六五〈昭和四〇〉年）は日露戦争である。

そもそも桜井は日露戦争に中尉で出征し、旅順攻略戦で右手首を失う重傷を負った際の体験記を戦後の一九〇六（明治三九）年に『肉弾』と題して刊行した人物である。同書は大ベストセラーとなり、以後桜井は陸軍の代表的な啓蒙軍人として陸軍省新聞班長などを歴任、太平洋戦争期まで多数の宣伝的著作をものした。同じく日露戦争の従軍記『此一戦』の作者として有名だった海軍の水野広徳と対比されることも多いが、桜井は水野と異なり、反戦平和や軍部批判の論陣を張ることはなく、あくまでも軍の論理内で啓蒙活動をおこなった。

このような経歴上、桜井にとって依拠すべき戦争は、日露戦争以外ありえなかった。桜井『子供のための戦争の話』は日露戦争の話にかなりの頁を割き、日露戦争をつねに弾薬の欠乏に苦しみながらも、「肉を弾丸となし、血を火薬として戦」い勝った戦争として描き、「旅順戦は近代の戦争としては、欧洲大戦のヴエルダン〔有名な陸戦の一つ〕に劣らぬ難戦であつた」と語っている。旅順戦とその一〇年後のヴェルダン戦とでは、戦いの規模が弾薬消費量一つをみても文字通り桁違いだったにもかかわらず、桜井にとっての第一次大戦はあくまで日露戦争の延長でしかなかった。万一彼が日露戦争の教訓は過去の遺物などと認めたりすれば、言論人としての権威や立場は大きく損なわれてしまうだろう。おそらくそのため、桜井の著作は今で言う国際比較の視点をほとんど欠いていた。

では、仮に同時代の人が平田と桜井の著作を同時に読み比べたとしたら、どう感じただろう。やはり、平田は先進的だが桜井は古臭い、と思ってしまったのではなかろうか。当たり前のことだが、我々が「戦前」でひとくくりにしてしまいがちな当時の人びとにも世代差にもとづく考え方の違いはあるのだ。

海戦は航空機で決まる――小学生の海軍読本

陸軍の話が長くなってしまったので、話を海軍に戻そう。海軍側にも桜井『子供のための戦争の話』に似た児童向けの啓蒙書はあった。松平義雄著、海軍中佐小島正監修の『小学生の読む海軍読本』(一九三四年)は表題通り、小学生に向けた軍事の解説書である。当時、軍事は良家の子弟が身につけるべき教養のひとつになっていたといえよう。

同書は「海軍の主力は、戦艦です」と断言しつつも、「これからの戦争には、飛行機はなくてはならぬ大切な武器」とも述べる。その飛行機を積む航空母艦は速力が速いので、敵の戦艦に出あっても、その速力を利用して、敵艦の大砲の弾丸が届かないところまで逃げてしまう。そして自分は安全なところに立って、飛行機を飛ばして、敵艦を爆弾や魚雷で攻撃する。こうなると戦艦でも手の出しようがなく、ただ高角砲（飛行機を撃つ大砲）で防ぐよりほかないと、その戦艦に対する優位性をやさしく、しかしくわしく語る。

だから敵も味方も「これからの戦争では、何よりも先に航空母艦をやっつけようと狙います」し、反対に味方の航空母艦が飛行機や敵の大巡洋艦に壊されると飛行機という大切な武器が使えなくなるので、「味方の戦艦や大巡洋艦は出来るだけこれを守らなければなりません」という。この子ども向け解説書のなかで、戦艦と航空母艦（飛行機）が艦隊内に占めるべき地位は、事実上逆転していた。

その航空母艦について、予備役海軍少佐・中島武が大人向けに書いた一九三〇（昭和五）年の著書『クロモシリーズ 航空母艦』には「極端に云つて対敵両軍の一方に航空機があり、一方に航空機がない場合を考へて見たならば、航空機のない方は手も足も出ないであらう」との一文がある。

中島がこのような航空中心思想を抱くに至ったのは、一九二六（昭和元）年に霞ヶ浦海軍航空隊に配属され、「研究部員で、毎日航空に関する本ばかり読んで居た。米国のミッチエル将軍の書いたウイングド・デフエンスも読んだし、其他飛行機の構造や空中戦の歴史や空中戦術やあらゆる本を渉猟した」という経験があったからだろう（中島の自伝『思ひ出の海軍』）。彼は一九二七（昭和二）年の海軍大演習を私費で見学し、空母「鳳翔」に乗艦を許されるという体験もしていた。

中島は、この大演習で印象に残ったこととして、広大な洋上で最後まで自艦と随伴駆逐艦二隻しか敵味方の船を見なかったこと、発進した飛行機が一〇〇海里、二〇〇海里遠方まで行動し、機上から見れば粟粒のような、しかもつねに動いている母艦に無事に帰ってくること、「海軍の航空兵は常に決死隊」であり、戦時の海戦で一度母艦を離れた航空兵はほとんどふたたび帰着できないのではないか、と感じたことを挙げている。

中島は一九二七年、健康上の理由で少佐で予備役編入となり、海軍の勤務から離れることになったが、「世の中に海軍を紹介すれば、自分の後継者は幾何でも出来るのだ」という信念のもと、海軍に関する啓蒙書を書きつづけた。

『思ひ出の海軍』刊行の一九三六（昭和一一）年の時点で、中島の海軍兵学校同期生（一九一三年、第四一期）は、卒業時一一八名のうち、すでに七名が公務に斃れていた。そのうち四名が飛行機での「墜死」であった。しかし、どんなに人命の犠牲が大きくとも将来の戦争には勝たねばならず、そのためには飛行機が必要だと中島は確信していた。

これらの米国研究や実地の体験で得た、将来の海戦は航空機で決まるという確信に基づいて、中島は各種の啓蒙書を書きつづけたのであった。

その一冊が一九三二（昭和七）年の日米仮想戦記『日本危し！　太平洋大海戦』（軍事教育社）である。おそらくバイウォーター『太平洋戦争』に刺激されて書かれたこの戦記では、日米艦隊決戦は相打ちとなったものの、新たに米国の空母偵察艦隊が出現、その空襲による東京壊滅と日本の敗戦が暗示される。中島は、こんなことになったのも「軍縮会議の催さるゝや、世界は永遠の平和になるかの如く誤解して、軍閥と罵しり、軍人不用論さへも出て、軍人を軽蔑し去つた」「軍事に冷淡なりし国民の罪」であると物語を結ぶ。軍人として国民に自らの存在意義を認めてもらえなかったことへの恨みつらみが執筆・啓蒙活動の原動力となっていた。

3　空襲への恐怖と立身出世

防空演習が培った〈軍事リテラシー〉

国民に飛行機中心軍備というかたちでの〈軍事リテラシー〉を培った啓蒙書以外の装置として、昭和初期に活発化した都市防空演習もあるだろう。

歴史研究者の土田宏成は、一九二〇年代から三〇年代にかけていわゆる国民防空体制の構築をめざした陸軍が、空襲の被害に対する国民の危機意識を喚起しようと、いまだ生々しかった関東大震災の記憶を持ち出したことを指摘する。そして、現実の空襲が迫っていたわけでもないのに大規模な防空演習が各地で実施されたのは、軍の予算獲得に加えて防空思想の普及という対民衆宣伝上の思惑があったと説明している（土田『近代日本の「国民防空」体制』）。

一九三三（昭和八）年八月の関東防空演習実施にあたって東京市が配付した『関東防空演習市民心得』と題するパンフレットは、「敵国の爆撃飛行隊は容赦なく国土上に空襲し平和の誓約など何のものかは一片の反故紙同様で地物を破壊する爆弾」や「鉄筋、鉄骨のコンクリート建築物を紙の様に焼き払つて三千度以上の高熱を出し而も自ら酸素を供給してドン〳〵燃え拡がり消火の水が何の役にも立たないといふ真に始末に負へない焼夷弾」や細菌弾、毒ガス弾などを「遠慮会釈もなく同所へ〔中略〕投下して先づ銃後の国民をして第一に戦意を喪失せしめる」などとなかば脅すように述べていた（【図10】）。

このように、軍や行政権力は防空演習を通じて空襲への恐怖心を煽り、総力戦体制構築

図10　1933年の関東防空演習（写真提供＝朝日新聞社）

に向けての国民統合の一助としていった。

　このとき海軍は有終会編『海軍及海事要覧 昭和六年版』のなかで「敵は今や海と空に在りと謂ふべきである。而して敵の飛行機に対するには、矢張り飛行機を以てするより外はない。敵が海の彼方から飛んで来れば、我も亦海の彼方の空中に於て之を撃攘せねばならぬ。〔中略〕換言すれば、帝国防空の第一線に立つものは海軍である。航空母艦は飛行機に取りては発著の飛行場であり、倉庫であり、而かも移動兵力である」と述べていた。

　これは、前述の出口王仁三郎らのいうところの「征空」論そのものだが、海軍自身の口から出ると軍事予算拡大のための機会便乗的な色合いを帯びる。同書はつづけて、外敵は飛行機で遠く洋上にて撃滅すべきであり「斯くて比較的安価に国防は完成される」と述べている。このことは、海軍みずからおこなった対国民啓蒙が軍事的合理性の面のみならず、搦め手の経済的な面も持つ説得であったことを示し、興味深い。

水野広徳の日米仮想戦記

さらに興味深いのは、この当時は海軍のみならず、民間の反戦平和論者も「敵の飛行機」に対抗するにはこちらも海軍飛行機を繰り出すしかない、と読者に語っていたことである。

著名な反戦論者にして海軍大佐の水野広徳（一八七五〈明治八〉〜一九四五〈昭和二〇〉年）は一九三〇（昭和五）年、大正期以来の日米関係悪化をうけ流行していた日米仮想戦記の小説『戦争小説　海と空』のなかで、架空の日米海戦に出撃した日本艦隊の司令長官や幕僚、艦長たちに、

長官「今後は航空母艦が一緒でなければ、どんな優勢な艦隊でも心細くて行動は出来ないね。」／参謀長「さうです。今後は飛行機の天下ですな。こちらに航空母艦が居

て、敵に居なけりゃ、これからの戦争は楽なものです。」〔中略〕／母艦長「併し心配で瘠せるね。一機でも出る間は安心が出来ないから……。」／乙艦長「そりゃさうだらう。今日の戦争で見ると、優勢な飛行機が決死隊でやつて来たら、到底完全に防ぎ切ることはむづかしいね。」／参謀長「そこに東京防御の悩みがあるさ。」

という問答をおこなわせている。将来の国防を左右する鍵は海軍の飛行機と空母だという認識で、水野が古巣の海軍と一致していたことがわかる。

とはいえ一九二一（大正一〇）年に予備役となって海軍の一線から身を引き、比較的自由な立場で言論活動をしていた水野が架空の軍人たちにこのような問答をさせたのは、軍備拡充のためではなく、万一戦争になれば敵機の空襲は防ぎきれない、東京は焼け野原になってしまうから戦争はすべきでないと読者に訴えたかったからである。彼は同書で、空襲を受けた東京の惨状をつぎのように想像する。

敵の幾機かは遂に東京の上空に進んだ。瓦斯弾と焼夷弾とは随所に投ぜられた。〔中略〕火災は二昼夜継続し、焼くべきものを焼き尽したる後、自然に消鎮した。跡は唯灰の町、焦土の町、死骸の町である。大建物の残骸が羅馬の廃墟の如く突つ立つて居る。大震災の時には、被服廠跡では三万の人間が黒焼になつて死んだ。吉原の地では数百の女が水に焼かれて死んだ。日本橋の橋の袂には、焼け爛れた数十の人間の死骸が浮んで居た。こゝには十の被服廠跡がある。二十の吉原の池がある。五十の日本橋の袂がある。人間の焼ける臭気が風に連れて鼻を打つ。

水野は、読者たちの脳裏に深く刻まれているであろう「被服廠跡」など関東大震災の記憶を呼び覚ますことで、自己の反戦平和論を強化しようと試みたのである。こうした一種のショック療法といえる手法は彼の独創ではなく、本書ですでにみた陸軍の長岡外史と同様である。もっとも両者の目的は正反対だが。

空襲の恐怖をあおる海軍

ここで重要なのは、当時の軍部もまた、関東大震災をわかりやすい事例として引き合いに出し、防空思想や軍備の強化を国民に訴えていたことである。

たとえば、陸海軍の全面協力で作られた空襲対策の通俗啓蒙書というべき『空襲下の日本』(『日の出』一九三三年九月号付録)を挙げよう。同書には、陸軍と海軍の将校たちがそれぞれ別個に防空知識普及のためおこなった検討会(座談会)が載っている。陸海合同でや

図11　関東大震災の記憶（『日の出』1933年9月号付録）

らないのは、雑誌などのメディアが事実上、それぞれの組織的利益を主張しあう場となっていたからである。

　陸軍側は「結局は国民的の訓練が最後の勝利を占めるのだ。たとひ災害があつても、それを最少限に止めて、大震火災当時のあの醜態を再び繰り返さないやうに、精神的訓練、団体的訓練をやることが、何より大切だと思ふ」（陸軍防空検討会「陸軍は如何にして空襲下の日本を護るか」楠木延一航空兵少佐の発言）と訴える。

　一方の海軍防空検討会「海軍は如何にして敵機の襲来を防ぐか」も、関東大震災時の記憶をあらためて喚起するような挿絵（【図11】）を掲載し、民衆の庇護者としての自己像や「制空」態勢の強化を訴えていた。

反戦平和論者と総力戦論者

一九二〇年代の水野とその論説については、従来の「反骨の平和主義者」という見方が近年の研究で再検討され、決して単純な反戦平和論者ではなく「総力戦論者」としての顔も持っていたこと、国防政策は一般国民の手によって民本主義的に決定されねばならないと考えていたことが指摘されている（鳥羽厚郎「戦間期日本における「合理主義的平和論」の射程と限界」）。たしかに、水野が啓蒙のため著した仮想戦記からも、彼の平和主義者な思想と、戦いを本職とする海軍軍人の顔の両方が浮かび上がってくる。

彼らの主張をみるに、この時期の戦争論の特徴の一つは、肯定・否定論とともに「東京が空からの攻撃で焼け野原にならないためにはどうするか」をめぐって展開されたことにあったといえる。海軍にとってのその鍵は、自軍の航空母艦や「沿岸航空隊」の増強にあった。海軍将校たちが開いた民衆向けの誌上検討会「米国と戦つて日本海軍は勝つか」（『米露と戦つて日本は勝つか』、『日の出』一九三二年一〇月号付録）では、つぎのような我田引水ともとれる問答がなされている。

加藤〔尚雄〕中佐。その強い航空隊で敵の航空母艦をやつつけたいといふのが、我々の考へです。東京の防空、防空と申しますが、市内で高射砲や高射機関銃を射つやうになるのは、防空戦の最後の幕です。東京防空戦闘の第一幕は、海軍が敵艦隊を撃破すること、第二幕は沿岸航空隊が敵の空襲部隊をやつつけること、第三幕は陸軍の防空飛行隊が奮戦すること、高射砲が煙を吐いて唸り出すのは第四幕目です。〔中略〕／遠藤〔格〕少将。しかし東京へは、きつと爆弾が落ちますよ。／井上少将。落ちますね。／加藤中佐。それは落ちるでせう。二機や三機はどうしても○○来ますよ。その時は高射砲に大活躍をお願ひするのですね。

水野の架空戦記は、空襲の脅威や惨禍をリアルに描写し過ぎたという点で、それを阻止できるのは我が海軍以外にない消極的な陸軍「防空」ではなく、海軍戦備を強化して敵機を可能な限り遠洋上で撃破、「制空」すべきだという海軍の組織利益的主張に（本来の平和論的意図とは逆に）塩を送っているといえなくもない。

近衛文麿にとっての軍備

この水野の所論は当時どのように受けとめられたか。後の総理大臣・近衛文麿は一九三三（昭和八）年二月、大衆誌『キング』に掲載した論文「世界の現状を改造せよ」において「将来の戦争においては人口数百万の大都会も、毒ガスの爆撃によりて、数時間の間に全滅し得る」という「ある軍事専門家の話」や「将来の戦争はもはや軍隊と軍隊との間の戦闘でなく、一般住民に対する大衆的殺戮と言う形態を採るだろう」という「ある学者」の説を引用し、戦争はかくも「惨酷」なものだが、その原因を取り除くことなしにはなくならないと主張した。近衛はつづけて「真の平和は、（領土や資源、人口の不均等という）不合理なる国際間の現状を調節改善する事によりて始めて達成せられる」のであるから、米英は「やむを得ず今日を生きんがための唯一の途として満蒙への進展を選んだ」日本への非難攻撃を止めるべきだ、それが「真の世界平和」につながる、という論法を駆使している。

近衛にとって、戦争は悲惨だからこそ、その原因を根本から断って「絶滅」すべきものであった。専門家が示したという「惨酷」な未来戦争の予告は、自らの対中・対米英強硬論を強化するうえでの恰好の例証となった。彼を啓蒙したかたちとなった「軍事専門家」が当時抜群の知名度を誇っていた（故にのち官憲より言論弾圧された）水野である可能性は大いにある。

近衛はこの論文中、一九一八（大正七）年に発表した有名な論文「英米本位の平和主義を排す」の一節を自ら引用している。そこでの近衛の主張は、第一次大戦後に米英が自分に都合のいいように押し立てた「国際連盟、軍備制限」という旗印に日本をはじめとする他国がうかうかと乗ってしまえば武器を取り上げられ、あたかも柔順な羊の群のように英米に従うほかなくなるだろう、というものであった。近衛にとって軍備とは、貧しい日本が厳しい国際環境のなかを生きぬくために必要不可欠なものだったのである。

桐生悠々「関東防空演習を嗤ふ」

そして水野広徳と同様、海軍の我田引水的な言い分を結果的に援護してしまったかたちの民間反戦論者は当時ほかにもいた。

『信濃毎日新聞』の主筆・桐生悠々（きりゅうゆうゆう）は有名な社説「関東防空大演習を嗤（わら）ふ」（一九三三〈昭和八〉年八月一一日）において、「敵機を関東の空に、帝都の空に、迎え撃つということは、我軍の敗北そのものである。この危険以前において、我機は、途中これを迎え撃って、これを射落すか、又はこれを撃退しなければならない。〔中略〕これを探知し得れば、その機を逸せず、我機は途中に、或は日本海岸に、或は太平洋沿岸に、これを迎え撃って、断じて敵機を我領土の上空に出現せしめてはならない」と述べている。桐生が「嗤」って大問題となったのは敵機を都市に侵入させてからあわてて高射砲を撃つ訓練をしている陸軍（【図12】）であって、そうなる前に洋上で積極的に阻止すべきだ、と主張している海軍とは、意図的ではないにせよ、主張が似通っている。

以上のような一九三〇年代の日本における戦艦と飛行機の関係、あるいはあるべき防空のあり方をめぐる議論の方向性が、直接ではないにせよ、じょじょに国民の戦争認識をも変えていったのではないかと想像される。須崎愼一が指摘するように、桐生「関東防空演習を嗤ふ」の「市民の、市街の消灯は、完全に一の滑稽である」といった箇所を軍への侮辱とあげつらい、信毎退社に追い込んだのは、本書「はじめに」に登場した一農民・胡桃澤盛（くるみざわもり）の住む長野県の在郷軍人たちであった（須崎『日本ファシズムとその時代』）。長野県民である胡桃澤もこうした議論がおこなわれていたことを知っていた可能性はある。

図12　1933年の関東防空演習。帝大の模擬火災演習（写真提供＝朝日新聞社）

須崎は彼らの狙いを桐生個人よりも自由主義的論調の強い信濃毎日新聞そのものの言論抑圧にあったとみるが、この事件は県民にとって、海軍の我田引水的論まではともかく、将来の戦争の焦点が飛行機にあるという意味での〈軍事リテラシー〉向上には寄与したのではないだろうか。

胡桃澤自身は、一九三一（昭和六）年中の日記にリンドバーグの来日（八月二六日）や米人による初の太平洋横断飛行成功（一〇月六日）を記し、前者について「歴史の一期画〔画期〕を作つたのだ」と絶賛している。後年の一九三八（昭和一三）年一一月三〇日にも、ドイツから飛来したコンドル長距離輸送機の立川飛行場着陸の報を記し、海外航空技術の進歩に並々ならぬ興味を示していた。おそらく新聞経由で日常的に航空の知識や情報を入手していたのである。軍用航空機や航空戦の知識も同様だったろう。

空想世界のなかの日米戦争

猪瀬直樹『黒船の世紀』などがすでに示しているように、日米仮想戦記は水野の『海と空』以外にも多数が刊行され、人気を博していた。以下では、それら空想世界のなかで示された戦艦と飛行機の力関係に焦点を当てる。

日米仮想戦記の歴史のなかでもかなり初期、一九一三（大正二）年に刊行された国民軍事協会著『日米開戦 夢物語』（中央書院）には、「ファルマン式第一水上偵察機」がフィリピンにいる米艦隊を偵察して旗艦に報告する場面がある。飛行機をみた日本艦隊の乗組員たちは「思ひ切つたことを遣つたものだなあ」「だから文明の戦争は面白いと云ふんだよ」「これぢや空中の戦争となつて、終に軍艦なぞは要らなくなるよ」「さうなつたら我々は早速商売換かな。ハヽヽヽヽ」などという会話を交わす。日本人の想像力のなかの日米戦争は、大正初期の段階ですでに飛行機を駆使して戦われることになっていた。

つづいて、約一〇年後の一九二四（大正一三）年に書かれた樋口紅陽の『国難来る 未来の日米戦争』（社会教育研究会）を挙げよう。著者の樋口は童話作家として活躍した人物であるが、この物語中では日本艦隊が真珠湾めざして進攻し、中部太平洋のヤップ島付近で米艦隊と交戦する。ここで米艦隊が「味方機の悉くを射墜し、全く空中を征服したる敵機は猛烈に爆弾を投下し応援戦に転じ」たため、日本艦隊は「まつたくの挟撃的窮地」に陥り、壊滅してしまう。

このあと、再度ヤップ島近海で日米艦隊の決戦が開始され、両軍とも殺人光線などの空想兵器で応酬するが、最後は日本の飛行機二〇機が米艦隊に魚雷を抱いて体当たりを決行する。「これ横須賀にあつた海軍飛行将校、国家の興亡如何にある一大決戦に気勢を添ゆべく、各々一機に魚形水雷を積み、米国艦隊の上空から、彼に衝突して、肉弾と魚形水雷とを以て彼を爆沈せしめんと図つたのであ」った。この体当たり攻撃により米艦隊は壊滅する。樋口は日米のどちらが最終的に戦争に勝ったかを明言しないことで、物語の結末に余韻を持たせる。

前出の水野広徳が著した日米仮想戦記『興亡の此一戦』（一九三二〈昭和七〉年、発禁）にも、似たような日本機体当たりの場面があり、水野は早くから特攻作戦までも予見していたのだ、とのちに賞賛される。だが、樋口の『国難来る 未来の日米戦争』はより早く、しかもいわば軍事の素人によって書かれた無名の著作である。

私は、もしかしたら特攻とは後の一九四四（昭和一九）年に日米戦を勝利に導くための窮余の策、「統帥の外道」などといった大げさなものではなく、これらの仮想戦記などを通じて日本人の想像力のなかにかなり早くから存在していた、その意味でごくありふれた戦法だったかもしれないと考える。人びとは、万一日米戦争になったら若い人たちが飛行機で敵艦に体当たりすれば何とかなるだろう、と公言しないまでも密かに思っていたかもしれないのだ。そうであるなら対米戦争の鍵はやはり戦艦ではなく飛行機である。

「国民の海軍」——長野県民の海軍論

以下では、このころの一般兵士や国民が有していた海軍・航空観のかたちについて述べる。本書「はじめに」に登場した胡桃澤盛の住む長野県は、海がないので海や海軍（とその飛行機）に対する関心が低いのではと考える向きもあるだろう。満州事変のころ、当の長野県民たちは海軍とその飛行機について、どのような考え方をしていたのだろうか。

海軍航空に対する人びとの意識の総体を知るのはもちろん困難だ。だが、その一端を垣間見せてくれる史料として、長野県が一九三一（昭和六）年に編んだ『信濃の海軍』という本がある。これは長野県の海軍志願兵数、志願者中に占める採用の歩合がいずれも他府県より低位にあることを憂慮した県当局が、志願兵として海軍に身を投じて服務中の県出身者三五名に依頼して書かせた体験と感想を収めた宣伝用の文集である。

県学務部長の階川良一は同書の「序」で「（県内）志願者の多くがよく将来に想到せず、よく兵種を理解せず、漫然志願する傾向ある結果として」成績がよくないのだと指摘している。

このように、『信濃の海軍』刊行の目的は県出身海軍志願兵の量と質を高めることにあったから、なぜ海軍が日本にとって重要なのかを後輩たちに説明する作文がある。大正一三年志願、海軍二等機関兵曹の秦富（海軍機関学校勤務、下伊那郡秦阜村出身）は、「「量」の不足を「質」で補へ」と題する作文で、つぎのように海軍の存在意義を語る。

> 若しも戦争が起つたとして海軍の力が十分でなかつたとしたらどうでありませうか。帝国の海岸線は非常に長い、ために帝国の沿岸は何処でも敵艦が近接出来るのであります。敵の航空母艦がやつて来るに違ひありません。飛行機を以てする都市攻撃が行はれるでありませう。大口径砲を以て沿岸砲撃も行はれることでせうし亦通商に従事してゐる商船は撃沈されることでありませう。〔中略〕之に対して常に海上に浮んで有事の際に外敵を近寄せず、帝国の沿岸を守り海上の安全を図るのが海軍の役目であります。

秦は、先に『海軍要覧』や市販の雑誌付録などでみたような都市防空、そして日本の生命線たる海上交通路保護の見地から海軍の重要性を訴える論法を使っている。さらに、「帝国海軍は国民全般の海軍でありまして、決して海軍の海軍ではないのであります」「今回県庁からの御下命に接しまして浅学な身をもかへりみず、少しばかりの体験や感想を拙い筆に書かして戴いたのも一般県民の皆様に対して海軍に対する知識を一層深められて、そして軍隊は単に軍隊のみの軍隊でなく、国民全体の軍隊であることを知つて戴き」たいからだ、とも訴えている。

この「国民の海軍」というキーワードは、別の志願兵の作文にも「海軍は吾等国民お互の海軍であつて、決して海軍の海軍でないのであります」というかたちで登場する（西筑摩郡吾妻村〈現・南木曽町〉、軍艦厳島勤務、大正二年志願兵　海軍機関兵曹長・青木儀助「今日を築き上げた歓喜」）。

彼ら志願兵たちは、「国民の海軍」というキーワードを、海軍の存在を国民に向かって正当化するために使っている。つまりそれは、先にふれた『海軍及海事要覧』などの難しい本で海軍の高級軍人たちが独りよがりにつぶやいていた言葉ではないのだ。

人生の修養場

『信濃の海軍』における戦艦と飛行機の関係についてもみておこう。たしかに戦艦とその主砲を海軍の主力として重要視し、「此の主力艦を中堅として帝国の安危が海軍に委ねられてゐる。而も彼我両軍堂々と決戦をする場合、勝つか負けるかの鍵は大砲が当るか当らぬかにある。即ち帝国安危の岐るゝところ、国防の何百分の一かの責任は此の人（戦艦の主砲の射手」の双肩に懸つて居る」と、若者ならではの使命感や義俠心をくすぐらんとする作文がある（海軍機関兵曹長・横田藤三郎「護国の重責を自覚せよ」）。

しかし一方で航空の重要性を訴える作文もある。大正六年志願兵、海軍航空兵曹長・丸山清一郎（海軍兵学校選修学生、小県郡長窪古町〈現・長和町〉出身）はワシントン、ロンドン両条約で主力艦・補助艦を対米英六割に押さえられた結果、「特に補助艦の不足を航空機によつて補ふの必要上信州名物の炬燵恋しい厳寒の朝も航空何千米に血の出る様な必死の猛練習を続けて居る事を想ふ時一層優秀なる青年諸君の奮起を希ふの念切なるものがあります」と述べる(「死を賭して御国の為に」)。

丸山は「勇ましいプロペラの音を残して瑠璃の様な青空高く飛翔し、俗界を眼下にして、或は特殊の飛行術に或は空中戦闘に爆弾投下に或はいろ〳〵の偵察訓練に秘術を尽して技を練り、又は一面真白の綿を引き延べた様な雲の仙境に防空の神技を競ふ心境、それは実に航空に携る者のみの味ひ得る特権であると共に真に厳粛純真な修養場であると信じます」と、大空へのロマンや「男性的な航空生活の愉快さ」を熱のこもった美文調で語る。軍隊を単なる兵役義務負担の場ではなく、人生の「修養場」とみる理解の仕方は戦前の日本では普通であったが、飛行機はその「修養」の特別な手段扱いであった。

同郷・同窓意識

『信濃の海軍』は海軍志願体験集という体裁の本なので、志願兵たちはかつての自分が海軍を志願した経緯や理由についても書いている。大正三年志願兵の海軍兵曹長・望月頼長(東筑摩郡東川手村〈現・安曇野市〉出身、航空母艦鳳翔勤務)は「或日東筑摩郡山形村名誉中尉（目今で云へば最上級特務士官）大月仁彌氏等の巡回講演を聞き感動の結果志願した」と回顧している。山国であっても、あるいはだからこそ人びとの同郷意識や郷土愛に訴えての海軍志願兵の勧誘活動がおこなわれ、なかにはその意気に感じて海軍をめざす若者もいたのである。

長野県における郷土意識と海軍知識普及の関係について、『信濃の海軍』から離れ、本書九五頁でふれた長野県諏訪中学校出身の飛行士官・平林長元（おさよし）の事例から述べたい。平林は一九三四（昭和九）年八月五日、少佐・空母赤城分隊長として飛行訓練中に墜落殉職した。一〇月五日に郷里の原村で葬儀がおこなわれ、同郷の海軍大佐は「いわゆる一九三五—六年の危機を控えて、特にこの感深く痛惜に耐えない」、恩師は「君が諏中に入学された年は飛行機が飛んだ、飛ばないと言っていた時で、今は何（いず）れの国も、国のため無理を続けて飛行術を練習しておる時であり、恐らく身命を賭しての演習であったろうと思う」、同級生は「一九三五—六年の危険線を目前に控えて、どうせ死ぬなら華々しく戦場に死なせたかった」とこもごも弔辞を述べた（諏訪海軍史刊行会編『海こそなけれ　諏訪海軍の航跡』）。

平林の葬儀は、軍縮条約廃棄後における海軍航空軍備の重要性が海のない長野のある村で高唱、再確認される場ともなっていたのである。それを盛り上げる基盤となったのは人びとの持つ堅固な同郷・同窓意識であった。

貧しさからの脱出

『信濃の海軍』刊行翌年の一九三二(昭和七)年三月、海軍は満州事変・上海事変の勃発をうけて飛行機搭乗員の増員に乗り出し、それまでの各年養成員数の計画を約一〇〇名から四〇〇名に改めた。これに先立つ一九二九(昭和四)年一二月、予科練習生制度を設けて一五歳以上一七歳未満の少年を三年間修業させ、飛行機の搭乗員に養成することにした。翌三〇年六月入隊した予科練第一期生は七九名であった。志願者は五八〇七名であったから、じつに七三・五倍の試験をくぐり抜けたことになる(日本海軍航空史編纂委員会編『日本海軍航空史(二)軍備編』)。

全国の少年たちがかくも海軍飛行兵を熱望した背景には、国防上の使命感もあっただろうが、きわめて私的な理由もあった。

高知県出身、海軍飛行予科練習生第一期生の野口克己は、一九三二(昭和七)年八月刊行の少年向け飛行雑誌に掲載された宣伝用の作文に、「小学校卒業後農事に従って其の農業の思ふ様にならないのを――農業地が低地であつて少しの雨に洪水になり其労力が全く水泡に帰するのを考へて農業を否定して居たのである。いくら懸命に働いても其の働いた労力の効果のないのを嘆くのは唯(ママ)しも同じである。此時少年航空兵募集のある事を知つて直ちに志願したのである」と率直に書いている（野口「海軍少年航空兵を志願の動機」『グライダー』一一—八）。

野口の作文にはつづけて「国防の重点は今後海軍と航空隊にあると思ふ、将来期待されて居る戦争は空中の戦争である」との大義名分も書かれているが、飛行兵志願の主たる動機はいくら働いても報われない農業や貧困からの脱出であり、学歴重視社会での一発逆転であった。ここで重要なのは、そうした私益の追求が、否定されるどころか優秀な少年兵獲得最優先の見地から公然と奨励されていることである。

ちなみに野口は太平洋戦争では大尉にまで昇進したが、兵学校を出ていないので指揮官にはなれず、経験の浅い指揮官の指揮統率ぶりに「やるかたない不満」を抱いたことが多々あった。敗色の濃くなった一九四四（昭和一九）年に海軍の制度が変わってようやく指揮官になり、能力を全力発揮することができた。敗戦直前に予定されたマリアナ諸島米軍基地への強行着陸作戦の指揮官に任じられたが、作戦が延期されたため生き延びた（野口「軍令承行令と予科練」「不発に終った剣烈作戦」山田稔編『雄飛の記録 海軍飛行予科練習生』）。

就職先としての海軍

ところで前出の長野県学務部長階川良一は、『信濃の海軍』の「序」で「優秀なる青少年をして充分なる理解と準備の許に志願させることは」「青少年の職業指導ともなる所以である」と述べていた。これは、青少年たちにとって海軍が一つの就職先でもあり、県当局もそれを自明視していたことを意味する。明治三八年志願兵・海軍特務中尉の田口潔（更級郡小島田村出身、特務艦膠州分隊長）は、水兵の志願者が少なく機関兵、主計兵などが多いことを問題視し、「何故主戦闘員として大砲魚雷を振り回す花形たる水兵を択ばざるや」といわば進路指導的な観点から後輩に説教する作文を寄せている。

田口はこの作文で、主計兵や機関兵の志願がことさらに多いのは「満期後職業に就き易き理由を以て志望した」からであろう、とみていた。機関兵や主計兵は船員、調理員としての技能が身について転職も容易だが、「大砲魚雷を振り回す」だけの水兵は需要がないというのである。おそらく当時の海軍志願兵たちの本音と行動もそうだったのだろう。

そこで田口は「満期後の就職のみを考へて志願する者は真に海軍志願兵として国防の重責を担ひ終生御奉公せんとするの固き決意なきものにして、只海軍は珍らしき所を見聞し食物が良いから志願して見るなどの気紛れ者であり初めより入籍しても一等兵位で満足する薄志弱行の徒なりと断定せざるを得ず」と、損得でしか動こうとしない後輩たちを厳しく批判する。『信濃の海軍』は、このように海軍を短期間の就職先としか考えていない青少年たちの安易な気分を正し、国防への自覚を促すために作られた啓蒙本なのである。

では田口自身は、就職先としての海軍をどうみていたのか。「現今特務士官の恩給は最高千二三百円より少なきも八百円なるを以て離役後も中等程度の生活は優になし得べき筈なり」と書いている。彼もまた真面目に勤務して恩給をもらい、「中等以上の生活」を営もうという人生の戦略を描いていたのだ。

このように待遇のよい海軍でも航空兵は格別であった。明治三八年志願、霞ヶ浦海軍航空隊付兼教官・海軍特務中尉の小林嘉瑞（北佐久郡北御牧村〈現・東御市〉）は「漫然とした志願は禁物」「素質を持たぬ者は断念が得策」と海軍熱に沸く青少年たちに釘を刺しつつも、進路としての海軍航空兵の魅力を強調する。「私は目下飛行機整備練習生の教育に関係して居りますが、練習生卒業者が除隊となつた様な場合も殆ど三菱とか中島とかの飛行機製作会社其他に余程の好条件で雇はれて行き就職難なぞ無いやうであります」。除隊せず下士官を志願して海軍に残ったとしても「本隊勤務の一二等下士官の大部分及三等下士官の一部分は妻帯して立派に生活して居りますから青年諸君が職業選択の意味からも考慮に入れるがよいと存じます」。

小林は、航空特務士官として自ら享受している金銭的待遇の良さを、つぎのように赤裸々に語りかける。

准士官たる兵曹長、さらに特務士官となれば待遇もよくなるし、物質的にも相当恵まれる。現在の私どもの収入を参考までに申し上げると、特務中尉の年俸二級俸一七七五円、一級俸が一九二〇円で、その他食料として月一八円余、航空加俸として三〇円あるから月に二〇〇円位になるし、また予備役になっても特務大尉なら恩給が一二〇〇円、一三〇〇円はつく、と。普通のサラリーマンの月給が一〇〇円だったこの時代、「妻帯して立派に生活」という殺し文句は、当時の庶民層にはかなり効いたのではなかろうか。

『信濃の海軍』は当時の海軍の高尚な国防宣伝の論理と、青少年たちの率直な海軍観・生存戦略の両方を垣間見せてくれる。海軍は「国民の海軍」であるから皆協力すべきこと、なかでも航空に力を入れていること、その金銭的待遇は悪くないことなど、人びとの本音と建前が混然となっているのだ。そこで大艦巨砲主義を直接支えるはずの水兵はつぶしがきかないため、どちらかといえば不人気であった。

最後に、十分なデータとはいえないが、海軍省人事局『昭和六年 点呼参会者の為に』に全国各道府県の海軍志願兵徴募成績の一覧表が載っているので、当時の長野県民の海や海軍に対する関心の度合い、あるいは前出の山国だから志願兵の成績がよくないという発言の当否について一瞥（いちべつ）しておきたい。一九三〇（昭和五）年度、長野県からの海軍志願者数は八八六人で、県内人口（一六七万一二〇〇人）一万人当たり五・三人だが、選考を経た採用者数は八二人、同〇・五人であった。東日本を管轄する横須賀鎮守府全体ではそれぞれ五・四、〇・七人、全国では六・五、〇・八人であったから、この年に限っていうと長野県はたしかに若干の遜色があるようだ。

だが、隣の山梨県はそれぞれ六・六、〇・九人であるから、同じ「海無し県」の立場にありながら、さほど海軍への関心が低いとはいえない。横須賀鎮守府管轄内ではっきり低いのは東京(それぞれ二・〇、〇・二人)や埼玉(四・三、〇・三人)といった都市部、高いのは宮城(八・六、一・三人)、福島(九・五、一・二人)、山形(六・八、一・四人)である。これをみるに、人びとの海や海軍への関心の度合いは、その地域の海の有無ではなく、むしろ海軍志願を一つの社会的上昇、今日でいうキャリア形成の数少ない機会ととらえる地域に住んでいたか否かに左右されるのではないか。

飛行兵は別格

歴史研究者の駄場裕司(だばひろし)は第一次大戦と第二次大戦期の狭間の時期、すなわち戦間期における海軍志願兵の採用状況を検討し、次のような興味深い知見をもたらしている(以下、駄場「軍縮期における海軍志願兵の志願状況」による)。海軍は必要とする兵士の多くを徴兵ではなく、長期服役して機械の専門技術を身につける志願兵によって充足していた。ところが志願の倍率は、第一次大戦時の好況が一転、不況となった一九二〇(大正九)年に一・七倍（志願者数一万六四三人に対し採用六三五〇人）と最低となった。これは海軍内における士官と下士官兵間の厳格な差別なども背景にあったとみられる。

八八艦隊の建設など軍拡に取り組んでいたにもかかわらず、こうした状況におちいった海軍は危機感を抱き、家族手当を増額したり宣伝に努めるなどの対策をとった。このことと折からの不景気・就職難が相まって徐々に倍率は回復、満州事変の起こった一九三一（昭和六）年に一一・一倍、翌三二年には一一・九倍となり、いわゆる高橋財政（高橋是清蔵相がおこなった、積極的な財政出動による景気回復政策）によって景気回復した三三年以降、ふたたび倍率は低下していく。第一次大戦後は、国の景気動向と海軍の志願兵倍率とが連動しており、景気が下向けば倍率は上がったのである。

このことは当時の若者にとって、海軍が一つの〝就職先〟であり、志願は不況下における合理的選択に基づく行動であったことを意味する。海軍の下士官は本俸に加えて航海加俸がつくので陸軍のそれより生活に余裕があったはずだし、技術者としての側面が強いため除隊後の再就職もより有利であった。ちなみに、航空機搭乗員は前述の通り危険なので特に加俸がつき、俸給の合計額が本俸の倍以上にもなり得た「別格」の存在であった。

駄場は、太平洋戦争初頭の海戦で日本が勝利を収めた一因として、「不景気・就職難の時代に、海軍がそれまでに経験したことがなかったほどの「買い手市場」で獲得した高い資質の志願兵が昇進して、個々の戦闘部署における実質的なリーダー格である下士官・准士官・特務士官クラスを占めていたこと」があるのでは、との展望を示している。

国防博覧会

本章の最後において、昭和一〇年代に入っても前出の東京上野「海と空の博覧会」（一九三〇年）と同様に、国民に海軍、なかでも飛行機や潜水艦への関心を喚起する目的の博覧会が各地で開催されていたことを述べておきたい。

広島県呉市は一九三五（昭和一〇）年三月二七日より四五日間、「国防と産業大博覧会」を開催した。目的は長年の海軍軍縮と不況のなかで衰微した産業の振興である。展示内容は地元の商工業に関連するものも多いが、軍港都市という土地柄ゆえ、海軍に関する展示にも力が入れられた。

以下では同博覧会の海軍関連展示に限り、呉市の作った記録書『呉市主催国防と産業大博覧会誌』（一九三六年）に依拠して述べる。

海軍館では、長さ五間半（一間は約一・八二メートル）の軍艦縦断面大模型、潜水艦浮沈操作模型などに加え、電気大砲なるものが展示された。近代の大砲は電気で発射することを動的模型で示したもので、観客に自由に操作させたので「凄い人気」を呼んでいた。他にも、重さ七トンに及ぶ軍艦敷島（しきしま）の三〇センチ砲塔模型など、さまざまな模型が呉海軍工廠より出品された。

その目玉の一つである「潜水艦襲撃運動魚雷発射実況動的模型」は、大きな池の先方の島陰から戦闘艦が航行してくると、右方手前に忽然（こつぜん）と潜水艦が現れて銀色の魚雷を発射、しばらくして戦艦は水柱を立て撃沈されるという「実戦さながらの模型」であった。海と空の博覧会の展示品と同一かもしれない（本書七〇・七一頁参照）。

「攻撃機雷撃模型」は、敵戦闘艦隊目がけて攻撃機数機が空襲、適当な距離、速力をもって雷撃すると敵艦はたちまち水中深く沈没する仕掛けであった。この模型も大水槽を利用した動的模型で、近代海戦においては水上艦艇では敵に容易に接近して魚雷を放てないため飛行機を利用するに至ったことを如実に示そうとしたものである。このように博覧会では、大艦巨砲主義の鼓吹どころか、潜水艦と飛行機が魚雷で戦艦を撃沈する場面を観覧者に見せるという啓蒙活動がなされていた。

「近代海戦実況動的大模型」は間口八間、奥行五間の大場面で、一万トン級巡洋艦が浮動し敵艦に遭遇すると探照灯を照射、大砲は一斉に旋回して発射、方向探知機、測距儀まで動き、機銃は火を吐く、さらに敵機が出現すれば味方の飛行機が煙幕を展開するなど、まったく実戦さながらの凄壮な空気をみなぎらせたという。この戦闘状況は説明額に文字で示され、ロボットが手を振り首を曲げ口を動かして詳しく説明するので、一般観覧者の興味を引いた。

海軍館以外では、「特別出品」と称する六メートル半潜望鏡（観客が自由に操作して軍港風景を展望できるのですこぶる人気を呼んだ）や水上偵察機の実物に加え、「輪型陣模型」と題する「米国艦隊が大洋策戦として誇る航行陣形」の模型が、海軍知識普及のためとして広場に作られた。この今でいうジオラマは、第一線に飛行機、つづいて潜水戦隊、大型巡洋戦隊、駆逐戦隊を配し、本隊には戦闘艦隊を中心に巡洋戦隊、駆逐隊などでこれを囲み、後方に航空戦隊特務戦隊がつづくという「総体の艦隊を一大円形のうちに構成したもの」で、米国自慢の隊形であると解説された。

さらに「海軍々事作業」と題する魚雷発射と機雷水中爆発の実演も一日に数回実施された。『呉市主催国防と産業大博覧会誌』は前者について、我が海軍奇襲部隊は日清、日露大戦の昔から世界の恐怖の的で、その主兵力となる魚雷攻撃の威力もまた列強に恐れられている、魚雷は古今を通じ海戦に必要欠くべからざる最大武器だ、などと解説していた。

思えば後の太平洋戦争も、真珠湾攻撃という魚雷を使った「奇襲」によって開始された。明治時代との違いは、せいぜい魚雷を艦艇ではなく飛行機から放った点くらいで、日本海軍は無意識のうちに過去の戦争のパターンをなぞりつづけて滅んだともいえる。

日本海軍はこの一本当たれば戦艦にも致命傷を与えうる魚雷に大きな期待をかけ、一九三三（昭和八）年に他国に例のない酸素魚雷・九三式魚雷を極秘裏に開発していた。この魚雷は燃料に空気ではなく効率のよい酸素を混合させて燃焼させるので高速長射程、しかも空気魚雷のように気泡を出して航跡を暴露しなかった。

話を呉市の博覧会に戻すと、その一見楽しげな展示全体を通してみれば、戦艦を中心に輪型陣を組んで襲来する米軍の大艦隊に、日本軍は潜水艦と飛行機の放つ魚雷で対抗するのだ、という隠れた軍事啓蒙的メッセージが浮かび上がってこよう。

博覧会の主催者は呉鎮守府に軍艦の観覧を願い出た。しかし優秀な軍艦はすべて現役艦船として就役中という理由で希望した最新鋭艦は不許可、廃艦直前の軍艦矢矧（やはぎ）（後の一九四五〈昭和二〇〉年、戦艦大和とともに撃沈された軽巡洋艦矢矧の先代）と呂（ロ）号第五三潜水艦の見学がおこなわれた。海軍にとって国民の啓蒙はたしかに重要な課題だったが、機密保持の縛りは厳然と存在していた。

「壮烈なる海戦絵巻物」

翌一九三六（昭和一一）年、兵庫県姫路市では「国防と資源大博覧会」が国防思想普及を目的として、四月一日～五月一〇日までの四〇日間にわたり開催された。以下は姫路商工会議所編の記録『国防と資源大博覧会誌』（一九三六年）による。

この博覧会には陸軍館、防空館などとともに海軍館が設置された。目玉は「此一戦」と題するジオラマで、「近代海戦の場面で軍艦模型とパノラマ応用により帝国艦隊が堂々決戦場に進撃する場面」を再現した「壮烈なる海戦絵巻物にして全館の殆ど三分の一を占める大仕掛」であった。【図13】をみると手前に飛行機を満載した空母が配置されている。

図13　海軍館パノラマ「此一戦」

その他の展示物には潜水艦魚雷発射模型、同内火機械動的模型、四五センチ魚雷実物、電気大砲模型に加え、戦艦陸奥・長門の一六インチ（約四一センチ）主砲弾、同扶桑型の一四インチ主砲弾、一万トン級巡洋艦の八インチ主砲弾（いずれも実物）があった。砲弾の脇には弾丸がどれだけ飛ぶか、その射距離を姫路中心にして地図の上に表し、一見してその威力を識り得る場面とする工夫がなされた。

展示場に潜水艦の模型を作って潜望鏡の実物を置き、一般に自由に使用させた。軍艦模型の権威・伊藤金次郎所有の模型軍艦一四隻も展示された。戦艦陸奥（長さ約六尺三寸＝約一・九メートル）、英戦艦ロドネー、米空母サラトガなどの模型を借り、会場中央に直径七間の円形の池を設けて四隻を浮かべ、電気仕掛けで絶えず運航した。残りは大パノラマ館に属する模型館に陳列し、伊藤自ら説明して観客を満足させた。

博覧会は呉鎮守府に潜水艦と飛行機の派遣を要請したが、潜水艦の見学のみが実現し、四月一一・一二日に呉鎮守府第一四潜水隊の呂号三隻が飾磨港（現在は姫路港の一港区）に派遣された。飛行機が来なかった理由は不明である。初日は六〇〇名に限り拝観を許されたので会場で一般の希望者を募って拝観券を配り、二日目は学校生徒に限り人数を限ることなく見学させた。

呉、姫路の博覧会はいずれも、動く模型などで観客の好奇心を喚起しつつ、海軍知識の啓蒙をめざすものだった。中には戦艦主砲弾の実物展示などの大艦巨砲主義鼓吹ととれる展示もあったが、目玉のパノラマなどでは海軍航空の重要性が解説されていた。

小括――飛行機熱と〈軍事リテラシー〉の高まり

満州事変前後、民間の軍事啓蒙書ではいわゆる世界の大勢を踏まえて飛行機の重要性が強調されていた。陸海軍の軍人たちも軍備拡張の観点から、空襲の恐怖を国民に語った。なかでも海軍は組織的利害の観点から、空襲を阻止できるのは海軍とその飛行機以外にない、と主張した。事変にともなう国際社会との対立のなかで軍事への社会的関心が高まると、米国の動向を後追いするかたちで、戦艦ではなく航空軍備の重要性が経済的な観点からも熱心に説かれた。これにより世の飛行熱、大空へのロマン、そして知識が高まったことは、献納飛行機に対する地域の人びとの態度や作文からわかる。

軍に志願して飛行機に乗ることがある種の出世の手段として語られるようになったのもこのころである。戦術思想の進化や軍拡で航空兵の需要が高まると、人びとに志願をうながすべく、空へのロマンや国防の大義という建前と実入りのよさという本音が、同じ海軍兵士たちの口から語られるようになった。彼らは軍隊教育のなかでそれを自らの言葉で語る力――〈軍事リテラシー〉を身につけていったのである。庶民の意識のなかでも、海軍飛行兵は自ら志願するかどうかはともかく、別格の存在であった。一方、大艦巨砲主義の戦艦を直接支える水兵は不人気だった。同じころ一部の地域では、戦艦ではなく飛行機や潜水艦の優位を大衆に示したかたちの一般向け博覧会や展示会がおこなわれていた。

第三章　日中戦争下の航空宣伝戦

重慶爆撃に向かう九六式陸上攻撃機
（写真提供＝朝日新聞社）

1 「南京大空襲」——高揚する国民

海軍の「空軍」化？

一九三七（昭和一二）年七月に勃発した日中戦争では、日本陸海軍の航空部隊が戦いの主導権を握るうえで大きな役割を果たし、南京や重慶という中国首都への事実上の無差別戦略爆撃もおこなわれた。しかし中国への武力侵出の全面化はこれを認めない米英との対立を招き、対米英戦争の可能性が高まってくる。そこで軍や国民が戦争の勝敗の鍵を握るとみなしたのは戦艦よりもむしろ飛行機であった。本章では、この時期の軍が飛行機や航空戦の意義をいかに説明し、国民がどう受け止めていったのかをみる。

海軍航空本部は一九三七年七月、「航空軍備に関する研究」と題する意見書を印刷、部内の要路に配付した。起案者は後の一九四四（昭和一九）年、フィリピンの戦いで海軍の航空特攻作戦を指揮し、敗戦時にその責任をとって自決する大西瀧治郎（たきじろう）大佐である。

その主張は、航空機は一～一トン半の爆弾か魚雷一～三発で敵の最新戦艦を落伍させることができる、我が海軍が将来強大精鋭な大型基地航空機を整備する場合、西太平洋及び支那海の帝国領土距岸約一〇〇〇海里（一八五二キロメートル）の海域ではいかなる敵国も艦船（空母などの随伴航空兵力を含む）を主体とする進攻作戦はほとんど不可能である、彼我水上艦船などは本海域に関する限りほとんど問題とならない、したがって海軍兵力の主体は「純正空軍式兵力」とし、海軍自体を空軍化すべきだ、というものであった。

ここで大西のいう「大型基地航空機」とは、この時点では前出の九六式陸上攻撃機（本書一二九頁、一四六頁以下参照）を指す。彼はこの新たな戦略を「帝国ニ恵マレタル地形ノ最善ノ利用方法」、「海軍戦略思想ノ一大革命」と自賛した。しかし海軍省軍務局はこれを部内統制を乱す怪文書とみなし、回収を命じた。もしこれが実現すれば、砲術や水雷を専門とする大勢の海軍軍人たちはみな失職してしまうだろう。

一九四〇（昭和一五）年初め、軍令部（海軍大学校）は「海戦要務令続編（航空戦ノ部）草案」を起草したが立ち消えとなった。その要点は、海上戦闘の主力は依然戦艦であって航空は補助兵力である、航空決戦により敵航空兵力を撃滅して艦隊決戦場の制空権を獲得することを重視する、などであった（以上、防衛庁防衛研修所戦史室編『戦史叢書　海軍航空概史』）。

薄い戦艦の存在感

陸軍少将・大場彌平は日中戦争勃発直前の一九三七（昭和一二）年六月、青少年向け啓

蒙書『われ等の空軍』を大日本雄弁会講談社より刊行して、「これからの戦争は、断然空軍だ。空軍が弱ければ、いくら頑張つても、負けてしまふ」と「独立空軍」の設立を訴えた。私の手元にある一九四一（昭和一六）年二月発行の第六〇版は、第二次欧州大戦の戦訓をふまえて内容を若干修正し、海戦における飛行機の働きについて「四十糎の巨砲を持ち、威風堂々、太平洋を圧する大戦艦でも、一噸の爆弾を、急所に投げつけられたら、たとへ、戦闘力をなくしてしまはないまでも、手痛い目にあふことは、第二次大戦でよく証明している」と述べ、戦艦に対する飛行機の優位を強調した。日本が将来おこなう海戦も空母から飛行機を大挙飛ばして制空権さえ確保すれば「これからは、わが艦隊の独り舞台」とされた。同書における戦艦の存在感は皆無ではないが、非常に薄い。

『われ等の空軍』は日本のみならず、他国の航空軍備の動向を詳しく解説した。そこで仮想敵の米国は「必ず日本を叩きつける戦法がある。それは行動半径（軍艦や飛行機が往復出来る距離）の大きな航空母艦と巡洋艦で編成した高速度艦隊で日本に攻めよせて、空から大爆撃を加へることだ。この戦法でやれば日本など怖ろしくはない」、「日本人の住宅は、多くは紙と木で作つたマツチ箱のやうなものだから、焼夷弾でも叩きつければ、瞬く間に惨憺たる焼け野原となつてしまふ」などと、無差別爆撃の実行を放言したとされていた。大場はこうした米国の脅威に対し、「空軍は空軍を以て迎へ撃ち、撃滅しなければならぬ。そこに日本海軍航空の重い使命がある」と、陸軍軍人でありながら海軍航空に大きな期待を寄せていた。

しかし大場は「アメリカ空軍の強みは断然海軍航空にある」「世界一の海軍航空」と冷静に観察してもいた。そしてその「米国海軍では主力艦と海軍航空とを同じやうに重く見てゐるやうである」と指摘していた。戦前の日本では、一般の啓蒙書ですらも欧米の動向を注視し、「われ等は整ふべきものは整へ、備ふべき軍備は十分に備へなければ、世界の国々から、蹴落とされてしまふ」と、あるべき海空軍備の方向性を国際比較の視点から実証的に論じていたのである。

敵国の首都を消滅させた飛行機

その他の軍事啓蒙書もみよう。前出の平田晋策『海軍読本』『陸軍読本』は、著者が一九三六（昭和一一）年に衆議院議員に立候補し、選挙運動中に事故死してしまったため、別の人物が書いたものが新版として日中戦争勃発後に刊行された。

海軍中佐阿部信夫（しのぶ）の『海軍読本』（一九三七年一一月）は、「はしがき」で同書の目的を「素人たる一般国民の海軍常識を些（すこ）しでも啓発し、日本国民の一人でも多くの人に帝国海軍の至重至要なる所以を理解し、認識」させることと述べる。「素人」の国民への啓発が大事だったのは、国民が多額の戦費や兵力動員の源だったからである。

阿部は、戦艦は「主力艦（戦艦 Battle ship）は依然として海軍兵力の根幹であり、海戦の主力は戦艦である」ことは米英の海軍高官が言明しており、「戦艦が海軍力の極致であることは現代世界の定説」「航空は更に驚異的飛躍を続けつゝあるが、我等は戦艦の海軍に於ける地位にいさゝかもゆるぎなきことを確信して過ない。そして数年後には戦艦華やかなる時代が再現されるであらう」と述べている。この改訂版では一見したところ、かつての先進的な航空優位論が後退し、保守的な大艦巨砲主義へと回帰しているようだ。しかし、かくもくりかえし戦艦の優位が強調されたのは、それが航空宣伝の結果、読者たる「素人国民」のあいだで必ずしも自明視されなくなっていたからとも解釈できる。

阿部『海軍読本』は航空戦力の重要性についても、航空母艦を「近代海戦の中心威力」と呼び、「航空戦に敗れた艦隊は、もはや殆んど勝目がないとも考へられるのであつて、これ近時制空権下の艦隊決戦が唱へられる所以」「米国は世界第一海軍と同時に、世界第一航空を目指して躍進を続けてゐる。海軍予算毎年増加額の約六割は、実に航空充実に使用されるといはれてゐる」と説いた。ここでもキーワードとしての「制空権下の艦隊決戦」が、仮想敵米国を見習って準備すべきものとして唱えられている。

阿部は、今後の海戦における飛行機の活躍をつぎのように予見する。今日の飛行機がその爆撃、雷撃ならびに機銃射撃などによって、敵艦船に与えうる打撃はじつに驚くべきものがある。この恐るべき攻撃力を有する一群の爆撃機隊が、戦闘機隊の援護の下に、大空を蔽って何百機あるいは千何百機と殺到する情景は、まさしく人類史上の一大壮観を呈するであろう、と。

阿部は、海軍内に大勢いる砲術や水雷専門の上官たちに遠慮して大鑑巨砲主義の戦艦優位論を並べつつも、内心では魚雷や爆弾を抱えて大挙飛来する飛行機の威力を大いに認め、脅威視していたように思える。

そして阿部は、日中戦争の勃発後、「今次、支那事変の最も大きな特徴の一つは、何と謂つても航空戦が戦局の全般に至重至要なる役割をつとめ、速戦速決に役立つた」ことだと海軍航空が実戦で示した威力の大きさを讃える一般向けの『海の荒鷲奮戦記』（一九三七年一二月）に監修者として登場する。

この本は、飛行機が戦いに「役立つた」具体的な点として、すべて外国製（米、伊）の飛行機八〇〇からなる中国空軍と海軍を撃滅したのみならず、爆撃で「多年の築造に成る難攻不落と恃んだ敵の堅陣を粉砕し」て陸上戦線の勝利に貢献したこと、「抗日の営養線たる動脈（主要鉄道、交通機関）を、片ッ端からプスプスと断ち切つて廻つてゐる」こと、敵の首都南京を何十回も空襲した結果、「抗日支那の屋台骨が、一時にグラグラとゆるんでしま」い「事実上支那の首都は消滅した」ことなどを挙げている。つまり遅れていたはずの日本の航空戦力が世界に先駆けて敵国の首都を消滅させたことになっているのだ。『海の荒鷲奮戦記』はこの勝利によって「世界から航空後進国扱ひを受けた日本は、一躍先進国となつた」と誇らしげに述べている。これで積年の対欧米劣等感も、完全にではないにせよ解消された。完全にではないというのは、同書が日本を「先進国」と述べたのは他国に先駆けて実戦の経験を積んだからに過ぎない、「その他の点では、いつまでも後進国の名に甘んじて、精々勉強する丈の雅量があつてもいゝと思ふ」とじつに謙虚なことも書いているからだ。監修者の阿部はこれに文句をつけていない。彼にとっても、大勢の読者たちにとっても、祖国日本は依然「後進国」のままだったのである。

「世界空中戦史に輝かしき一頁」

【図14】は一九三八（昭和一三）年一二月に発行された、「空前の壮挙我無敵海空軍首都南京大空襲大空中戦之光景」と題する一枚ものの報道画である（作者不明）。日本国民は明治時代から錦絵を通じて戦場の様子を知らされてきたが、写真の普及したはずの日中戦争期にもその系譜はなお生きていた。明治の錦絵は戦場を見ていない内地の絵師たちが想像力を駆使して描いたが、この絵もそうであろうことは、海軍の空襲場面なのに陸軍の重爆撃

図14　「南京大空襲」の絵

機（左上のひときわ大きな双発機）や戦闘機がいることでわかる。重爆の右隣、銀色の双発機が海軍の九六陸攻である。

この画左端の解説には「此の日敵は不意の空襲に狼狽その極に達し全市の警報はけたゝましく鳴りひびき高射砲、高射機関砲は一斉に轟き渡り我が空前の此の壮挙に国民政府要人及防空要員は収拾すべからざる混乱に陥ち入った」、中国側は米伊製の戦闘機でけなげにも反撃してきたが、我が荒鷲はその全機を撃墜して「敵の軍事施設を片つ端から爆撃致命的大打撃を与へ大成功裏に悠々基地へ帰還し世界空中戦史に輝かしき一頁を残した」とある。

この画に対する私の興味は、無記名の作者がどうしてこの光景を想像し、紙上に表現することができたのか、という点にある。戦略爆撃なるものの目的が敵の「要人」や「軍事施設」を爆撃して戦意を砕くことや、そもそも空襲とはいかなるものであるのかについての啓蒙抜きに、この画は一九三八年の日本に存在しえなかったのではないか。

さらに想像をたくましくすれば、表題や解説にくりかえし「大」の文字が躍るなど、この絵に充満する高揚感の裏側には、従来日本人が感じてきた、自分たちの暮らす都市が突如空から一方的に炎上させられるという不安感が、その前に敵の首都を炎上させたという「空前の壮挙」によって一気に払拭されたこともあるのではないか。そうであるなら、画はかつての日本人が抱いた〝飛行の悪夢〟の具現化である。

「来たるべき対米戦争」

前出の大西瀧治郎大佐が唱えたような、長距離飛行の可能な陸上飛行機からなる「空軍」さえあればアメリカと戦争しても負けないはずだ、という海軍部内の航空主兵論は、危険思想扱いされたにもかかわらず、市販の啓蒙書によって国民に事実上公開されていた。

古澤磯次郎（ふるさわいそじろう）・西寛治（にしかんじ）『この海空軍』（一九三八年）の直接の主題は、日中戦争初頭におこなわれた九州・台湾からの中国本土空襲——いわゆる渡洋爆撃や南京空襲など海軍航空隊の活躍であった。著者の古澤も西も新聞記者で、後者は海軍省の記者クラブ・黒潮会記者であった。二人が海軍から詳しい資料の提供を受け、その意向通りに書いたのは明白である。昭和初年以来の海軍と新聞メディアとの強い結託がここにもみられる。

では海軍の航空関係者が同書を通じて国民に伝えたかったこととは何だろうか。同書「はしがき」にはつぎのような文章がある。

空中戦闘の主体は、いまや明らかに爆撃機群（海軍は攻撃機と呼称）に移つた。軽快な戦闘機群に護られた爆撃編隊大群こそは、恰も駆逐艦を引具した空中の主力艦隊にも比すべきものであり、それ自体完全に独立した戦闘単位となつたのである。それぐ〱数個の或は数十個の威力ある爆弾を抱へ、数門の機銃を備へ、数千粁を遠征する編隊空軍は、恰かも数千粁の着弾距離をもつ砲弾の密集斉射と同じである。

中国空襲に使われた海軍の双発陸上攻撃機群を「空中の主力艦隊」と呼ぶなど、既視感はあるものの高揚感に満ちた文章である。航空本部長・海軍中将の及川古志郎が同書の「序」で「航空思想の徹底を待つて、始めて全き国防を図り得る」「国民全般が益々航空思想の真髄に目覚め、国防の徹底を期すべき秋である」と述べたように、海軍自らが航空戦に対する国民の理解を深めるため刊行させた本であるのはまちがいない。

そして私がより興味深く感じるのは、『この海空軍』の「はしがき」に、この恐るべき日本の海軍航空兵力が南北を連ねる西太平洋上の大海面を防御することが確然とした以上、従来の大艦隊による渡洋進攻作戦はいよいよ一大冒険となり、その成算を失って戦略的出直しのため、当分廻われ右をやらねばならぬであろうことは当然に予想される、とある点である。この廻われ右をやらねばならぬ大艦隊とは名指しこそされないが、もちろん日本を襲うであろう米国のそれである。

著者古澤の頭のなかで、日中戦争の航空戦は単なる中国相手の戦争ではなく、来たるべき対米戦争の実地試験であり、海軍航空隊はその強力な鍵としての威力を実証しえたと考えられているのだ。それは、つづく以下の文からも明確である。

> 即ちある国の優勢艦隊が他国進攻の渡洋作戦の下に、いかなる苦心の大輪型堅陣を進めて見たところで、一度び陸上基地を出て邀へ打たんとする無数の航空群の行動半径内に入つたならば、たとひその随伴せる航空母艦の飛行機の全力を以てしても、艦隊の致命的打撃は避けられないであらう。伝えられる如くんば米海軍はこの事変の半ば頃から、遽かにそゝくさとしてその艦隊航空兵力の再編成強化に着手したとい

ふが、これをその渡洋作戦の脆弱性の弥縫と見るのは僻目か、その狼狽ぶりは想像できる。

古澤とその背後にいる海軍軍人たちは、日中戦争という実戦で陸上攻撃機隊がその威力を実証したことは、そのまま対米抑止力、ひいては実際の艦隊決戦にも使えることを実証したのだと、国民に向かって誇らしげに主張しているのである。

かくて『この海空軍』は、「海洋作戦における急速なる今後の変革は、戦艦主力艦隊と共に、航空主力戦隊が完全に双翼をなして海軍兵力の二大主力の地位にまで高まるであらふといふ一つの想定」を熱く語るのであった。これは、海軍航空関係者の抱いた〝夢〟の吐露である。ただし、陸攻からなる「空中の大艦隊」が、味方戦闘機の護衛を欠く場合、中国側の戦闘機によって大損害を被っていた事実は慎重にも伏せられている。

砲術・水雷関係者への配慮

では、同書において現下の「戦艦主力部隊」と航空戦力との力関係はどう説明されているのだろうか。古澤が執筆した第二章「帝国海空軍の威容」は、意外にも海軍の主力はあくまでも戦艦であり、航空はその手足に過ぎぬと断言する。

航空が飛躍的進歩を遂げつゝある情勢より見て、航空機の力のみを以て戦の勝敗を決し得る所謂、完全独立空軍の出現の日が来るといふことも、いまや夢物語とのみは云へない。しかし乍ら、今日の情勢では、いまだ海戦に主力艦を必要としないわけにはいかぬ。戦艦は、こゝ当分の間は、依然として、艦隊の根幹であるであらう。従つて今日の艦隊戦闘は制空権の獲得に始まり、敵に怖るべき航空勢力なきに至つて、己のみ航空機を活躍する所謂制空権下の艦隊決戦を企図するのが定石である。海戦に於ける飛行機の用法は、水上兵力の補助として、軍艦の手足として、用ふ可きものである。（傍点引用者）

だが、この一見謙虚で控えめな文章を、字句通りに受け取ってよいとは私は思わない。なぜなら『この海空軍』はその直前で、飛行機は水上艦艇の最も強力な砲の射距離より一〇倍も大きい遠距離から敵に大打撃を与えられる、飛行機を搭載する艦船の視界は一〇倍も増加する、飛行機を積んだ艦船は（飛行機それ自体を魚雷や爆弾に見立てれば）そうでない船よりもはるかに遠方から魚雷を発射し、砲の有効射距離を著しく増大できることになる、飛行機は（味方の）射撃艦からまったく望見できない敵艦に対し有効に射撃できる、などと数々の優越点を列挙しているからだ。

これらの指摘の正しさは、太平洋戦争における日米大海戦のほぼいずれもが飛行機同士により遠距離間で戦われたという事実によって、今日では実証済みである。戦艦は、自らの主砲弾の届かないはるか遠方から大挙飛来する飛行機の前に事実上無力である。それにもかかわらず、『この海空軍』が飛行機をあくまでも「水上兵力の補助」扱いしているのは、同書の著者たちが、長年かかって身につけた専門性を全否定されかねない砲術や水雷関係者に配慮した単なる便法に過ぎないのではないか。

古澤とその背後にいる海軍航空関係者が、自らを「軍艦の手足」などと心から卑下していたようにはどうしてもみえない。『この海空軍』をよく読めば、彼らは戦艦が「艦隊の根幹」なのは「こゝ当分の間」に過ぎない、と語っているからである。

こうした航空関係者としての艦隊側に対する配慮の跡は、「はしがき」に「海空軍」の名称は「通俗的呼称」として用いたに過ぎない、海軍では正式には「海軍航空部隊」というのだ、と断りを入れていることからもわかる。

しかしそれが単なる配慮に過ぎないことは、表題に堂々と「海空軍」の呼称を使っていることからも明確だろう。

空軍だけではダメ

とはいえ、市販軍事啓蒙書のあいだにも若干の見解の相違（？）は存在した。『この海空軍』が事実上の航空主兵論を国民に開陳したのに対し、前出の予備役海軍少佐・福永恭助の著書『国の護り』（一九三九年）は「空軍だけではダメ」と題する項を設け、反論を試みているようにみえる。

同書は「僕」と自称する中学生の立花勝彦少年と、その叔父で海軍大尉、飛行機乗りの「海野ヲヂサン」との問答を通じて読者の子どもたちに陸海の軍事知識をわかりやすく伝えようとする物語である。

立花少年は「空軍〜」の項で海軍渡洋爆撃機の活躍にふれ、「あんな重爆〔重爆撃機〕が二三百台も頑張つてゐたら、敵の艦隊なんてものは、これからはもう日本の近海に寄りつくことは出来ないだらうね」「僕なんかには、空軍さへしつかりしたのを持つてゐれば、軍艦なんかなくつたつて日本の国は立派に護つて行けるやうな気がするんだ」と、まさに『この海空軍』ばりの航空主兵論を述べたのに対し、専門家たるオジサンは「（戦艦はもうダメだ）と思つてゐるやうな国は、いまどこにもない」と反論する。少年が「でもヲヂサン、一発千瓩（キログラム）もあるやうな大爆弾を見舞はれたら、軍艦は木つ葉微塵に吹つ飛んぢまやしない？」と質問すると、オジサンは飛行機の爆弾の威力が戦艦の主砲弾よりも劣る理由をつぎのように詳しく説明してくれた。

飛行機は一機あたり爆弾を一、二発しか積んでいないため戦艦の主砲と違って試射ができず、したがってうまく当たらない、今日の戦艦は甲板に厚さ一六センチほどの甲鉄鈑を張っており（英戦艦ネルソン、ロドネーの例）、戦艦の主砲が火薬で撃ち出されるのに対し、飛行機の爆弾はただ上から落とすだけで「タマにスピードがない」からこれを貫通できない、と。

しかしオジサンは「敵の艦隊を近海に寄せつけないために大空軍を備へろといふキミの考へ方はどうして仲々、大したものなんだよ」ともほめてくれた。なぜなら投下した爆弾で敵戦艦の装甲は貫けないまでも、「艦橋や櫓（やぐら）やマストや大砲指揮所や距離を測る器械やその外いろんなものを吹き飛ばして、上甲板から上をメチヤ〱にさせてしまふこと」は可能であり、そこを狙って味方の戦艦や駆逐艦、潜水艦、魚雷を持った攻撃機が止（とど）めを刺せば、敵艦も参らずにはいられないからである。

立花少年はこの説明に「ぢや何だね、空軍だけにしちやつちやイケないにしても、「飛行機は」ずゐぶんとお役に立つわけなんだね？」と納得したようであった。だがこの説明ぶりでは、読者は結局「軍艦なんかなくつたつて日本の国は立派に護つて行けるやうな気」がしないでもない。これもまた、日中戦争期の啓蒙書が国民に示した戦艦と飛行機との力関係の一例である。いうまでもなく飛行機のほうが上である。

物語は、前線に出動した海野オジサンが戦闘で片眼を失って予備役入りとなり、少年は「海空軍」を志願して海軍兵学校に入るため幾何と英語の勉強に忙しい、という場面で終わる。彼が英語を学ぶのは、一九三九(昭和一四)年の段階になっても、日本国民と軍の双方にとって米英は依然追いつくべき航空先進国だったからだ。

機械力か精神力か――「皇軍」という意識

本書の主題は人びとの飛行機と戦艦についての認識だが、陸軍軍備についてもふれておきたい。海軍の阿部信夫中佐と並んで新版の『陸軍読本』(一九三八年四月)を執筆したのは現役の陸軍歩兵中佐大久保弘一(こういち)である。大久保は一九三六(昭和一一)年の二・二六事件時には陸軍省新聞班に所属し、反乱部隊への有名な投降勧告文「兵ニ告グ」を起草した人物として知られる。陸軍宣伝のいわば専門家である。

大久保も平田『陸軍読本』と同様、近代陸戦における火力や機械化装備の重要性を説く。「近代戦は装備の劣つた軍隊は質の内容いひ換えれば士気・訓練等の精神的方面が優れてゐても犠牲のみ多く生じて、しかも予期の効果を挙げることは困難になつて来てゐる」「科学戦たる今日の戦争は、戦場が立体的に拡大せられ、軍の精神的優劣を競ふ以前に機械力によつて破壊が実施せられる結果、先づその損害を防護するために敵に劣らないところの装備を具備する必要を示すもので、いかなる鉄石心と雖も爆弾の前に毒ガスの前には損傷を免れ得ない」と、精神力よりも機械力や飛行機の重要性をくりかえし説いている。これは精神力偏重・物質力軽視という今日の日本陸軍イメージとは正反対である。

　こうした自軍装備に対する自己批判的な認識は、「列強特に隣邦〔ソ連〕の異常なる軍装備の発達に比較すれば甚だしく見劣りがするのであるから、今後一層装備の整備に努力しなければならぬ」とあるように、国力に勝る仮想敵・ソ連の急激な軍拡という冷厳な現実の観察によりもたらされている。

　とはいえ、大久保は陸上戦における精神や白兵の力を無視していたわけでもない。彼はつづけて、近代科学戦でも士気・訓練の精強度は最後の勝敗を決する根本であり、人命を機械の餌食とすることは極力避けねばならない、「貴重なる人命を防護し犠牲を少くするためには能ふかぎり装備を優勢ならしめて無用の血の節約を計り、以て最後の決勝に備へるのである」「要は、皇軍にとつても、列強にとつても軍の機械化は将来戦に於ける無用なる血の節約をなすもので、最後に於ては遂に肉弾相搏つ流血の白兵によつて勝敗を決することは、戦闘そのものの必然の結論なのである」とも主張しているからだ。

　つまり、大久保にとって戦車や火砲など装備の充実は、白兵戦による決勝の前に無用の犠牲が出るのを防ぐために過ぎず、機械力や火力だけで勝敗を決しうるものではない。とはいえそれらを欠いた戦いもまた成立しない。この火力と白兵についての議論は、本書でみてきた海軍飛行機と戦艦のそれに似ている。一見白兵や戦艦が戦いの「主」扱いされているようで、じつは火力や飛行機抜きの勝利はありえないのである。

大久保がかくも白兵戦に固執した理由については、いくつかの推測が可能である。一つは、実際の戦闘の勝敗が歩兵の突撃、肉薄戦で決まることが当時はおろか、今日でもあり得るからである。第一次大戦時、欧州での陸戦では、銃剣付き小銃は長すぎて突撃先の狭い塹壕(ざんごう)内で取り回しが悪かったため、小銃より威力は低いがより小型で連射可能な機関短銃(サブマシンガン)という火器が出現し、のちに小銃と機関短銃の特質を合わせ持った自動小銃や突撃銃が発達した(松代守弘「SUBMACHINE GUN」)。しかし銃剣は第二次大戦以降も歩兵のもっとも基本的な装備品として残り、完全に捨て去られたわけではない。朝鮮戦争では米軍のある将校が銃剣突撃を命じて成功したし、二一世紀のイラクやアフガニスタンでも時に銃剣戦がおこなわれ、多くの国の軍隊はいまだ銃剣術の訓練をつづけている(John Norris, *Fix Bayonets!*)。

もう一つは、大久保にとって、現状の陸軍装備の遅れを補い得る唯一の手段が白兵だったという可能性である。『陸軍読本』は、軍の機械化と白兵との関係についてつぎのようにいう。

今日の状勢に於ては軍の機械化は必須のものである。ただ機械を利用するのであつて機械に使用されてはならないのである。特に皇軍にあつては、白兵戦の精華は何時の時代にあつても実に必須欠くべからざるもので、如何に機械化兵団にあつても、この白兵戦の武器を欠如しては最後の決を得られないのである。（傍点引用者）

なぜ「皇軍」すなわち日本軍にとってのみ「白兵戦の精華」が必要欠くべからざるものなのだろうか。それは、日本軍が世界に冠たる理由が「皇軍」——世界に類を見ない天皇の軍隊——という呼称に求められていたのと同様、「白兵戦の精華」もまた、日本軍が世界無比の軍隊であることの（数少ない）証しとみなされていたからではないだろうか。

もし日本軍に「皇軍」精神や「白兵戦の精華」なる独自性がなかったとしたら、日本軍は世界的に見て二流の、凡庸な軍隊に過ぎなくなってしまうだろう。つまり、それらの言葉は機械化装備や技術の遅れという不都合な事実を国民に向かって糊塗(こと)し、かつ自らを鼓舞するためにあえて持ち出されているに過ぎないのである。こうした軍人としての対欧米劣等感が海軍の啓蒙書『海の荒鷲奮戦記』にもみられたことは前述した。

その程度の話を、絶対化・内面化された宗教的信念とみなすことには慎重でなくてはならない。たしかに大久保は『日本精神信解 附 天地創成と日本建国の由来』（一九三六年）などの著書をものしたゴリゴリの精神論者、神懸かり的軍人である。彼が一九三七（昭和一二）年に個人の立場で出した著書『日本は強し』は「この物質力を凌駕するものは一に精神の力である」と断定しているし、「日本兵は戦死する時にも死に対する意識がなく、現実の活世界に生きたまゝ瞑目するのである。〔中略〕他から見たら戦死だが、自身にとつては活動の真最中である」というオカルトとしかいいようのない記述もある。

だがそのような人物の発言であっても、個人的な信念の吐露と、陸軍や大本営の看板を背負った国民向けの説得とでは、論理上異なる部分がありうる。そうであるなら、後世の人間は前者だけをクローズアップして過去の軍備観を論じるべきではない。

もっとも大久保の『陸軍読本』は、具体的な陸軍航空戦備のありかたについては「近代戦に於てはこの航空装備・防空装備は最も緊要なるは多言を要しない」と短く述べたのみであった。その理由はよくわからない。

ノモンハン事件での大損害

陸軍では、航空に関する宣伝は別途集中して、専門的におこなうことになっていたのかもしれない。陸軍省新聞班は、日中戦争勃発後の一九三八（昭和一三）年に『空中国防の趨勢』（国防協会）と題するパンフレットを出し「将来戦は空より開かるべきことを予期せしむると共に、制空権の獲得特に戦争初動の先制的勝利が如何に戦争の勝敗に重大なる影響を与ふべきかは言を俟たない」と述べ、人員・機材ともに消耗の著しかった第一次欧州大戦の経験に鑑み、第二線兵力としての民間航空に注目、その充実をはかるべしと主張している。まさにかつての四王天延孝と同じ論調だ。

ちなみに、同書は将来の航空戦における損耗率を「彼我の大空軍の決戦」が予想される開戦劈頭で人員三五パーセント、飛行機六〇パーセントと推定、戦争第二年度末以降は欧州大戦末期の平均値を参考に、それぞれ二〇パーセント、四〇パーセントで維持されると述べ、速やかな充足が可能な態勢の整備を訴えている。

だがこの見通しは甘すぎた。陸軍航空隊は、翌一九三九（昭和一四）年に起こった対ソ国境紛争のノモンハン事件で、短期間の戦闘にもかかわらず、人員・機材ともに大損害を被った。六月から九月まで四ヵ月間の空中戦闘で、特に損耗の激しかった戦闘隊の戦死傷操縦者は七〇名（定員の七〇パーセント）、うち戦隊長・中隊長は一二名（定員の一〇〇パーセント）に上った。飛行機の損失は三ヵ月間で戦闘機の大・中破以上一五二機（損耗率五八パーセント）、全機種で二六〇機（同五〇パーセント）であった（航空碑奉賛会編『陸軍航空の鎮魂』)。

別の資料には、六〜九月まで四ヵ月間つづいた戦闘における日本軍の損害三一四機に対し、補給飛行機の前線到着は約半分の一五六機に留まったとある。これは生産力が低かったためで、とくに戦闘機は毎月の生産数三〇機を全部注ぎ込むかたちとなった(防衛庁防衛研修所戦史室編『戦史叢書 陸軍航空作戦基盤の建設運用』)。陸軍はノモンハン空中戦の〝大戦果〟を国民に喧伝したが、これらの恐るべき数字を公表することはもちろんなかった。

陸軍軍人の「空軍」論

陸軍軍人が日中戦争勃発後に刊行した、その他の国民向け航空宣伝書について述べよう。陸軍航空本部第二課長・航空兵大佐高橋常吉(つねきち)が新潮社から刊行した『敵機来らば』(一九三七年一一月)は、将来の戦争は「空中決戦」すなわち彼我の飛行隊が敵を発見してから五分くらいで勝敗が決まり、しかもこの短時間で制空権の争奪が完了し、ひいては戦局の大勢を左右すると予言する。同書はそのような戦争形態の変化にともない、つぎのように日本も列強と同じ「空軍」の建設が必要だと主張する。

要するに、航空戦術の発達はしだいに大部隊を集結使用して集団威力を表し、各種飛行隊を統一使用して総合戦力を発揮する傾向が顕著になってきた。すなわち飛行連隊、飛行兵団という何百機ともしれぬ雲霞のごとき飛行機が大空を蔽って行動し、司令官みずから陣頭に立って無線電話で空中指揮をおこなうのみならず、白刃こそ持たぬが身をもって敵の群れに斬り込んでいき、撃つか撃たれるかの決戦に従うのである。ゆえに欧米列強の空軍では空軍将兵の進級は他兵科にくらべて非常に早く、若い血気盛りの青年士官とともに機上の人となり、敢然と敵中に飛び込んでいける年配の将軍を空軍司令官に任命しているくらいだ、勇猛果敢な若さが必要なのである……と。

この主張の要点は、単独で戦争の決着をつけうる独立空軍の建設にあるが、末尾ではなんとなく航空関係者は他兵科よりも早く出世させろと主張しているようにとれる。そうなると同書がこの手の啓蒙書のお定まりとして「帝国防空は超列強思想を基調とし、超列強大空軍を建設することに依りてのみ解決せられ得る」とか「航空は金を喰ふものだ」と訴えているのも、何となく彼らの私心や出世欲が根底にあるようにみえる。

とはいえ高橋は「あゝ一度空襲せられんか、帝都は焦土になるぞ。姑息の手段は取ってはならぬ。筆者は筆者の良心に訴へ、斯く絶叫するものである」とも述べている。軍人たちがこの「良心」を振りかざして発言する限り、「超列強大空軍」建設は単なる組織的利益や個人の出世欲充足のためではない、国家国民のための公的な性格、正当性を帯びる。

『敵機来らば』は、教育総監の畑俊六大将が題辞を、陸軍航空本部総務部長・小笠原数夫中将が序文を寄せたいわば陸軍公認の書である。小笠原はこのたびの戦争で「帝国空軍は如実に吾人の面前に其威力を発揮し、空軍が現下国防力の軸心たらんとするの趨向を明示した」、日本を取り巻く困難な国際情勢打開の鍵は「将来に於ける国防力の軸心たる航空」に対する全国民の「献身」にあるといっても過言ではない、だから本書刊行はじつに時宜を得たものと称揚した。ここで連呼される「国防力の軸心」はすでに白兵を振りかざす歩兵ではなく「空軍」である。

彼らの頭のなかにあったのは、その「空軍」を整備して米英ソと対等以上に渡り合う日本の未来像であった。こうした軍人のさまざまな夢をかなえるための物心両面にわたる献身を国民に要請すべく、『敵機来らば』は刊行されたのである。

ちなみに筆者の高橋大佐は一九三九（昭和一四）三月に少将へ進級、第四飛行団長や東京航空学校長を経て一九四一（昭和一六）年に予備役編入となっている。

日本が米国に負けない理由

日米対立が深まった一九四〇（昭和一五）年に作家・編集者の柴田賢一が博文館より著した啓蒙書『世界大戦叢書　近代海軍と海戦』は、その「序」によれば「専門家の書ではなくて、一般国民に海軍と海戦の実際を知らしむる大衆の兵書」である。しかし米国との対立深刻化という同時代の文脈に即して読めば、軍人でもない著者が『この海空軍』と同様、単なる軍事知識普及の範囲を超えて、海軍主体の戦争である対米戦争は決して無謀、実行不可能ではないと主張した宣伝（プロパガンダ）本である。柴田は一九四二（昭和一七）年に海軍の報道班員となっており、両者の関係は深かったとみられる。

今日の我々が対米戦争は無謀だったと考える理由は、おおむね四点が挙げられる。①彼我の物量や生産力に隔絶した差があったこと、②そのため日本は短期決戦志向で長期戦に陥った場合を考えていなかったこと、③大艦巨砲主義に固執したこと、④物質力を軽視して精神力を偏重したこと、である。『近代海軍と海戦』を読むと、当時の日本人はこれらの欠点に気づかなかったわけではなく、（結果的にはまちがっていたとはいえ）相応の論理的判断にもとづき戦争を選んだように思えてくる。

まず①物量差の問題について、『近代海軍と海戦』がどう考えていたのかをみよう。柴田は第一次大戦時の英独海戦を扱った章でつぎのように述べる。

> 独海軍は実際よく戦ったが、圧倒的に優勢な英軍に対して勝ちめはなかった。英海軍はあれだけの大艦隊を擁していながら見事な戦いぶりとは言いがたかったが、その制海権は揺（ゆら）ぐべくもなかった。英海軍は負けなかったのである。ここに我々は一つの大きな教訓を受ける。それは、真正面からの海戦では、ある程度以上勢力に開きがあると劣勢海軍は絶

対に勝てないということだ。数に劣る独海軍が英海軍主力と戦って勝てないことは、歴然とわかっていたのだ、と。

このように、柴田は独軍が英軍に勝てなかった理由を海軍間の戦力差に求める。考えてみれば当時の日本人が対米英戦争における国力・物量差の問題を軍民ともに意識していなかったはずはない。ここだけを読めば「劣勢海軍」の日本の勝利は絶望的であるかのようだ。

しかし、この物量差の問題について『近代海軍と海戦』は、ドイツ空軍がイギリスの軍艦一隻に対して二〇〇台の飛行機を充てている、軍艦一隻の建造には五ヵ年を要するが、飛行機は一ヵ月に一〇〇〇台製作できると豪語している例を引き、軍艦の生産には時間がかかるが飛行機は違う、たとえ艦艇数で劣勢でも、その差は飛行機で充分埋められる、と主張している。一九四〇（昭和一五）年当時、ドイツの対英勝利は時間の問題と多くの日本人が信じていたことを思えば、著者の柴田はまったく同じことを対米劣勢下の日本について言いたかったのではないか。だからこそ「大きな教訓」という言葉が使われたのだ。

②の不利な長期戦回避のため、戦前の日本海軍が短期決戦を志向していたことはよく知られている。柴田は敵艦隊が「決戦」を回避し長期戦を選んだ場合の対応策を、「決戦強

要」なる言葉を使って説明している。たとえ敵が根拠地に引きこもって出て来なかったとしても、攻撃軍が飛行機で空から攻撃することにより、敵艦隊はいたたまれなくなって出動を余儀なくされるから、短期決戦に持ち込むことは可能だ、というのである。

この箇所は、海軍有終会発行の『海軍要覧 昭和十年版』(一九三五年)が将来における爆撃機および雷撃機による敵碇泊艦隊の空襲や軍事施設の破壊は「敵艦隊を其の港内より狩り出して、我の希望する如き状況の下に決戦を招来するの機会」を生み出せるので将来実行される可能性が高い、その場合の目標は軍事的価値のもっとも大きな敵の主力艦もしくは航空母艦を主とし、その他の艦艇及び軍港施設を副としなければならぬ、と論じたのに依拠したとみられる。

一九四一(昭和一六)年一二月におこなわれた実際の真珠湾奇襲攻撃も、これらとほぼ同じ発想に基づいておこなわれた。違いがあるとすれば、敵艦隊を覆滅するという事実上の〝決戦〟を敵の根拠地内で、しかも飛行機だけで試みたことくらいである。本書五四頁でも述べたように、一般向けに素人が書いた軍事啓蒙書だから実際の海軍高等戦略とは無関係とはいえず、むしろ共通する部分が多々あることを強調しておきたい。

一九四〇年の段階では、日米戦争が発生すれば日本は進攻してくる米艦隊を西太平洋上で迎え撃つ、一方の米国は日本を海上封鎖して物資の輸送路を断ち、降伏に持ち込むというのが伝統的な戦略とされていた。『近代海軍と海戦』はこれをふまえ「飛行機は、戦略的守勢をとる者には、極めて適当な武器」であり「防御軍が、空中兵力を持つてゐる以上、攻撃軍は封鎖の目的で、長時間敵国の海岸に滞在してゐることは不可能だ」と説く。自国を遠く離れた攻撃側は空母搭載の飛行機しか持てないが、守勢側は空母に加え陸上発進の飛行機も出せるから数で勝てる、ということだ。

日米開戦前の刊行なので外交的配慮により名指しこそしないが、「戦略的守勢」をとるのが日本、「攻撃軍」が米国を指すのは明白だ。ここでも、日本が物量差をはね返して対米決戦に勝つうえで、飛行機が必要不可欠な鍵とされている。

大艦巨砲と精神力

柴田『世界大戦叢書　近代海軍と海戦』は、③の大艦巨砲主義について、米陸軍のミッチェル大佐が言うように「三万トンの戦艦も空軍の爆撃に耐えることはできない」かもしれないが「戦艦を擁護する多数の味方戦闘機もあれば、数百門の防御砲火もある」ので「戦艦の牢固(ろうこ)たる地位は明らかとなつたであらう」と同主義に固執する主張をしている。

しかしこれは日本だけの話ではなかった。主敵米海軍の前軍令部長プラット大将もまた、「アメリカに関する限り、最早や戦艦の時代は過ぎ去つたと考えさせる事情は一つもない」「わがアメリカにとつては無効どころか、無上の価値があつて、アメリカ海軍の根幹をなし、他の艦艇は補助的武器に過ぎない」と断言したとされているからだ。

とはいえ『近代海軍と海戦』もまた「飛行機のない海軍は、その機能を完全に発揮できないのだ。換言すれば、航空部隊を除けば、真に均整のとれた海軍とは言ひ難いのだ」と、前出の有終会編『海軍要覧』の解説をそのまま引用し、海戦における航空戦力の不可欠性を強調している。つまり昔ながらの大艦巨砲主義を盲信していたわけではない。

④の精神力偏重の問題について。たしかに『近代海軍と海戦』は、飛行機は暗夜と荒天時にはその活動力を著しく制限されるから、一方の航空兵力が劣勢でも軍艦は「その攻撃精神さへ旺盛ならば、飛行機の弱点を利用して、自己の戦闘を有利に導くことができるのだ」と主張していた。柴田はそのため艦艇は耐波性に重点を置き、兵員は荒天に臆せず波浪をものともせず難作業を厭わないように訓練しておくべきである、「如何に精鋭な新兵器が現はれても、勝利は旺盛な攻撃精神の前に微笑むことを忘れてはならない」という。

このように同書は海戦における精神力の優位を強調したが、さりとて飛行機を軽視したわけではない。なぜなら、軍艦や精神力が海戦上の優位をもたらすのはあくまでも飛行機が空母から発着できず、したがって作戦不能な夜間と荒天時のみとも解釈できるからだ。

以上のように、『近代海軍と海戦』は、飛行機さえあれば日本は対米劣勢を覆し、決戦に勝利できるかのような書きぶりとなっている。もちろん実際の日米戦争の推移や結果とくらべればことごとくまちがっているのだが、一応の理屈は通っており、その鍵は戦艦ではなく飛行機である。著者柴田はこれらを海軍が公表している諸情報に依拠しながら国民に示した。対米戦争は勝算のない無謀な戦いであったとよくいわれるが、重要なのはなぜそのように無謀な戦いを国民が選択したかを考えることである。啓蒙書としての『近代海軍と海戦』はその手がかりの一つたりうる。

米国の海軍啓蒙書

ここまで日本で刊行された軍事啓蒙書を紹介してきたが、同時代の米国にも同じような書籍はあり、しかも同時代の日本でも日本語で読むことができた。一九四一（昭和一六）年に邦訳が発売されたマール・アーミテージ『アメリカ海軍　その伝統と現実』（古田保訳）がそれである。米本国における原著（Merle Armitage, *The United States Navy*）刊行は一九四〇（昭和一五）年の春であり、かくも早く邦訳されたのは、現実の日米関係の急速な険悪化にともなってのことだろう。著者のアーミテージは絵画や舞台に関する著作をものした人で、軍事は平田晋策などと同じく素人である。日本と同様、米国でも軍事に関する啓蒙書が素人の手によって書かれていたのであった。

『アメリカ海軍』は、当時の米国社会における一般的な海軍知識が日本側のそれとよく似ていたことを示す。まず海軍内における戦艦の地位について「戦闘艦隊は海軍の中核であり、その他の全軍艦とその行動は戦艦の周囲に統合される。戦艦の窮極の目的はと言へば、人力の及ぶ最も物凄い打撃を交換することなのだ」とある。米国社会でも一九四〇年段階では日本と同様、戦艦が海軍戦力の揺るぎない中核として語られていたことがわかる。

一方、艦隊戦における航空機の位置づけについて、『アメリカ海軍』には「極論するものは、爆撃機は今や比較的容易に主力艦を撃沈し得る段階に到達したと言ふし、一方、爆弾投下は艦隊の機動力と防空設備及び甲板装甲の力に依つて大した力を発揮し得ないから、艦隊の主力に何等の脅威をも与へないと説くものも居る。一般の海軍関係者の意見はと問へば答は「分らぬ」であらう」とある。飛行機と戦艦のどちらが優位なのかは、誰にも「分らぬ」(原文 they don't know) とされていたのであり、これも日本と同じである。

アーミテージは、米海軍でも「空爆の威力は結局に於いて物凄いものとならうが、発達の現段階に於いては、先づ艦隊の行動を阻止し、補給船隊及び一般海上通商に重大な脅威を与へる程度であると見てゐる」と解説していた。米国では、必ずしも航空戦力が直接戦争の勝敗を決するものとして絶対視されていたわけではない。

なぜ日米ともに戦艦と飛行機の優劣は「分らぬ」とされていたのかというと、先に述べたような日米の爆弾投下実験は無人艦に対するもので、飛行機の爆弾が戦艦の回避運動や対空砲火をかいくぐって致命傷を与えうるかどうかはいまだ実証されていなかったからである。だからアーミテージは「彼等〔飛行機〕の明白な第一目的は戦艦の大砲の射程を延長する役目を果すことである。軍艦の大砲が有効な時に爆撃機を代用することはどう見ても実際的ではなくまた意味のあることではない。戦艦の大砲の砲列は要すれば三十六機編成の重爆撃機二個大隊よりも多量の火力を目的物に集中し得るからである。しかもそれには何等の時間を要しない」と述べ、米国民にとってもなじみぶかい大艦巨砲の威力を讃えてみせたのである。

日本海軍がとぼしい国力を補うためめざした短期「決戦」は、現実無視として今日批判されるところである。だが『アメリカ海軍』にも、同じように艦隊決戦の生起を待望する記述はある。同書は日本との外交関係に配慮してか、ヨーロッパのある国が他の国を撃破して敗残国の艦隊をまとめ、米国侵略に進発してきた場合を想定し、さらに「次にのべるやうな遭遇戦が起る機会は実は乏しい」と断りを入れたうえで、以下のように「会戦」の様子を予想する。

まず彼我の飛行機同士が戦って制空権を確保する。ついで観測機の送る諸元をもとに、戦艦の主砲が轟然と火を吐く。この間、航海科士官は敵の頭を押さえるように艦を操作する。アーミテージは、「かくて展開される戦闘の諸事相は、その規模の広大、火力の強烈、恐るべき砲撃の轟音、正に想像の及び得る範囲を全く超越してゐる。世界史上未だかつて、かくの如き巨大、複雑、かつ怖るべき戦争用具が作り出されたことはなかつた」といい、米国がこのような主力同士の海戦が起こる可能性をふまえ、「それに応ずる戦術的措置をとり得る如くに、海軍の装備とその指揮の練熟を準備する意義」を強調する。これは、一国の総力を挙げた艦隊決戦待望論にほかならない。

このように、一九四〇年代初頭の米国で出ていた軍事啓蒙書は、日本のそれと同様に、航空母艦とその飛行機の存在意義は、艦隊決戦における戦艦の正確で一方的な射撃を可能にすることにあると自国民に解説していたのであった。とはいえ、日米ともに飛行機を海戦の主力とまでは位置づけていないものの独自の役割を認め、けっして軽視してはいない。

『アメリカ海軍』は航空母艦について、ある興味深い解説をしている。「航空母艦の戦略的効用の将来性は、爆撃機を重攻撃力として使用する可能性と結ばれてゐる」ので、「航空母艦の戦略的及び戦術的単位の重要性、卓越性は著しく増大するであらう。また一、二隻の高速主力艦と協力して独立攻撃作戦を実施することが予想される」というのである。まさに空母に高速戦艦の護衛をつけて「独立攻撃作戦」を実行したのが真珠湾攻撃である。同作戦は日本海軍の創意工夫のたまものとされるが、じつは素人がこれら市販の一般書だけを読んでも、目端の利く人であればたどり着きうるレベルの戦術といえる。

しかし、『アメリカ海軍』は米国本土が敵艦隊や空母の奇襲攻撃を受ける可能性については、七〇〇～一〇〇〇マイル（一一二六～一六〇九キロメートル）の近距離まで近づかねばならず、それまでに必ず味方の艦隊や長距離哨戒機に発見されるから不可能として、およそ想定していない。せいぜい「各種の空中偵察の発達のために、海上部隊に依る大規模の戦略的奇襲は困難になつた。しかし小規模の戦術的奇襲は防止することは出来ない」と注意喚起をした程度である。

以上のように、日本海軍が対米実戦で示した創意とされるものの多くは、すでに日米同時代の一般啓蒙書が予見していた程度のものだった。もし日本軍に創意があったとすれば、空母による「戦略的奇襲」の難しさは当時どの海軍にとっても軍事的常識の部類に属する、だから日本軍があえておこなうはずはないという米軍側の予断につけ込むかたちでほんとうに実行してみせたことではなかろうか。

空の「大艦巨砲主義」――女性雑誌

女性雑誌『主婦之友』は一九一七（大正六）年創刊、戦時中の日本で最もよく読まれた歴史の長い雑誌である。二〇〇八年に休刊するまで、メインの記事は主たる読者の主婦が求めた家事や育児、装いに関係するものだったが、戦時下のそれには、戦意高揚に関する記事がじつに多い。そのため、マスメディアによる戦争賛美の典型例として指弾されてきた。

同誌が戦争を賛美した一番の理由は、当時の多くの新聞雑誌と同様、充分な印刷用紙の配分を受けるべく、軍や政府のプロパガンダ政策に迎合したことにあるだろう。けれども、同誌が政府広報ではなく、民間の出版社が商品として出していた雑誌である以上、雑誌の作り手たちが派手な勝ち戦としての戦争解説記事を書きたがり、読み手たる普通の日本女性たち――家族や肉親を軍に送った人も多かっただろう――がそれを求めたという面もなくはなかったはずである。そうであるならば、女性雑誌もまた軍事啓蒙書のカテゴリーに属する。

『主婦之友』一九四一（昭和一六）年九月号（二五―九）には「育児報国号」の副題が付され、「重慶爆撃行」と題する全八頁のグラビアが載っている。「『主婦之友』特派　堀野正雄提供」「支那派遣軍報道部写真班撮影」のクレジットがあることから、写真は陸軍が撮影・提供し、その解説文は『主婦之友』側がつけたとみられる。

グラビアはそのタイトル通り、りりしい飛行兵たちの乗った陸軍の爆撃隊が中国の首都重慶爆撃に出撃し、爆弾を投下して帰還するまでを描いている。興味深いのは数々の写真に付された解説の文面である。

・陸軍重爆撃機の大編隊。頼もしいかな、大空を航(ゆ)く弩級艦(どきゅうかん)の偉容！
・灼(や)けるやうな烈日のもと、車輪の交換をする整備員。／空軍の華々しい戦果の陰には、これら整備員の、機への深い愛情と、汗みどろの労苦とが秘められてゐることを忘れてはならない。
・必中弾投下。／一つ、二つ、三つ、巨弾は、機腹から、ひきも切らず落下してゆく。浮遊する綿雲を突き切つてゆくところ、敵首都の心臓——軍事施設が並んでゐるのだ。
・崩れよ！　燃えよ！　アジアの癌。／空襲のサイレンが鳴ると蔣(しょう)〔介石(かいせき)〕政府の要人らは、特別仕立のバスで郊外へ逃げ出すといふ。

この記事は陸軍航空隊のものではあるけれど、当時のメディアや国民意識のなかでの航空主兵論はなじみぶかい大艦巨砲主義に擬(なぞら)えられ、それによりはじめて受容可能となって

図15　重慶の「崩潰」

いたことを示すのではないだろうか。重爆撃機は「弩級艦」に、爆弾は軍艦の放つ「巨弾」にそれぞれ喩えられることで、説得力や高揚感を醸し出せているのだ。

昭和期の日本海軍で、大艦巨砲主義と航空主兵論は「調和なき共存」をしていたといわれる（山田朗『近代日本軍事力の研究』）。軍事史研究の文脈ではその通りだが、文化論・社会意識論的に言うなら、人口の半分を占める女性たちのうち一定数が当時読んでいた雑誌の作り手の頭のなかで、両者はじつによく「調和」していたのである。「空軍」という言葉も、厳密な軍事組織上のものとは別とされながらも、当時の社会で普通に使われていた。

ちなみに、海軍内で戦艦と飛行機がまがりなりにも「共存」できていたのは、前出の「制空権下の艦隊決戦」という公認キーワードのもとでは、もはやどちらかが「主」と言い切ることが海軍軍人の誰にもできなかったからではなかろうか。

さて、この『主婦之友』グラビアは、都市爆撃の目標はあくまでも「軍事施設」や「蔣政府」の爆砕にあり、人びとを無差別に狙ったものではないと申し訳のように断ってはいる。そのことは「さあ、重慶政府へ、ちよつと手応へのある贈物だ。整備員は、せつせと爆弾を機内へ積み込んでゐる」というキャプションからもわかる。

だが、その全体を貫く記者の意図は「アジアの癌」の切除とか「おゝ、爆弾命中！ぐわう〳〵とふるへやまぬ重慶の崩潰音」といった煽り文句が示すように、「空の皇軍」による重慶という都市全体の無差別な「崩潰」（【図15】）を目の当たりにさせ、読者（消費者）に空と正義、両方の高みから高揚感や爽快感を感じさせることにあったようにみえる。

この写真記事により、戦争に対する彼女たちの視点は一方的に焼かれる方から焼く方へと大転換したわけであるが、空襲とは何か、なぜ敵首都の「崩潰」をもたらしうるのか、などについて特段の説明がないのは、それが従来の防空演習や軍の啓発活動により、とうに自明のことであったからだ。

2　飛行機に魅せられて——葬儀・教育・観覧飛行

胡桃澤、空を飛ぶ——飛行機との接点

日中戦争期の胡桃澤盛と戦争、そして飛行機との関わりを彼の日記からみていきたい。

彼は一九三五（昭和一〇）年四月二一日、妹の縁談のため上京した際、靖国神社に参拝して付設の「国防館」を見学している。その前年に開館した同館は陸軍の最新兵器や戦争ジオラマ、国防献品などの展示施設で、全一〇室のうち第二室では「機上よりする爆撃」を模擬体験させ、第七室では「防空」を扱うなど、航空（防空）知識普及に力を入れていた（遊就館編『遊就館附属国防館要覧』）。

これらの展示をみた胡桃澤は「あらゆる新兵器が陳列されて、今更に科学の進歩の偉大なるに驚くと同時に国防費の膨大なるも無理からぬと思う」との感想を記している。同館は、国防にはとにかく金がかかると人びとを啓蒙し、仕方ないと思わせる社会教育施設であったわけだ。

興味深いのは、彼がその約二ヵ月前の二月二六日、信濃毎日新聞の「日露戦役座談

会」を読み、「不整備なる軍器と少なき兵員を以って、燃ゆるが如き愛国心と、稀に見る名将、巨材の存在に依って勝ち得たのだ」とも書いている点である。戦争を国防館にあるような最先端科学兵器でおこなうことと、武器の乏しさを燃えるような愛国心で補いながら戦うこととは、特に矛盾していない。戦争は先端兵器と愛国心とが合わさってはじめて勝てるというのが平時における彼の、そして多くの日本人の考え方だった。愛国心や精神力のみがひたすら絶叫されるのはもっと後、対米戦争の負けが込んで以降の話である。

日中戦争勃発後の一九三七(昭和一二)年九月二四日には、彼のところへも飛行機献納の話がきた。県の養蚕業組合で陸軍戦闘機一機(七万五〇〇〇円)を献納することになり、河野村への割当額三百三十余円を「上繭(じょうけん)一貫当り一銭二厘宛(ずつ)出金」と決まった。村内養蚕農家各戸が繭(まゆ)の出荷量に応じて負担することになったのだろう。事務的な記述で特に感想は書いていないが、国防には金がかかるのだから致し方ない、といったところか。

胡桃澤は現下の戦争を兵器展示や飛行機献納だけで考えていたわけではない。一九三八(昭和一三)年二月二四日には事変発生当時上海で陸戦隊の義勇兵として戦い、のち「野重〔野戦重砲兵〕橋本部隊」に通訳として従軍した人物から「血のしたゝる様な実験談」を聞いている。「聞いていて涙の出る事が多い。皇国日本に生を享(う)けし事の禧びと、敗惨(ママ)国の惨(みじ)めな姿が眼に見える様だ」。おそらく戦いに巻き込まれた中国民衆の悲惨な有様が語られたのだろう。彼の場合は、それが裏返って日本人であることの「喜び」や自国軍隊への支持につながるのである。

一九三八年八月一日、朝鮮とソ連の境界線上で発生した国境紛争・張鼓峰（ちょうこほう）事件の報が入った。胡桃澤の日記には「ソ連飛行器〔機〕越境して爆撃の模様」（二日）、「昨日は朝鮮へソ連飛行機十数台来襲、内五機を打ち落せりと。〔中略、本日は〕十数台の爆撃機来襲、爆弾を投下せりと」（二日）といった航空戦についての記述がある。この翌年の六月三〇日、河野村の助役となっている。

一九四〇（昭和一五）年になると、欧州の第二次大戦に関する記述が出てくる。五月一〇日には独空軍がパリ、ロンドンを爆撃したこと、ベルギーの首都ブリュッセルも独軍の空襲を受けたこと、一一日には独空軍がオランダ、ベルギーの飛行場を爆撃して落下傘部隊を降下させ両国は独軍の手に帰したこと、英仏も本土の危機が迫っていることを記している。胡桃澤の感想は「欧州諸国の事を憶（おも）えば物の尠（すくな）い事や物価の問題等に彼是（あれこれ）云ってはいられない」、「我々が今日安らかに暮らしていられる事も強大な国防力があればこそである。祖国に対し感謝せざるを得ない」というものだった。大国同士の近代戦は爆撃ではじまり、小国はたとえ中立であっても屈服を余儀なくされることを報道で学び、それが日本の軍事力（飛行機も当然含まれるだろう）への信頼につながっている。

一九四〇年一〇月一一日に上京、内務省へ県道問題の陳情に行ったついでに横浜でおこなわれた紀元二六〇〇年特別観艦式を見学している。高台から海を眺めると「大艦が山の様に見える。平たい航空母艦が見える。御召艦が進んで行くのが見えると、幾百の飛行機が海の彼方から大空を覆うてとんで来る。壮観の一語につきる」。この観艦式の主役は天皇座乗の戦艦比叡（ひえい）以下艦艇八五隻（ほか列外の拝観船など一四隻。紀元二千六百年奉祝会編『天業奉頌 紀元二千六百年祝典要録』）だったが、胡桃澤は大空を覆って飛来する五百余機もの飛行機にも同じく圧倒されたのであった。この年の一〇月三一日、三八歳で村長に昇格する。

開戦の年である一九四一（昭和一六）年五月六日、胡桃澤は長野出張の後、東京へ出た。同日は海軍館（原宿の東郷神社隣にあった海軍関係の資料館。一九三七年開館）を見学して明治神宮を参拝、翌々日の五月八日、羽田飛行場で「永い間待望の飛行機」に乗って九分間の遊覧飛行をした。「此処へ来て見て今更乍（なが）ら航空界の偉大に驚く」「其の爽快なる事、他の何物にも及ばない」という感慨を示している。ここでの飛行機は軍事面よりもむしろ明るい文化的な面からの憧れの的であったろう。

以上が一九三五〜四一年における、胡桃澤と飛行機との関係である。戦前の日本人がみな彼のように観艦式の見学や飛行機搭乗の機会を得ていたわけではないが、いわゆる普通の人びとと飛行機との接点は報道や献金活動などを通じて相応にあったとみられる。胡桃澤にとっての飛行機は長年の憧れであり、近代戦の主役であり、そして外国との悲惨な戦争から自らの日常生活を守ってくれるなど、いろんな意味で有り難い存在であった。

ある陸軍航空兵の死

日中戦争では多数の陸海軍航空兵が従軍した。彼らは他兵種の将兵と同じかそれ以上に郷土で尊敬され、戦死後は顕彰される存在であった。子どもたちを含む地域の人びとは、彼らの姿を仰ぐことで、航空への知識と関心を高めていった。

以下にその一例として、胡桃澤の住む河野村と同じ長野県の長野市・吉田小学校の児童作文集『堤　第七号【支那事変号】』（一九四〇年三月一〇日）に収められた、吉田高等小学校二年生・宮澤喜八郎の「山田忠夫大尉」と題する作文を挙げよう。ある陸軍航空兵中尉（戦死後に大尉昇進）の戦死と葬儀について書かれたこの長い作文は、日中戦争期日本の一地域において、航空兵なる存在がいかなるものであったのかを如実に教えてくれる。

作文によれば一九三七（昭和一二）年の一〇月末、宮澤少年のところへ、裏に住んでいる忠夫中尉の弟・昭君が来て「おら内の兄貴は今までの砲兵少尉ではなくて、航空兵中尉になつたんだぞ、そして二十八日の日に飛行機に乗つて吉田へ来るんだ」と大喜びで話していった。当日飛来した重爆撃機は幼稚園児らが小旗を振るなか、吉田を二周して姿を消し、以来「叶屋の忠夫さん」の名は高まった。

ある日、小学校校長が中尉から届いた手紙を読んでくれた。そこには「深い朝霧を衝いて我が荒鷲の大編隊は、抗日の拠点蘭州を目指してゐる。エンジンは快調を伝へ、将兵の意気軒昂、戦はずして敵を呑むの概あり。戦意を失つて重囲を脱せんと死物狂ひの敵を追撃又追撃、敵機二機は火焔に包まれて真逆様に墜落、数機も亦わが弾丸のため相当の打撃を受けたり」とその活躍ぶりが記されていた。

しかし一九三九（昭和一四）年二月二六日、新愛知新聞の新信濃版を読むと、蘭州爆撃に出動した山田中尉戦死の報が載っていた。記事には「長野市民も郷土出身の陸鷲だけに深い衝動を受けた」とあり、最期の様子については「事変以来わが空軍の戦死者はすでに数多く、日本にしてはぢめて見られる自爆によつて花の様に散つて行つたが、この独特の壮烈な戦術は、流石にあまりに瞬間に決行される放れ技であるため、どのシャッターも壮烈な瞬間を捉えることが出来なかつた」が、最後の様子を「偶然僚機のカメラが捉えた」と報じられ、つづいてつぎのような文章が載っていた。

「山田機は二十三日午前三時過ぎ、蘭州南方上空にて、群がる敵機を相手に空中戦を敢行中、不幸機関〔エンジン〕其他に銃丸をうけ、脚を下して下降しはじめたところを見た酒本、大村の二機は、速度を落して掩護するが、既に如何ともなし得ず、山田機は唯低く低く下降して行くばかり、つひに意を決した山田中尉は、僚機に対して別れの手を振るのがはつきりみられた。僚友の涙の内に見る〳〵山田機は地上目がけて落ちて行く、そしてなほも執拗に喰い下がる敵機二機を撃墜し、蘭州南方の敵陣に我と我が身を肉弾として、壮絶な最期をとげたのであつた。上田上等兵の腹から絞るやうな、「天皇陛下万歳！」の声が、僚機の受話器をゆるがしたのが最後だつた。」

この二三日、ソ連による中国支援の根拠地であった甘粛省・蘭州市街を日本陸軍重爆隊二一機が爆撃したが、約五〇機の中国戦闘機から一時間近くにわたり執拗な反撃を受けて全機が被弾、爆撃終了後に山田機以下三機が撃墜されたのであった。味方戦闘機の援護を欠いた重爆撃機による単独攻撃の至難なことが強く印象づけられた（防衛庁防衛研修所戦史室編『戦史叢書　中国方面陸軍航空作戦』）が、宮澤少年らがそれを知るよしはなかった。

飛行兵の盛大な葬儀

宮澤少年はこの「自爆の時の写真は後で遺物展覧会の時に見せて貰つた」という。そのほか印象に残ったこととして、彼の兄が勤める役所で新聞を回し読みし、もらってきたものをみると「登内」とか「犬飼」など読んだ人の印がたくさん押してあったことを挙げている。飛行兵の命をかけた献身は地元の人びとの感銘を呼び、異様な感激を与えたのである。

作文「山田忠夫大尉」によれば、一一月一二日は山田大尉以下一一名の市葬の日だった。葬列の「先頭は花輪、次が音楽隊、儀仗兵、英霊、未亡人古喜代さん、和尚さん、僕等の順だつた」。六年生以上が学校代表として列に加わり、一年以上の生徒は道路に並んだ。その他の人びとも黒山のようだった。

やがて行列は渡部という炭屋の前に来た。宮澤少年には、炭屋のお母さんが「家の憲一も出征したが、無事に帰つてきた。忠夫さんは武運拙くて遺骨になつて帰られたが、あのやうな人々のために、日本が強く正しい国になつて、皆安心して居られるのだ、あゝ有難いことだ」と拝んでいるようにみえ、お母さんが、急に偉い人になつたように思はれた。

少年自身も「日本人に生まれた幸福をしみぐ〱感じ」「君の為、国家のために役立つて死なうと固く〱決心して、心の底から、「忠夫さん有難う。」と言つた」のであった。

少年の作文からは、遅くとも一九三九(昭和一四)年段階の長野県長野市という一地域では、戦争で飛行機に乗った人の死の様子が詳細に、かつ悲壮感と高揚感をもって詳しく語られていたこと、人びとは新聞というメディアや学校教育・行事などを通じて相当の

〈軍事リテラシー〉を備えていたことがわかる。すなわち、人びとは「壮烈」「日本独自」の航空「自爆」戦法について、郷土出身者の手紙や死を通じて詳しく知り、語られる経験を持っていたのである。このことは、のちの体当たり航空特攻を人びとが一つの「戦法」として認識し、受容する前提となろう。

「兄さんは、もう帰ってこない」

山田大尉の弟である尋常小学校五年生の嘉正も、この葬儀の様子を「兄さんの無言の凱旋」と題する作文に書き、同じ文集『堤 第七号』に収録されている。彼が学校を終えて家に帰ると「遠くから悲しいラッパの音が聞こえて」、花環に囲まれた遺骨が大勢の人たちに守られて家に着いた。祭壇上に焼香がはじまり、「香のにほひが家中にひろがつて、何んとも言はれない淋しさになつてくる」。焼香が終わって「しばらくすると手伝の人々も帰つて、家の中がひつそりとした」。

嘉正少年はそこで兄のことをふたたび思い出した。「いつも元気な兄さん、戦地へ行つても、よく僕の事を心配して手紙を下さつた。「お母さんの言ふ事を、よくきいて、しつかり勉強して、立派な人になるのだ」又、「身体をことに気をつけるやうに。」と常に僕を励まして下さつた兄さんは、もう帰へつて来ないのだ」。

たしかに嘉正少年の作文は「僕は兄さんの言葉をまもつて、しつかり勉強し、身体をきたえて、立派な日本人にならなければならない」と名誉ある戦死者遺族としての建前で結ばれている。しかし文の全体を貫くのは「悲し」さや「淋しさ」の独白であり、集団的感動や高揚感をもって綴られた宮澤少年の作文とは明らかに性格が異なる。それは実際に肉親を亡くした立場であるか否かによるのだろう。

貧しい兵士のささやかな出世願望

日中航空戦に携わる軍人たちの死が、同郷の人びとに航空の知識を注入し、その重要性を訴える啓蒙的機会となっていたことは、他の将校の事例からもうかがえる。

一九三八（昭和一三）年五月三一日、福岡県大刀洗（たちあらい）で戦死した陸軍航空兵少尉・弘瀬龍衛（享年二八）のために追悼録『故陸軍航空兵中尉 従七位勲六等 弘瀬龍衛追悼録』（一九三九年）が故郷高知県高石村（現・土佐市）在住の従弟・森岡健志によって編まれた。内地での死が「戦死」扱いされて、中尉昇進となったのは、部隊に動員が下令されたのち、敵機接近の報を受けて迎撃に発進して墜死したからである。

森岡が記した弘瀬の評伝によれば、その短い一生は、立身への努力そのものであった。家が貧しいため上の学校に行くことができず、高等小学校も一学期で中退した。独学で陸軍士官学校予科をめざしたが身体検査（【図16】）で不合格となり、学科は一つも受験しなかった。難関の専検（専門学校入学資格検定試験、中学校卒業資格に相当）も英語・修身・化学は合格したが数学・物理・博物などは失敗してしまった。その翌年の一九三一（昭和六）年一月に徴兵で高知歩兵第四四連隊に入営、在営中に下士官を養成する熊本教導学校に入校、在学しながら陸軍士官学校予科入学試験に挑んだが不合格となった。

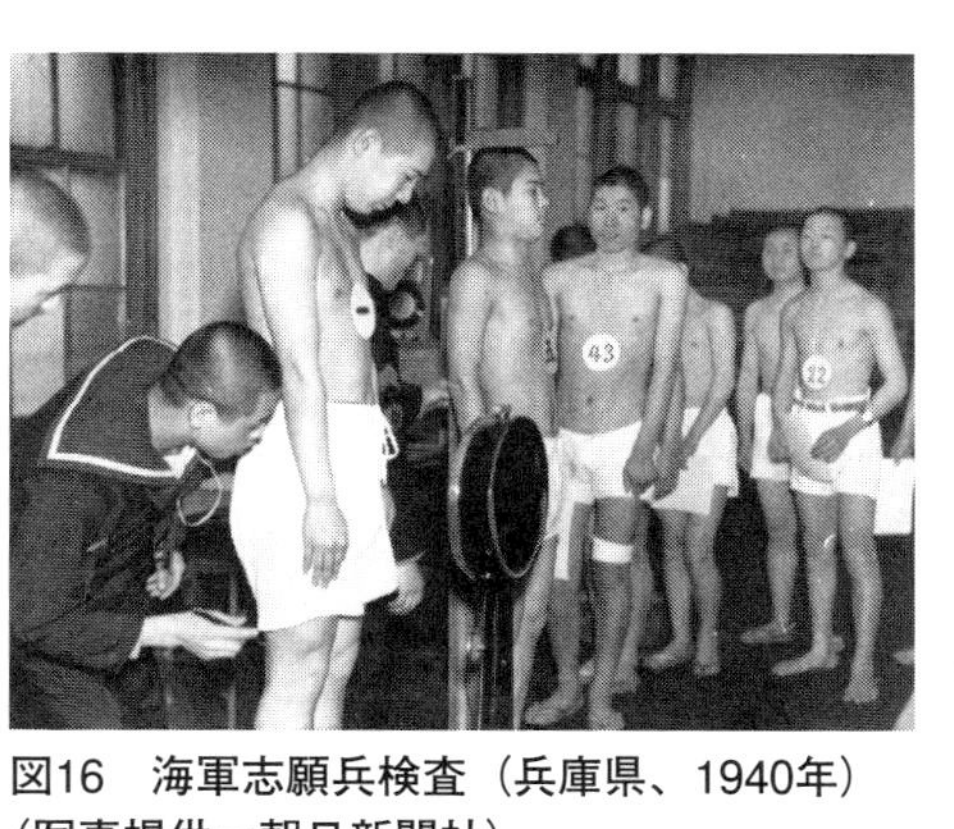

図16　海軍志願兵検査（兵庫県、1940年）（写真提供＝朝日新聞社）

翌三二年一一月に教導学校を卒業したが、成績は四〇〇名中一一位で恩賜の賞はとれなかった。熊本から原隊の高知連隊に戻った弘瀬はつぎのようにつくづく考えたという。

大君の御為、祖国のため軍人として忠誠を尽すのは、どの兵科でも同じである。しかし今日我が国が最も要求しているのは優秀な精神と技術を有する航空兵だ。我が国は航空が他に比して遅れている。しかもこれからの戦は空中戦だ。それは我が国に限らず、世界いずれの国においてもそうだ。従来は制海権が絶対の威力をもっていたが、将来は制空権を握るものこそ真の勝利者だ。他にいかにすぐれた兵種があっても、空軍が貧弱であれば到底勝つ見込みはない。また国の防衛よりいっても実に寒心の至りである。比較的後進の我が国こそ空軍の充実は急務中の急務だ。自分は歩兵であるが、できれば航空兵として御奉公したいものだ。危険はもとよりだが、軍人となった以上、すでに陛下に捧げた一命だ……と。

時あたかも所沢陸軍飛行学校が各兵科より操縦生を募集したので受験して見事合格、優等学生三名中の一人として卒業時に天覧飛行の光栄を得、「操縦天保」（操縦者徽章のこと）を胸に故郷へ錦を飾ったのであった。一九三六（昭和一一）年七月からはじまった士官学校本科試験にも合格、一二月に入学した。しかし翌三七年の日中戦争勃発で卒業が繰り上げられ、成績は二番で「無惨」にも恩賜になれなかったため、「故郷の父母を思ひ親戚故旧を思ひ泣くにも泣けない寂しさであつた、三日三晩人知れず悶え通した」という。それでも三七年一〇月二〇日にめでたく少尉に任官し、三八年の正月は「お鳥毛正装」（帽子に鳥の羽根をあしらった将校の正装）で家族と記念撮影をしたのであった。

こうした森岡の語り口からは、当時の庶民にとっての軍隊、なかでも航空兵志願が立身出世、一発逆転の手段とみなされていたことがよくわかる。当時の軍航空関係者が盛んに説いた「空軍」による「制空権」確保の重要性は、それが一人の貧しい兵士のささやかな出世願望を正当化してくれる手段、建前であったとしても、あるいはあったからこそ、自明のこととして郷里の人びとに詳しく伝えられていたのである。

同じように、「我が国は航空が他に比して遅れている」という自己批判的な認識も、弘瀬たちにとっては当たり前の話であった。にもかかわらず、戦後になって、旧日本軍は精神主義で航空を軽視したと批判する人がある。彼らは戦前の普通の人びととは大きく異なる認識を、さもほんとうであったかのように、得意げに口にしているに過ぎない。

「制空院豪胆忠節居士」という戒名

「立身出世」物語としての航空兵の伝記は、著名な出版社である中央公論社からも刊行されている。野口昂編『福山航空兵大尉』は一九三八（昭和一三）年四月一五日、中国上空での空中戦で負傷、帰還後に戦死した福山米助航空兵大尉の評伝である。福山は三重県尾鷲（おわせ）出身の一九〇四（明治三七）年生まれ、生家が貧しく「大河内山の炭焼きの子として、世の蔑（さげす）みこそ受けたれ、決して尊敬は受けたことのなかつた」人であった。しかし二三歳で陸軍に現役志願、日々修養を積み、航空兵に転じて戦闘機操縦者となった。特務曹長に累進して俸給八〇円、航空加俸六〇円をうけ、弟を中央大学専門部予科へやることができた。一九三六（昭和一一）年、三三歳で陸軍士官学校を卒業して少尉に任官した。

戦死後、郷土でおこなわれた町葬には三〇〇〇名が参列、「制空院豪胆忠節居士」の戒名を贈られた。このわかりやすい戒名は、生前の福山が亡父の戒名が信士であったことを忘れず、墓参のたびに「はやく居士くらゐにしたいものだ」と漏らしていたとされる挿話とあわせて読めば、庶民のささやかな出世の証である。福山には死後もなお、乗機が大本営陸軍部で天覧を賜るなどのさまざまな栄誉があたえられた。

この評伝は、努力による貧困の克服というかつての日本の庶民が好んだ立志伝の定型(パターン)をとる。しかし、負傷した福山に死の床で「数の多い方が絶対だ。飛行機では中々一騎当千とはいかん。それも飛行機と技量の点に勝れてゐる場合は別だが」といった教育的な台詞をあえて吐かせるなどの点から見て、やはり軍事啓蒙書の一種とみてよかろう。

遺族の処遇と金銭問題

庶民にとっての航空兵志願が、出世して故郷に錦を飾る手段とみなされていたことは、海軍飛行兵の追悼録からもうかがえる。戸田英雄(海軍兵曹長)編『海空軍の至宝 間瀬航空特務少尉』(海軍協会愛知県支部、一九四〇年)は一九三七(昭和一二)年一一月、中国で戦死した航空兵曹長・間瀬平一郎(ませへいいちろう)(戦死とともに特務少尉任官)の追悼録である。

間瀬は一九〇三(明治三六)年、愛知県知多郡東浦村(ちたぐんひがしうらむら)(現・東浦町)に生まれ、名古屋商業学校を一学年修了、商船乗組員となりフランス・ヴェルダンの戦跡をみて強い感銘を受けた。一九二三（大正一二）年一二月に海軍を志願、一九二五（大正一四）年に二等水兵として潜水艦に乗艦していた時、飛行兵を志願して果たせず艦に戻ってきた先輩の「オイッ！　間瀬、これからは何といつても飛行機の世の中だぞ！　一つ奮起して操縦者にならんか！」と勧められたからだという。

図17　練習機を引き出す海軍少年飛行兵（同盟通信社。写真提供＝朝日新聞社）

　間瀬は同年、第八期飛行練習生として霞ヶ浦海軍航空隊に入隊、首席で恩賜の銀時計を得て戦闘機乗りとなった。彼は休暇帰省のたびに海軍の方針に従い、海軍思想の普及に尽くした。話術に工夫をこらしたので郷里の村人たちは彼の話を聞くのを楽しみとし、休暇で帰るのを待ち焦がれていたほどであった。『海空軍の至宝』は「彼が許された休暇中に、斯うして海軍と航空の思想を充分国民に吹き込んだ其の功績丈けでも決して小さなものではない」と賞賛する（【図17】）。

　同書に間瀬の妻・一恵が記した亡夫の思い出の

なかに、つぎのような一節がある。

夜学を卒業なさつたあなたが、是からは何と言つても航空時代、空飛ぶ自分一人だけ知つてゐたんじや駄目、一人も多く国民に航空思想を、防空の必要を植付けなくちゃ、と、十余年に渡る機上生活の経験を……「海の国防双肩に担ふ我等海兵は何を目標とすべきや、勿論よろしく軍人勅諭を日夜奉体し、五ヶ条の御聖訓を一誠以つて、之を貫くにあるのでございます。而も日々の訓練の真目標は第一義敵に勝つの一途であると信じます。さしあたり我が海軍の仮想敵国は……」などゝ、操縦桿持つ手にテーブル叩きながら弁じ出したのは昭和七年の暮。

ここで、亡き間瀬が航空隊での軍務のかたわら「夜学」を出たこと（「学歴なき自分は……」といっていたという）と、人びとに航空体験や海軍の「仮想敵国」について熱心に弁じたことが結びつけられて語られているのは、夫妻ともに内心それらを学歴社会における逆転、立身上の手段と考えていたからではないだろうか。前出の長野県編『信濃の海軍』でもみたように、海軍はそのような下級軍人たちの出世への情熱や献身を利用して、国民への航空思想の普及をはかった。航空殉職者記念誌の編纂は、彼らの空への情熱のゆくえや考え方を周囲の人びとに、そして今日の我々に知らせる媒体となった。『海空軍の至宝』を通じて、周囲の人びとは間瀬が妻と兄にのこした遺書のほぼ全文を知ることになった。そこには「我が最大の希望、最終の望みは太平洋波荒るゝ日の此の一戦に、敵旗艦の艦橋に愛機諸共花と散るこそ夢寐(むび)にも忘れざるもの」との一節があり、飛行機乗りの体当たりの覚悟を人びとに知らしめる役割を果たしていた。このことは後に実行される特攻作戦を人びとが受容する一前提となろう。

ただし間瀬の遺書の力点は、戦死後の妻の処遇に置かれていた。御下賜金、一時扶助料などお上から下された金は三等分し、それぞれ小学校奉安殿建設費、母、妻で分配せよ、恩給は妻の名義とし、辞退すれば息子とせよ、生命保険と貯金の名義は妻のものとして他人の口出しを許さない、妻の身の振り方については戸主、母といえどもいっさい口出しを許さず、望みとあれば実家と思しき家へ身を寄せても自由、恩賜の時計は息子に与えよ、などとある。

間瀬は航空兵として死ねば多額の金銭が国から入り、それを巡る遺族間の争いが起こりかねないことを懸念してこのような遺書を書き、死後公表された。妻をはじめとする遺族の処遇や金銭問題へのあるべき対処は、敵艦への体当たりを含む航空思想とともに、間瀬とその追悼録が周囲の、特に今から兵士として死地に向かう人びととその家族に公表したもう一つの〝教訓〟であった。

間瀬の妻・一恵ものちに手記『大空の遺書』（一九四一年）を刊行している。この本は彼女が夫の出世を陰で支え、その死後は遺書に従って遺児の養育にあたりつつ「武人の妻としての追憶とその覚悟のほど」（海軍航空本部長・及川古志郎序文）を示すまでの経緯を記した本である。同書は一九四一（昭和一六）年に映画化されており、「わが海空軍の輝かしき存在」（同）、英雄である飛行兵の妻は、軍から見て同じように夫を失った女性たちに身の処し方を教える宣伝材料とするのに格好の存在であった。

教師の卵への軍隊教育

一九二七（昭和二）〜三九（昭和一四）年の日本陸海軍には、短期現役兵という制度が存在していた。一般の徴兵の現役服役期間が陸軍二年・海軍三年であるところ、師範学校在学（卒業）者を五ヵ月間のみ服役させ、除隊後は第一国民兵役に編入して戦時召集の可能性をかなり小さくするという特別な制度である。その目的は教師の卵を優遇し、除隊後に学校で児童に軍事知識を普及させることにあった。

短期現役兵制度最後の年となった一九三九年四〜八月にかけて横須賀海兵団に入団、教育を受けた短期現役兵（以下、短現と略す）二五六名が除隊時に記した感想文を収めた文集

『海の憶出』という資料がある。この卒業作文集から、当時の日本海軍の兵士教育上、航空機と戦艦の関係がいかに説明されていたのかをとらえてみたい。

たしかに『海の憶出』冒頭には、日露戦争時の連合艦隊司令長官・東郷平八郎が戦争の終結、連合艦隊解散時におこなった「百発百中ノ一砲能ク百発一中ノ砲百門ニ対抗シ得ル」という言葉を含む有名な訓示の全文が、一種の〝聖典〟として掲げられている。戦艦長門に配属された短現たちに、教官は「此の四十糎主砲こそ長門、陸奥の生命であり同時に帝国海軍の生命であり、延いては帝国国運盛衰の一因なのである。故に吾々主砲分隊員は常に主砲をして全能を遺憾なく発揮し得る事を眼目として、日夜訓練してゐるのである」と情熱を込めてその使命を説いた（金野千弘「第三分隊長講話概要及所感」）。

短現側はこの主砲に対する情熱に応えてみせた。金野は「幼きより幾度か三大強国たるは聞かされたけれども、其の何故かははつきり分らなかつた。それが今にしてはつきりと自分達の乗つて居る軍艦を持つ自分の籍を置く海軍力の為たるをはつきりと知つた」との所感を記している。作文はあくまでも教育の一環なので、金野が本当に日本が「三大強国」たる理由をはじめて知ったのか、教官の意を迎えようとしたのかは不明だが、海軍教育のなかで、強大な戦艦とその主砲の絶対優位は揺るがないようにみえる。別の短現も「此の主砲が我が海軍に厳然と構へてゐる時に老獪なる列強国も手足すら出す事も出来ないのだ」と長門とその主砲への厚い信頼感を語る（福岡正平「四十糎砲塔に入りて」）。しかし海軍の教育のなかで、制空権の獲得をはじめとする航空の知識注入も必要不可欠とされていたことは見逃せない。

同じ戦艦長門に配属され、搭載されている水上機に同乗する機会を与えられた別の短現は「「海を制するものは世界を制す」「空の覇者は世界の覇者なり」世は制海権確保より更に進んで、制空権樹立へと力を注ぎつゝあり、三尺の童子すら空の荒鷲について讃歌〔美〕してゐる。今日○月○○日○○式水上偵察機に同乗の喜びを得たことは私の光栄これに過ぐるものはなかつた」（岡野滋〈長門〉「飛行基地」）と空中で得た感激を記している。

巡洋艦筑摩（ちくま）に配属された短現も「ジットランド海戦〔第一次大戦時の英独艦隊による一大海戦〕以来世界の海戦法は一変して所謂（いわゆる）立体戦となつたのである。此所に艦隊の苦心があるし、又悩みがある。如何に制空して制海し先制して、相手に最後的打撃を与へるかは恐らく世界中のアドミラル達が頭をひねつてゐる事であらう」と、教室で教官より教えられたであろう話をそのまま書いている（井上喜義「基本演習」）。

ここでいう「立体戦」とは、飛行機と艦艇が一体となった新時代の戦争形態を指す。井上は飛行機をその「花形」と呼び「正に時代の尖端を行く兵器」と述べている。重要なのは、彼の作文がそれをあたかも自分の考えであるかのように書いていることだ。

モダニズムの象徴

教育中、飛行艇に搭乗して空を飛んだある短現の作文も興味深い。彼は空中での感激をつぎのように作文した。

西洋家屋の屋根裏のような狭い機内、この中で複雑な機械とともに存分働かれる空戦の勇士の不自由を想う。そしてなおその不自由と辛苦に耐えても、大いなる誠心をもって、祖国の空の一線を確保せねばならないのだ。確かに空は安全なもの、愉しいものだ。地上そして地下にまで、すでに展(の)びきっている一切の文化の力は、直々(なおなお)大空に向って発展し続けるであろう。そしてその時こそ、もっともっと大きな力で我が空は安全に守らねばならないのであって、将来の航空の任務はさらにさらに重くなると考えられる。今日幸いに同乗を許され、初めて空を体験し大空への理解と親しみが一般に足りないことを痛感した……(安藤正尚〈第十四教班〉「飛行艇搭乗」)。

安藤は、飛行機をモダニズムや文明の象徴として理解し、その無限の可能性を「文化の力」という言葉で端的に表現しているのである。考えてみれば前出の長門の短現の作文に出てきた「三大強国」云々というマッチョな物言いは、戦時下にも一定数が潜在していたはずの反戦平和主義的な思想傾向を持つ人にとっては好ましいものではなかっただろう。

その時、海軍兵士たる安藤が、軍の指導と是認のもと、そういう人びとにもなじみ深く共感できるであろう「文化の力」なる言葉を用いながら、航空とその重要性を表現したのは重要だ。なぜなら、彼やその他の短現たちは、こののち教壇や地域社会でも、同じような言葉を使って大空への夢を説いたかもしれないからである。文集の作成は単なる記念ではなく、彼らをして自発的に〈軍事リテラシー〉を向上させる手段であった。

飛行機は安全である

海軍はなぜ飛行機に安藤ら短現を乗せ、空を体験させたのか。私は、飛行機は安全だと認識させ、将来教育する子どもの親たちを説得して航空兵に志願させるためだと考える。

というのも、「渡洋爆撃機」すなわち陸上攻撃機に乗せられた横須賀のある短現は、搭乗前は墜落の恐怖を感じていたが、「落下傘を付けないで乗れ」と言われたことに「之が私を如何に心強くさせてくれたかは想像に難くない」「流石帝国の新鋭機だけあつて揺れた様なことは絶対にない。寧口意外に感ぜられた」「上空から見た人間の住家も貧弱に見えるが、此の機もそれらに住む人間が作つたのかと思ふと人力の偉大さにも科学の力に心を打たれ」た（篠原俊雄〈第十四教班〉「渡洋爆撃機搭乗感想」）などと、ことさらに安全性を強調しているからである。

篠原らと同じ一九三九（昭和一四）年、広島県の呉海兵団に入団した短現の作文集『海の想ひ出』（昭和十四年度第十二期短期現役兵編輯部編）に掲載された林定人（巡洋艦鬼怒 十二教班）の「同乗飛行」と題する感想文は、そのような海軍側の教育的意図をよりよく理解して書かれている。【図18】は彼らの除隊記念アルバム『呉海軍短期現役兵記念写真帖』に収められた、艦載機による飛行体験時の様子である。

図18　同乗飛行

聞けば、分隊の先任下士官や入隊年次の古い下士官あたりでも空中の空気は吸えないのに、我々のみかくも優遇されたことに対して、すべての人が我々にそれだけ大きな期待があることを知るとともに、また我らの責務を一層自覚せねばならぬのである。子煩悩の母親いわく、「飛行機にだけは乗つてくれるな」と。飛行機に乗るといえば何だか物好きのすること、命知らずのすること、とまでいうような、認識不足も甚だしい言を吐く輩をよく見受けるし、また我々も幼児のころよりよく聞かされた言であったが、一度青空に飛翔するや、この感は我々の脳裏よりまったく一掃されたのである。同乗前まで幾分か抱いていた危惧と不安とは消し飛んだのである。もはや現代科学文化は地上も空中も変りないという強い信念を得たのである……。

林は、作文に「物事を針小棒大に云ふことは一種「そら」をつく類に属するかも知れぬが「ほら」でない大仰(おおぎょう)さは時として教育資料に貢献すると聞く」と書いている。教壇で子どもたちに向かって飛行機の安全さを多少「大仰」に説くことは教員たる自らの務めである、と主張していると読み取れる。それは海軍側の隠れた期待を正しく読み取った結果であろう。

以上見てきたとおり、短現たちは、飛行機を「文化」や「科学」の象徴として理解していた。戦時日本にあって、航空は単なる兵器ではなく、「文化」という意味合いでも人びとを引きつける魅力を持っていたのであり、それは軍も認めて、推奨するところであった。短現たちの作文は、彼らが教壇や地域で航空の重要さと安全さを語る言葉を身につけさせる手段であったろう。

戦時下教師の主たる役割の一つが、教え子たちを航空兵に志願させることであり、戦後激しい批判や教師たちみずからの反省の対象となったのは、よく知られている。志願は言うまでもなく親の許可を必要とするが、なかには我が子が危険な航空兵に志願するのをしぶる親もいたことだろう。うがった見方をすれば、軍隊教育はそのときに教師たちが飛行機の「重要さ」、そして「安全さ」を自分の言葉であるかのように語ったり、書くための言葉——すなわち〈軍事リテラシー〉を身につけさせる訓練となっていたのである。

少国民たちの〈軍事リテラシー〉

海軍は一九三九（昭和一四）年に短期現役兵制度を廃止した後も、師範徴兵なる制度を作って現役服役期間を一年六〇日短縮するという特別扱いをつづけた（ただし藤野幸平『謎の兵隊』によれば、この短縮は四〇年三月師範卒業の一期生のみ）。かくも期待された短期現役兵たちが、除隊後にどのような航空に関する教育実践をおこなったかは、残念ながら今後の課題とせざるをえない。そこで代わりとして、太平洋戦争開戦直後に石川県のある国民学校で作られた文集から、子どもたちの軍航空に関する認識をみてみたい。

石川県女子師範学校付属国民学校は一九四二（昭和一七）年、『文集 はゞたき』と題するガリ版刷りの文集を作った。二部構成で第一部には「あの日の感激 一二月八日」との副題がついている。

六年生のある男子は真珠湾攻撃、マレー沖海戦の報を聞いて「我が海上雷撃戦は真珠湾頭で一瞬にしてアメリカ戦艦六隻を沈めたりこはしたりした。十日更にイギリス東洋艦隊の主力艦二隻もマレー沖のもくづ〔藻屑〕とし、我が無敵空中魚雷の真価を遺憾なく発揮したのでした」（谷本明「大東亜戦争」）と書いている。強大な戦艦を容易に撃破できる「空中魚雷」とはどういう武器かについて相応の知識を持つのだろう。学校で教師から習ったものか、あるいは児童向けの読み物などで知ったのかはわからないが、彼の〈軍事リテラシー〉は決して低くない。

谷本少年は「無敵空中魚雷」なる知識をどこから仕入れたのだろうか。同時期の新聞や雑誌をそのまま写した可能性もある。だが、開戦直前のラジオ放送で海軍の士官四名が「海の航空戦を語る」と題する座談会を開き、前年一一月に英海軍の空母から発進した雷撃機が伊国南部タラント港に停泊中の伊戦艦・巡洋艦に痛手を負わせたり、独戦艦ビスマルク撃沈に英海軍機の空中投下した魚雷が貢献した戦例などを詳しく紹介し、「〈軍艦の〉どてつ腹に短刀　空中魚雷の威力」と述べていた（『放送』一九四一年一〇月号）ことに注目したい。少年は、この啓蒙的なラジオ放送より軍事知識を得ていた可能性もある。

ちなみに、この座談会に出た海軍士官たちは「結局、太平洋の真ん中で戦（いく）さするとなると、矢張り何時でも戦場に飛行機を持つて行かれるといふ航空母艦の整備が一ばん有力だと思ひますね」（古橋才次郎中佐）、「航空母艦をやつつければ、ひとりでに制空権を得られ」、それは「制海権を獲得すると結局のところ同じことになる」（富永謙吾（とみながけんご）少佐）などと、目前に迫った対米戦争における空母の重要性を口にしていた。

日米英戦争の隠れた目的

話を作文集『はゞたき』に戻そう。その第二部は、内容からみて開戦前に書かれた作文を集めたようだが、やはり航空に関する男女生徒の作文が複数載っている。初等科六年（今の小学六年生）の男子は、

外国が万一日本へ攻めたとすると大てい飛行機で来るだろう。だから此の頃はやかましく空の守りの事が言はれている。日本の空軍を強くする本はやはりお金がなければ駄目である。僕はどうして日本の国は大きくなかつたのだらうと何時も考へる。アメリカ・カナダ・オランダ等の土地が日本のものであつたならば、石油金属石炭食物其の他の物がたくさんとれるから、日本の国は平和な暮しが出来るのに。（「守れ大空」山本浩）

と書いている。一九二〇年代から強調されてきた島国の日本防衛における航空戦力の重要性が、ここでも再確認されている。さらに深読みすれば、子どもたち（と周囲の教師や親）にとって来たるべき日米英戦争の隠れた目的は「石油金属石炭食物其の他の物」をた

くさんぶん取っての「平和な暮し」の実現にあったと読める。

空襲への恐怖心に訴えての航空重視論は、女子の書いた作文にも影響を及ぼしている。高等科一年（今の中学一年生）のある女子は、「今や飛行機は、日本にとつて否世界にとつて無くてはならぬ大切な物となつて居る」「支那事変にも近時ヨーロッパ戦争のロンドン空襲にもモスコー空襲にも、至る所飛行機は雄飛活躍してゐる。一方、通信交通にも無くてはならぬ重要な機関となつてゐる。もし飛行機がなかつたらどうであらう。勿論、今日の様に何時空襲されるかも知れない、といふやうな心配はいらないが、さうとなつたら我等の上へどれだけの不便をあたへるであらうか」（「飛行機」山本喜美子）と書いている。彼女の作文は、空襲への備えが大事であることのみならず、世界戦争が飛行機で戦われていること、人びとの生活に大きな利点をもたらしていることなど、軍事と文化の両側面からなる知識にもとづき書かれている。

もちろんどの作文にも教師が手を入れているのだろうが、子どもたちはこうした文章を自らの手で書いては互いに読むことで、航空の重要性に関する相応の知識を身につけていくのである。これは、後の一九四五（昭和二〇）年に至るまで、男の子たちが一五歳になるや陸海軍の航空兵を志願していく前提の一つになるだろう。

なぜ親を熱心に説得したのか

子どもたちがどんなに陸海軍の飛行兵を志願したがったとしても、その親が許可しなければ不可能である。先に海軍の短期現役兵たちが飛行機への搭乗と感想文執筆を通じて「飛行機は安全」と語る言葉を身につけた旨を述べたが、軍人の手になる市販啓蒙書も少年たちの親に対する説得をかなり前からおこなっていた。

海軍省軍部普及部第二課長・海軍大佐武富邦茂（たけとみくにしげ）の市販書『空の王者　海軍少年航空兵物語』（一九三五年）は、海軍航空兵をめざす架空の三少年の物語である。海軍航空の存在意義から飛行兵の日常や訓練の様子、受験指南に至るまで詳しく記した本で、当然ながら少年たちの親も読者に想定し、「少年航空座談会」という章に「飛行機は安全なり」という項を設けている。少年たちは米国の航空事故統計を引用し、一九三三（昭和八）年の米陸空軍では一万五〇〇〇時間の飛行時間でたった一回の墜落、旅客・郵便の民間飛行に至っては四〇〇万キロ飛んでようやく一回というデータを挙げ、「これからは飛行機の進歩と操縦技術がだん〴〵上るので、だん〴〵と事故も少なくなつて来るのだと、飛行機に一寸（ちよつと）でも明るい人は云つてゐます」と家族に語る。

この話を聞いた家族の一人は、

今までは折角飛行家志願をしてもその親が反対する、周囲がやかましい、又許されても、死ぬとか危いものだと決めてゐるために、悲壮なる水盃などをして別れる、などとすこぶる珍妙なお芝居をしてゐたものである。海軍の少年航空兵志願者でも最初は、さうした気分が、大分流れてゐたが、本人たちが、自然に判つて来るので、全く朗かである。

と滔々と弁じ立て、「あら〳〵、それ貴方の考へたこと、それとも……」「ハッハッハッ、ラ、ラヂオで、きいたのさ……ハッハッ」「ハッハッハッ、何だらけうりか」などと皆で愉快な会話を繰り広げる。

このように、海軍による国民啓蒙の手法は、国防の大義や難解な飛行知識を上から一方的に注入する体のものではなかった。それだけでは人びとの献身という効果は期待できないからである。「航空勤務中、万一の事があつても、その事情に応じて、一時賜金や航空勤務保護賜金があつて、後顧の憂のないやうに定められてゐる。しかも、飛行機は安全なり、――その事故は統計によつて見ても、自動車などよりずつと安全で、何の心配もないのである。から考へてみると、少年航空兵となることこそ、先づ立身出世の近道であり、その生活こそ真に生甲斐がある」と「立身出世」の殺し文句を使って搦め手からも迫るのが、当時の説得の常道であった。

『空の王者』は飛行兵になった少年の「艦務実習」、すなわち海軍の兵隊として軍艦に乗り込む実習の様子にもふれている。少年が配属されたのは第二艦隊旗艦・巡洋艦鳥海（ちょうかい）であった。戦闘教練が始まり、戦隊は航空戦隊と潜水戦隊の攻撃目標になった。やがて警戒のラッパが鳴り響き、鳥海に接近してくるものがあった。以下はその描写である。

> どこから来たのか攻撃機の大群である。見る〳〵接近してくる。爆音が大きくなる。先頭の二機が早くも〔軍艦から自らを見えなくするための〕煙幕を張つてゆく。二百米（メートル）とはない高さだ。仕方なく艦は右九十度一斉回頭、が忽ち（たちま）煙幕を突破してまた敵機の一隊が旗艦の艦腹をねらつて、ズボリと魚雷を落す、二番艦三番艦へも二三機づゝ廻（まわ）つて魚雷を落す。艦に突き当らんばかりに低く下りてくるその豪胆さ、全く息づまるばかりの、大血戦だ。あまりこゝで状況を詳しくお話することもさしさはりがあるから、この位にしてをくが、この数分間こそ、実に凄壮無比、日本海軍でなければとても出来ないと思はれるほどの肉薄戦だ。しかし、それもほんの一刻で煙幕が淡く消えかゝる頃には、勝ち誇るかの如き敵機群、美事な編隊で遠く引上げてゆく、恐るべき空中艦隊！　彼等は此の世を支配するかのやうな気構へで、はるか彼方の雲間にその

姿を没してゆく。

あまり「詳しくお話」しできないとはいうが、この戦闘は誰がどう読んでも「空中艦隊」たる飛行機側の勝利である。軍艦は手も足も出ず、ただ飛行機に魚雷をぶち込まれるだけの存在にすぎない。つまり『空の王者』もまた、航空主兵論を国民に注入するために作られた本である。海軍が飛行機は安全、好待遇などとさまざまな甘言を弄しつつ少年たちの親の説得を試みたのも、要は飛行機の威力が軍艦のそれを凌駕していたため、優秀な乗り手を獲得する必要があったからに他ならない。

さすがにこの率直過ぎる描写には軍艦側から横槍が入ったのか、二年後の一九三七（昭和一二）年に『海の王者』と同趣旨で朝日新聞社が刊行した『海軍少年飛行兵』における艦務実習の描写では、戦艦長門の主砲威力の強調はあっても、軍艦と飛行機が直接対決する場面はなくなった。とはいえ現実の戦艦の威力が飛行機を凌駕したわけではないので、同書でも「空を制するもの能く世界を制す」（横須賀海軍航空隊・飛行予科練習部長海軍大佐内田市太郎の「序」）とのテーゼは健在であった。

女性の娯楽としての飛行機

このように、日中戦争期の日本ではさまざまな回路を通じて国民に飛行機知識の啓蒙がおこなわれていった。以下では人びとが飛行機の実物をその眼で見たいくつかの機会について述べる。

愛国婦人会兵庫支部は一九三七(昭和一二)年七月、軍用飛行機一機の献納運動をはじめた。同月二六日付の趣意書には「空軍器材の整備は、近代戦の勝敗に至大の関係を有する」にもかかわらず「現下に於ける我が空軍の勢力は、列国に比し未だ十分とは云ひ難きを以て」飛行機を献納するのだ、とある。以下は同支部編『軍用飛行機献納記』(一九三八年)による。

お定まりの定型句であるが、満州事変時の兵庫県のそれ(本書一一八頁参照)とくらべれば、飛行機はいったいなぜ、どのように「近代戦」と関係するのかといった確認がもはやないことに気づく。人びとのなかの〈軍事リテラシー〉向上の跡がうかがえる。

同会は海軍に九四式水上偵察機一機(報国第一三九号〈愛国婦人会兵庫号〉)、陸軍に姫路・篠山両病院の慰安室、サンルームの施設を献納した。一一月一九日、献納機の命名式が神戸税関第四突堤Q上屋二階でおこなわれた。税関が会場なのは献納機が水上機で、その観覧飛行も水上から発進しておこなわれたからである。

『軍用飛行機献納記』は、式当日の様子をつぎのように伝える。愛らしい少女川西美子が献納機の搭乗員に花束を手渡した。彼女は機体を製造した川西航空機の創業者・川西清兵衛と、その妻にして愛婦兵庫支部代表者・房子の孫である。「我が献納機搭乗の将士は何れも元気旺盛忠勇の気が四肢に溢れて居るやうに見え頼もしさうな方々のお揃ひ」で、飛行がはじまると「関係将校が拡声機で懇切に其技術や飛行機の性能について説明」し、会の女性たちは「この神業というべき妙技に唖然恍惚として我を忘れて居るばかりであ」った。

来観者が「「只今飛行機は皆様を爆撃に参つて居ります」といふ声に驚いて見上げると飛行機は殆ど九天直下とも云ふべき勢で正に頭上目がけて突進して落ちてきて居る。あ！危いと思ふ刹那、機は頭上数十米の空で急転水平に方向を替へて頭上をかすめて去」った。対岸へも一般の寄付者数千が押し寄せて「手に手に帽子、手旗を振つて万歳を連呼し壮途を祝福」、機上の搭乗員も手を振って応え、「斯くて地上と機上互に熱誠の交換の裡に我等の海の荒鷲は其の妙技を尽し其の性能を遺憾なく発揮して飛び去り往」ったのであった。

兵器調達上の出資者たる国民、なかでも女性たちに対する海軍のサービスが相当なものだったことが伝わってくる。彼女たちは飛行機とその搭乗員の醸し出す男性美に酔い、目下中国の空でおこなわれている戦争を疑似体験したのであった。このイベントはもはや国策への協力や啓蒙というより、費用がかかるがそれだけに見応えのある娯楽というべきであろう。その費用の問題について一言だけいうと、前出の代表者・川西房子は、公務員の初任給七五円（週刊朝日編『値段史年表　明治・大正・昭和』）のこの時代、じつに三〇〇〇円もの特別寄付金を支払っていた。

彼女の夫・清兵衛率いる川西財閥は、その中核たる日本毛織が日露戦争以降、陸軍に軍絨（じゅう）（毛布などの毛織物）を大量納入して発展したり、川西航空機が海軍飛行機を生産するなど、地方財閥の中でも「非常に軍事色の濃厚な点」を特徴としていた（木村繁ほか『川西・大原・伊藤・片倉コンツェルン読本』）。多額の献金は、多数の死傷者を出しつつある戦争で大儲けしていることに対する世間の批判を回避したり、上流階級としての名誉を守る意味もあったろう。『軍用飛行機献納記』は、そんな上流女性たちの名前を払った金額順に並べ、世間に向けて披露するため作られた記念誌である。

その際、海軍省経理局は、我が海軍に例えば「三谷」という人が献納した飛行機は「報国第×号三谷号」と命名する、たとえ壊れて使えなくなっても海軍の方で新しい第×号三谷号を作る、したがって「海軍のある限り、永劫不変に献納機は存続される」などと人びとの栄誉心をくすぐるかのような宣伝をしていた（愛国婦人会編『海の荒鷲　改訂版』）。かくして外地を含む全国より逐次調達された海軍の報国号は、一九三九（昭和一四）年三月末の時点で若干の欠番を含めて第二九〇号まで達した。

「空への科学する心」——航空日本大展観

朝日新聞社と大日本飛行協会は一九四〇（昭和一五）年九月二八日から一一月一五日まで、大阪電気鉄道沿線あやめ池および生駒山上を会場とする「航空日本大展観」と題する展覧会をおこなった。開催目的はタイトル通り航空思想の普及で、陸軍、海軍、逓信、文部各省が後援した。

その観覧者数は主催者発表でじつに二五〇万人にも上る、一大イベントだった。朝日新聞社刊行の写真記録書『航空日本大展観』（一九四〇年）に収められた写真の数々をながめると、四〇年の日本にはまだまだ余裕があったこと、そして当時の関西経済力の豊かさが伝わってくる。

会場正門上には陸軍の九三式双発軽爆撃機が置かれ、観客たちはその下をくぐって入場した。広大な会場には多数のパビリオンや造作（ぞうさく）が並び、その一つである「海軍館」は池の上に作られた長さ一〇〇メートル、幅一四メートルと「戦艦二分の一大を誇る」巨大な戦艦長門型の模型であった。その上部には実物の九五式艦載水上偵察機や軍艦錨鎖（びょうさ）を搭載、例によって魚雷発射の実演もおこなわれた。建築史家の橋爪紳也によれば、模型は池にかかる木橋を改造したもので、内部にジオラマなどが置かれた。その四基の主砲塔は左右に回転、砲身も上下に動き、内部で花火を点火してあたかも砲撃しているような演出が可能な、凝ったものだったという（橋爪『人生は博覧会 日本ランカイ屋列伝』）。

「少年航空館」には陸軍少年飛行兵、海軍少年航空兵の教育・訓練に関する展示品が並び、「航空広場」には陸軍九五式戦闘機、海軍九六式戦闘機やノモンハンの実戦で活躍した殊勲機に加え、ドイツのユンカース急降下爆撃機や戦場で押収したソ連の戦闘機E16など実物二十数機が展示された。観客は各機を間近で観覧することができたが、写真でみるかぎり日本の現用機は天幕などで蔽われ、全周囲からは見えなくされていたようだ。「科学ノ丘」では当時試験中だったテレビジョンの実演もおこなわれ「参加者を電気科学の秘境に酔わしめた」という。

この展覧会は総じて人びとの「空への科学する心」（前掲『航空日本大展観』序）を喚起するのが狙いであった。本書の主題である戦艦と飛行機との力関係についていうと、確かに戦艦は会場の中心でそのなじみ深い威容を観客に誇示したが、しょせんはハリぼてに過ぎなかった。皆が熱心に観るよう求められたのは、先端「科学」の象徴たる飛行機の実物の方であった。

小括――「空の大艦隊」の宣伝活動

日中戦争で日本の航空隊が戦果を挙げたことは、日本人にとっては積年の欧米劣等感を解消し、戦争への視点を一方的に焼かれる方から焼く方へと一大転換させるきっかけとなった。

海軍部内には大艦巨砲主義の堅持どころか航空戦力さえあれば対米戦は可能とする見解が生まれ、それは極秘どころか、一般国民に啓蒙書を通じて「空の大艦隊」などと誇らしげに宣伝されていた。その「大艦隊」が正義と空の高みから敵国の都市を粉砕するという宣伝の図式は、女性も含めた戦時下銃後国民の好みにもあっていた。これらの戦時宣伝活動が世に受け入れられたのは、大正以来の啓蒙の成果であろう。

国民は陸海軍飛行機が空中で演じるパフォーマンスに魅せられ、さかんに献納活動をおこなった。戦死した飛行兵の伝記も一種の立身出世物語として盛んに作られ、人びとに消費された。これらの啓蒙諸活動の過程で、大人から子どもに至る多くの人びとが飛行機のすばらしさや安全、そして軍事上の意義をみずから話したり作文に書いたりしたことは、社会に〈軍事リテラシー〉が蓄積されていく過程そのものであった。

第四章　太平洋戦争下の航空戦と国民

松根油を採取する人びと（福島県、1945年）
（写真提供＝朝日新聞社）

1　太平洋戦争の勃発――対米強硬論と大艦巨砲主義批判

『米国怖るゝに足らず』著者の断筆

一九四一（昭和一六）年一二月にはじまった太平洋戦争は、事実上戦艦ではなく飛行機で戦われた戦争であった。日本陸海軍、政府は国民に飛行機増産の重要性を絶叫し、一般国民の多くは少なくともある時点まではこれに応えていった。なぜ人びとは今日から見れば荒唐無稽と言ってよい軍の叫びを信じたのだろう。さらに、現実の日米戦争と国内啓蒙の両方で、戦艦にも依然として独自の役割が与えられていた点に注目し、それがどのようなものだったのかを考えていきたい。

本書がここまで引用してきた軍事解説・啓蒙書の多くは、しょせん夢物語と言い訳できる日米仮想戦記を例外として、外交上の配慮から表題で米国を名指しすることはなかった。しかし、評論家の池崎忠孝（いけざきただたか）（一八九一〈明治二四〉～一九四九〈昭和二四〉年）の著作は、その米国を敵と名指ししたうえで戦争の可否を論じたものである。

池崎は筆名赤木桁平（あかぎこうへい）、夏目漱石の弟子として同門の芥川龍之介のライバルと目された人物である。かつて師の漱石初の伝記を著したり、「遊蕩文学撲滅論」を発表して文学方面で著名となったが、今日では猪瀬直樹『黒船の世紀』などにより、一連の日米仮想戦記の著者としての知名度の方が高いかもしれない。

池崎は本名で一九二九（昭和四）年に刊行した著書『米国怖るゝに足らず』によって一躍有名となり、翌三〇年には同書普及版も刊行された。この本は表題通り、日本海軍は決して米国に負けない、と主張したものである。ところが、本人没後の一九六二（昭和三七）年に刊行された永井保編の追悼録『池崎忠孝』には、その池崎が意外にも海軍から弾圧されて執筆活動を断念させられた、との記述がある。同書に追想文を寄せた人びとの語る池崎受難の経緯はこうだ。

尾関岩二（児童文学者）「戦争と選挙と選集と」は、池崎が一九四〇（昭和一五）年、米国での大艦巨砲主義の充実を報じる外電をうけて『読売新聞』に「米国の大艦巨砲主義を笑ふ」の一文を例によって胸のすくような名文で発表したところ、「大艦巨砲主義に目のくらんだ海軍当局から、手強い排斥をうけ」たという。永井保「池崎忠孝小伝」によれば、池崎が「その評論によって、わが国海軍の大艦巨砲主義を批判し、潜水艦等補助艦艇の重視と航空作戦の重要性を強調した」ところ、「彼のこの主張は、海軍部内を刺激したらしく、軍の圧力によってやがて新聞への執筆は中止せざるをえなくなった」。

尾関岩二は、池崎の航空重視論を大艦巨砲主義にこだわる海軍が排斥した結果、「日本海軍は策戦を誤り大艦巨砲の故に日本の命運を道連れに大敗を喫したのである。大和、長門、陸奥、世界に誇る巨艦、浮べる城はことごとく海底の藻屑と悲惨極まる末路をとげた。惜しみても余りある痛恨事となった」（『戦争と選挙と選集と』）のだと嘆いている。

彼らの記述を信じるならば、いち早く航空機の持つ可能性に気づいた池崎が頭の古い海軍を勇敢にも批判し、それゆえ弾圧されて断筆を強いられた、ということになる。だが、これはほんとうなのだろうか。一九二九年発行の著書『米国怖るゝに足らず』にはじまる池崎の日米戦争論の内容を吟味して考えたい。

対米戦の鍵は飛行機

池崎は『米国怖るゝに足らず』（以下は前述の普及版を参照）において、将来日米が開戦した場合、海軍同士の戦いになるが、日本が先んじて米艦隊の根拠地となるフィリピンとグアムさえ占領してしまえば、米艦隊は日本攻略の拠点を失い、大いに不利となるとの展望を示した。

米海軍は戦艦の数で優勢だが、池崎は「いくら大艦巨砲が結構でありませうと、それだけでは到底戦争は出来ません」、米軍は巡洋艦の性能で日本に大きく劣る「四肢軀幹の各部分が極度に不平均な発達を遂げてゐる脂肪性肥満質の大男のやうなものであ」る、一方日本の艦隊は数では劣るだろうが各艦種間のバランスがよくとれた「体格強壮な男子」である、以上により日米の戦力比率は三対五などといわれているが実際は四対五、または三対四くらいのものである、日本は地理的に見て「攻勢的防御の作戦をとる限りに於て、日本の戦略的地位は難攻不落と言つてゐゝ」、よって「戦争（War）に勝つか否やは問題でありますが、断じて負けないことは事実であります」と説いた。

このように、池崎は単純な意味での大艦巨砲主義の信奉者ではなかった。しかしこの時点では、「飛行機の威力も絶対視してはいなかった。たしかに海戦で「最後の「止め」を刺すのは航空機に限」るが、その行動半径が少なくとも現在の二、三倍になるまでは「戦闘の中心武器」となることはできない、米本土にわが空母が近づくためには敵艦隊を撃破せねばならず、それには味方の艦隊が必要である、よって「在来の軍艦を一切無用の長物視する過激論」には容易に賛同できないと「世の航空機万能論者」を批判している。この一九二九（昭和四）年の段階では、いまだ航空機の信奉者ではなかったといえる。

ただ、『米国怖るゝに足らず』が決戦終了後の米国を屈服させるためには強いてその本土へ陸軍を送る必要はない、「日本艦隊の十六吋（インチ）の巨砲と、爆撃機の強力な焼夷弾とがありさへ致しますと、それらが結局十二分に物を言ふことになります」とも述べているのは注目に値する。日本本土が敵に攻められる時も、まったく同じことが言えるからだ。

池崎は好評を博した『米国怖るゝに足らず』の続編として翌一九三一（昭和六）年に『六割海軍戦ひ得るか　続米国怖るゝに足らず』を刊行した。この本では、新味を出そうとしてか「米国空軍の脅威」という章（第一二章）が設けられている。池崎はそこで日米英の軍艦爆撃実験の成功結果を引用して、「飛行機による爆撃の効果は、今後の海戦において、すこぶる重要な位置を占めることになるであらう」と述べている。

しかし、日米の予想戦場である小笠原諸島以北の海面に米軍は空母搭載の飛行機しか運べないのに対し、日本は陸上からも飛行機を発進させられるから対米優位は動かない。よつて「空軍の充実といふことは、如何なる方面から見ましても、わが国にとつて、もつとも緊急を要する重大事」という結論になる。前章に掲げた他の啓蒙書と同じ対米戦楽観論の型（パターン）が示されており、その鍵は戦艦ではなく飛行機である。

『六割海軍戦ひ得るか』の付録「未来の海戦について」では、米国シムス提督の「二千五百ポンド〔一一三四キロ〕の爆薬を装塡（そうてん）した四千ポンド〔一八一四キロ〕の爆弾は、数百呎（フイート）以内に存在する如何なる戦艦をも破壊することが出来るから、自然海軍力の主力をするものは航空母艦であらう」との発言が引用される。池崎は「少し言葉が大袈裟すぎるやうである」とは言いながらも、「兎（と）に角（かく）航空機の襲撃を受けた艦艇の狼狽するさまは、けだし想像に余りあるものがあるだらう」と想像力を駆使しつつ海空へと「完全に立体的に変化」した将来の日米海戦像を描いてみせた。

池崎は平田晋策『海軍読本』や有終会編『海軍要覧』など、手に入る限りの最新の専門的な著作・資料を読み込んで適宜引用しながら、自らの対米不敗論を組み立てていたのである。決してただの強引な精神論者ではなかった。そのことが一連の対米強硬論に相応の具体性や説得力を持たせていた。

大艦巨砲の愚

かくして池崎は、時が経つにつれて大艦巨砲主義を積極的に批判するようになり、一九三九（昭和一四）年三月二六日『読売新聞』第二夕刊のコラム欄「一日一題」に「大艦巨砲の愚」と題する文章を掲載するに至る。これが先述した海軍批判と思しき一文である。

ここで彼は米海軍の四万五〇〇〇トン新戦艦建造の報をうけ、ある国が戦艦を保有するのは単に相手が戦艦を持っているという理由によるに過ぎない、速力の低い戦艦は一万トン八インチ砲搭載の巡洋艦で充分対抗できる、「わが国にはわが国独自の建て前があり、且つわが国独自の戦策がある以上」米国のやり方に付和雷同する必要はないと説いた。

この四万五〇〇〇トン戦艦はアイオワ級（同型艦四隻）である。同級は三三ノットの高速力を発揮し、実際の対日戦では高速空母部隊を護衛して日本の飛行機を迎撃した。だが建造計画時の目的は空母の護衛などではなく、米側の対日戦計画であるオレンジ計画にもとづく中部太平洋での艦隊決戦の発生時、味方の後方連絡線を断つべく攻撃してくる日本の空母・巡洋艦部隊と、その護衛に戦艦部隊から派遣されてくるであろう金剛型高速戦艦に対抗するためであった（Norman Friedman, *U.S. Battleships*）。池崎の読み通り、米海軍もこの時点では、大艦巨砲主義の艦隊決戦が主たる戦略であった。

このコラムに対し、同年四月一一日の同欄に「逸名氏」という人物（おそらく現役の海軍軍人）が「戦艦軽視す可らず」と題する反論を寄せた。いわく、たしかに戦艦は高速で逃げる巡洋艦を捕捉できないだろうが、それなら戦わずして制海権を入手できるではないか、海戦は個艦ではなく艦隊同士でおこなうのだから、戦艦のある艦隊とない艦隊のどちらがよいかは自明である、と。

しかし「逸名氏」が「池崎氏の所説は、自主的帝国海軍々備は英・米が一戦艦を浮べる毎に、われも亦一戦艦を浮べる必要はない。対応すべき道は自ら他にあり、そこが自主的軍備の自主的軍備たる所以であることを強調されたものならば勿論同感」と結んだように、池崎の主張の力点は日本独自の軍備追求の必要性にあったのであるから、必ずしも海軍批判とはいえない。それはかつて海軍軍人が啓蒙書などで主張していたのと同じ趣旨であり（本書一三八頁参照）、海軍の忌諱にふれて筆を折らざるをえなくなったほどのものとは思えない。なにより「大艦巨砲の愚」の掲載後も、池崎による読売「一日一題」の執筆は約一年半後の一九四〇年（昭和一五）九月二二日掲載の「外力依存の悲劇」までつづき、即座には打ち切られていないのである。

米艦隊との決戦という悲願

では、池崎と「逸名氏」がそれぞれ口にした「わが国独自の戦策」「自主的帝国海軍々備」の要点とは何だろうか。

それは、「空軍」すなわち航空機だったとみられる。一九四一（昭和一六）年の池崎の著書『日米戦はゞ太平洋戦争の理論と実際』は「我が国の場合においては、陸に強大な空軍が存在し、それが密接に海軍と協力することによつて、徹頭徹尾国土の防衛に当り得るから、進攻艦隊の航空母艦に積載した一定限度の空軍のごときは、一挙にこれを制圧した後、進んでその艦隊を襲ひ、これを支離滅裂な状態に陥らせるぐらゐなことは、さまで困難なことではない」、日本側は「アメリカ艦隊の攻撃に応酬するには、我が国の空軍および奇襲艦艇をもつてするも、なんら困惑しない地位に置かれている」と力強く述べ、戦艦で劣っても空軍さえあれば米軍に負けない、と強気の姿勢を見せていた。

仮に米軍が飛行機の基地を獲得しようと中部太平洋上の島々に来攻しようとも（後の日米戦争でもそうなった）、「怖ろしい日本の戦艦が、十四吋の巨砲を撫して、ひそかに待機してゐる」し、「陸上を基地とする強力な日本の爆撃機は、必要さへあれば、いつ何時でもヤルート〔マーシャル諸島の一部、日本の委任統治領の東端〕まで翔んで来る」から不可能だ。要するに「日本は、それ自身において難攻不落」なのである。

『日米戦はゞ』は、このような日本の有する地勢上の利点や飛行機の威力を計算に入れたうえで、米艦隊との決戦をつぎのように念願してやまない。

> アメリカ艦隊が、もし意を決して日本侵攻の愚策をでもやるといふ気配があれば、日本は塁を高うし、堀を深うしてこれを待ち、いはゆる攻勢防禦の真髄を発揮して、有史以来の大艦隊を邀撃し、吾人の欲する時と場所とにおいて、これを完膚なきまでに撃破し、殲滅し、鏖殺し、而してこれを名実ともに第二の〔モンゴル襲来時の〕クビライ艦隊たらしめることが出来さへしたら、それで吾人に与へられた歴史的使命は終わるのである。

この昂揚感に満ちた対米強硬論は、とにかく艦隊決戦さえやれば日本は必ず勝ち、国の安寧を永久確保できる、それが我々の歴史的使命である、という信念に基づいていた。この信念が絶叫されるたびに、著者池崎と読者たちの一体感や昂揚感は高まっていく。対米艦隊決戦はもはや（国策遂行上の）手段ではなく、自己目的化していたようにすらみえる。

開戦時期を誤るな

とはいえ、池崎の読売「一日一題」の連載が一九四〇（昭和一五）年九月になって停止したのは事実である。もしかしたら、このころ何らかの圧力が海軍上層部などから本人や新聞社に加えられたかもしれないし、関係者のみ知りうる事情の存在も考えられる。だが、それはたぶん大艦巨砲主義批判のせいではない。

私は、軍の圧力が（水面下であったとして）池崎に加えられた理由は、前出四一（昭和一六）年二月の著書『日米戦はゞ』に至る、激烈な対米即時開戦論ではないかと考える。

池崎は同書で「アメリカにおいては続々新らしい軍艦が生れ、それをそのままの状態に放置しておいたら、わづか数ヶ年の後には、現在における日米両国海軍の対勢が破れ、アメリカは一躍手もつけられないほど強大な海軍国として現れて来るであらう」「今後における日米両国海軍の対勢が、月日の経過とともに懸絶し、ほとんど比較を難しとする程度にまで変化してきたら、もはや我が国の安全は保障されず、吾人は止むなくアメリカの軍門に降らざるをえないやうなことになる」などと述べていた。これ以上日米の戦力差が隔絶するのを座視せず、一刻も早く開戦すべきだと国民に向かって煽り立てたといえる。

池崎は『日米戦はゞ』の序文を「非常の時に際会せる吾人は、独り死中に活を求むるの方法あるを知るのみならず、時として死中に活を求むる以外、他に何等の方法なきことあるを知れり」という文句で結んでいる。この「死中に活を求むるの方法」とは対米早期開戦、艦隊決戦の決行による米艦隊の「殲滅」より他にありえない。海軍当局はこの本のゲラを読んだ可能性がある。

日本海軍の上層部は、必ず勝てる保証のない対米開戦に内心では及び腰であった。まさにそれゆえに、同年四月から戦争回避のための日米交渉がワシントンではじまるのであるが、かかる微妙な時期に海軍を名指しして即時開戦を煽り、強要するかのような池崎の主張は、その影響力を思えば外交上も治安対策上も容認できなかったのではないだろうか。

あくまで傍証であるが、対米英軍事同盟である日独伊三国同盟の締結を決めた一九四〇（昭和一五）年九月一九日の御前会議で、軍令部総長・伏見宮博恭は海軍統帥部として賛意を表しつつも、できるだけ日米開戦は回避すること、南方発展は極力平和裏におこなうこと、そして言論の指導統制を強化し「有害ナル排英米言動ヲ厳シク取締ルコト」を「希望事項」として述べた事実がある（参謀本部編『杉山メモ　上』）。海軍が治安上、世論の動向を常時気にしていたことの表れである。

池崎は、そんな及び腰の海軍に反発、抗議するかのような姿勢を『日米戦はゞ』冒頭で示している。海軍内における艦隊派・対米強硬派の大物・加藤寛治（ひろはる）海軍大将（一九三九〈昭和一四〉年死去）にかつて自著『六割海軍戦ひ得るか』を寄贈した際に受け取った一九三一（昭和六）年二月九日付の礼状を、「この私信の中に書いてある開戦時期の問題なども、此際の我が国にとつて頗（すこぶ）る適切な教訓であると思」うとの思わせぶりな注記を付け、全文掲載したのである。

この池崎宛礼状には「此天恵をして空（むな）しからざらしめんには国民をして徹上徹下（てつじょうてつげ）に之を了解せしめ全幅利用すべく開戦時期の選定を誤らざること生死の岐路」、すなわち日米戦争にあたっては「天恵」――地勢上の優位があることを国民に徹底的に理解させ、かつ開戦時期を誤らないことが死活的に重要だ、とあった。私は、加藤の言葉は池崎にとって、海軍の大物たる加藤大将も昔から早期対米開戦を主張していたではないか、今こそその「時期」なのになぜ決断しないのか、と海軍からの圧力（仮にあったとして）への反論、いな逆襲を可能にしてくれる一種の証拠だったのではないかと見る。

とはいえ、海軍の圧力なるものがそこまで強大なものだったとは思えない。何より『日米戦はゞ』自体は発禁にもならず刊行されている（検閲で書き換えが強制された可能性はある）

し、その後も読売新聞には数こそ少ないが池崎の執筆した記事が載っているからである。池崎の所論がかつての平田晋策などと同様、国民に向けて艦隊や飛行機増強の継続を主張するものである限り、それは海軍の利益にもなるのだ。

かくみれば、いち早く航空機の可能性に目覚めた勇敢な民間の言論人・池崎から大艦巨砲主義を批判された頭の古い海軍が、強大な権力を行使してその言論を弾圧したなどという理解がきわめて戦後的な、皮相なものであったことがわかる。海軍が危険視したのは、民間からの大艦巨砲主義批判ではなく、世論に火をつけかねない即時対米開戦論だったとみられるからである。

ただ、一民間人に過ぎない池崎が決して知りようがなかったことがある。それは、対米開戦して勝算があるか否かを考える際に決定的な意味を持つであろう、日本軍戦力に関するもろもろの数字である。池崎自身、『日米戦はゞ』で「我が海軍は将来の建艦計画は勿論、現在建造中の艦艇も、一切公表しないのみならず、すでに進水した艦艇でも、その性能の詳細な点に至つては、出来るだけそれを公表しないことにしてゐるから、それについて絶対に正確だといふ数字を挙げることも出来ないし、従つてアメリカのそれと確実な比較を試みることも出来ない」と不満を漏らしていた。

米国に艦艇の数で劣っても質で勝つとか、艦艇の数を飛行機で補うという考え方自体は論理的にみてまちがいではない。ここにある程度の説得力が生じた。だが、それを現実の戦力比に照らすとどうなるのかまでは、民間のほとんど誰も知ることはできなかった。

太平洋殲滅戦？

予備役海軍少佐・石丸藤太（一八八一〈明治一四〉～一九四二〈昭和一七〉年）は、前出の水野広徳や中島武、匝瑳胤次らと並ぶ、啓蒙的な海軍軍人である。一九一五（大正四）年に現役を離れた石丸は以後死の前年まで多数の軍事評論や訳書を発表するが、目前に迫った日米戦争についての展望に限って言えば、池崎忠孝の本のように読んでわかりやすくスカッとするものではない。

一九四一（昭和一六）年五月刊行の『太平洋殲滅戦』（聖紀書房）の内容は、単純明快で勇ましい表題と異なり、何が言いたいのかがよくわからず難解である。長々と時事評論をつづけたあと、最後の最後の結論箇所でようやく日米戦争は可能か否かの分析となる。「起つべきときに断固として起ち上るものこそ、真に戦争の勝者となる」と述べたり、かつて東郷平八郎が述べた「断じて行えば鬼神もこれを避く」（『史記』）という言葉を引用して「わが国情を悲観し、躊躇逡巡するもの」に「最後の決心」を求め、類書と同様に対米早期開戦を煽るかのようにみえる。

しかし、彼の考える太平洋戦争は、短期決戦では決着できない長期戦である。日本は太平洋上に「巨大なる不沈航空母艦」となりうる多数の島々を有し、米艦隊の長大な補給線を「奇襲艦艇」で突きうるという地の利を持つが、米英は有形的兵力と天時において勝っているので勝負がつかないからである。天時とは『孟子』の「天の時は地の利に如かず」という警句を踏まえたもので、さほどの意味はないようだ。

よって、日本が米国に「参った」と言わせるには、日独伊三国が南米に手を伸ばして味方とし、もって米英の抵抗を断念させるしかない。「アメリカにして南米を失ふならば、日本が支那を失ふと同様、国家存立の条件をなくしてしまふからである」。

石丸は『孫子』の「戦わずして人の兵を屈するは、善の善なる者なり」という格言を「千古の金言」として引用している。なんとなく前述の「断じて行えば……」という勇ましい結論は隠れ蓑に過ぎず、避戦を主張しているようにすら読める。南米の占拠云々はぜひそうすべきだと言っているわけではなく、そうでもしない限り勝てないと言っているとしか思えない。要するに彼の予想する日米戦は、読者の期待する「殲滅戦」などでは全然ないのだ。

「日本は負けない」の真意

こうした石丸の論調は昔から一貫していた。一九三二（昭和七）年の『小説 太平洋戦争』は当時流行（はや）りの日米仮想戦記だが、日米両国民が心血を注いで建艦競争を断行した結果、発生した見せ場の艦隊決戦は「勝敗何（いず）れともつかない、小笠原島付近の無益の戦闘に、巨億の国帑（こくど）〔国費〕を消費したものに外ならなかつた」。そうしているうちに英国が米国側に立って参戦し、日本は進退窮まったところで物語は終わってしまう。

石丸は以上の結果について、満州事変後の日本が「世界を相手にするも恐るゝに足らずと力（りき）み返」るという「誇大妄想」「夜郎自大」に陥り、「軍事と外交の調節を欠いた」結果こうなったのだ、と批判する。一応インドやエジプト、メキシコ、中南米を扇動して反英米に決起させれば第二の世界大戦が起こり、日本はどさくさ紛れに万一の僥倖（ぎょうこう）を期待できるとは書いてあるが、それこそ「誇大妄想」であろう。

同じく一九三二年の評論集『昭和十年頃に起る日本対世界戦争』も、日本が多年研究してきた漸減作戦は困難だと指摘する。日米の戦艦部隊が対等に戦うためにはあらかじめ米戦艦を七隻沈めておく必要があるが、わずか二五隻の潜水艦で広大な太平洋を索敵してこれを発見するのは「殆（ほと）んど不可能に近ひと断言せざるを得まい」からだ。結局日本が米国を屈服させるのは無理、「速戦即決主義」が成立するのは皮肉にも「日本が敗けた場合に限られ」るので長期戦とならざるをえず、結局のところ「戦争は日米両国に損」でしかない。ならば無益な戦争を回避するのが「文明国人の義務」というものである。

前年（一九三二年）刊行の『日米果して戦ふか』も、日米戦争はたとえ日本が西太平洋の邀撃戦で勝利を得たとしても「何事にも世界一と己惚れ」ている米国人が戦争継続の意思を放棄するとは思えない、必ずや大艦隊建造や各種兵器生産に全力を挙げ反撃してくるだろうと予測する。とはいえ日米両国とも戦争は軍艦建造に巨額の経費を使い、貿易も大いに減退するのでお互いに損である、よって両国民は覚醒すべしというのが結論である。これはかつて自ら邦訳した英人ヘクター・バイウォーターの仮想戦記『太平洋戦争と其批判』（一九二六年、原題 *The Great Pacific War*）と完全に同じ結論である。

さらに遡った一九二四（大正一三）年の『日米戦争 日本は負ない』も、日本は米国にくらべて国力に劣るが、その代わり戦場が日本に近いので、米艦隊の補給線を切断できるという地の利を有する、米国が日本の二倍半〜三倍の大艦隊を建造しようともその統一指揮は困難なので戦争は「無益な疲憊戦」と化すであろう、もし第三国を誘って戦争を終息させようとすれば世界大戦を再発するおそれがある、それでもなお戦争するかを日米両国民は切に考慮すべきだ、と指摘する。

石丸の著書は、表題でこそ世評うけを狙った一般書として「日本は負けない」などと力強く謳っているが、その内容では「勝てる」とは昔から一貫して言っていないのだ。

軍機保護法違反

ところで石丸は啓蒙書執筆の過程で軍機保護法違反で検挙され、有罪判決を受けたことがある。一九三六（昭和一一）年に日ソ交戦の軍事小説執筆を思い立った石丸は、前出の松下芳男に陸軍の戦時編制を教えて欲しいと手紙で依頼した。現役を離れて久しい松下から記憶に基づく編制表を受け取ったことが「軍事上の秘密を探知した」とされたのである。懲役一年六ヵ月、執行猶予一年の判決が一九三九（昭和一四）年、大審院で上告棄却されて確定した（上田誠吉『戦争と国家秘密法　戦時下日本でなにが処罰されたか』、ただし『朝日新聞』の報道には執行猶予三年間とある）。

かなりうがった見方をすれば、石丸の消極的に過ぎる議論が軍当局の癇にさわったとも考えられるが、むしろその極端な機密保持政策が、退役後も海軍士官の身分を有する石丸にまで機械的に適用されたとみるべきであろう。先に平田晋策の軍事論が一定のリアリズムを有していたのは日本政府や軍が一定の情報を公開していたためと述べたが、軍縮条約廃棄後の日本は軍事機密の保持を徹底するようになり、一八九九（明治三二）年制定の軍機保護法が一九三七（昭和一二）年に全面改正されるとそれはいっそう厳しくなった。

歴史研究者の荻野富士夫はこの三七年改正の前年に軍事雑誌『海と空』の読者四五名

（ほとんどが中学生）が検挙、二年後に不起訴となった事件などを挙げ、機密の漏洩といっても大半は市民の過失で一罰百戒的な効果が計算されていたと指摘する（荻野『「戦意」の推移　国民の戦争支持・協力』）。石丸の検挙もこれと同様なのだろう。彼や池崎忠孝の対米戦争論が教えるのは、当時敵たる米国が民主主義国家の建前から公表した数字はそれなりに知りえても、自国のそれは皆目不明という限界を抱えていたのである。

「航空決戦」――一九四〇年代の陸海軍航空運用思想

池崎や石丸は軍機の壁に阻まれて知る由もなかったろうが、海軍は一九四〇（昭和一五）年三月、飛行機の進歩や日中戦争の教訓、第二次大戦の海外情報などを加味して「海戦要務令続篇（航空戦ノ部）草案」を作成した。以下の陸海航空戦備に関する記述は立川京一「第二次世界大戦までの日本陸海軍の航空運用思想」と『戦史叢書　海軍航空概史』による。

同草案では、航空戦力を集中して奇襲による先制攻撃を仕掛け、敵航空戦力を「圧倒殲滅」して制空権を獲得するという「航空決戦」が、独立した章（第二章）として「艦隊決戦」（第五章）よりも先に登場している。立川は当時の航空関係者の「航空主兵論」「戦艦無用論」が色濃く反映していること、陸軍の航空運用思想に通じるものがあること、そして進攻作戦における基地航空部隊の役割を重視していることを指摘する。ただ、草案はあくまで草案であり、仮に艦隊関係者の意見を聞いて成案が作られたとすれば、「艦隊主兵」の思想が濃いものとなったに違いない、といわれる。

洋上電撃戦の実施

海軍は、対米英開戦の時点で実質的に「航空主兵」へと移行していた。それは真珠湾攻撃の約八ヵ月前の一九四一(昭和一六)年四月一〇日に従来の戦艦主体の第一艦隊、巡洋艦の第二艦隊に加え、空母四隻を集めた第一航空艦隊を編制したことでわかる。

同艦隊は太平洋戦争開戦直前に空母二隻を追加して計六隻を擁した。しかし空母と護衛の駆逐艦のみの編制で、戦艦主兵の艦隊決戦に参加する決戦兵力中の一艦隊に過ぎず、独立して大作戦をおこなえるものではなかった。山本五十六連合艦隊司令長官はハワイ作戦の立案にあたり、他の艦隊から戦艦などの護衛兵力を加えて臨時の混成部隊を作り、これを「機動部隊」と名づけた。ハワイ真珠湾への奇襲攻撃はこの艦隊による、いわば洋上電撃戦の実施というかたちでおこなわれた(【図19】)。

海軍の基地航空部隊も、開戦とともに台湾からフィリピンの米航空部隊を長駆奇襲、ついでマレー沖海戦で英戦艦部隊を撃破した。これらの戦いによって日本軍は制空権・制海

図19　真珠湾攻撃準備中の零戦（絵葉書）（旧海軍〈帝国海軍〉。写真提供＝朝日新聞社）

権を獲得し、南方各地への進攻作戦が可能となった。

　胡桃澤盛は開戦直前の一二月一日の日記に「日米交渉は最悪の事態に上りつめている。吾々国民としては何れかの一方へ決する事を待つ。現在の様な宙ぶらりんの状態はつらい」と鬱屈の情を記していた。彼が名前を挙げているわけではないが、先に述べた池崎忠孝の即時開戦論が当時の国民にうけていたのも、こうした焦燥感ゆえだろう。それだけにこの勝利はひときわ嬉しかったようだ。同月九日の日記には「我本土に入れる敵機は本日迄には未だなく、国内亦防空演習よりも落ちつき平静と変りなき状態にて生活を続け得るも無敵海空軍の偉大なる力に依る」と味方「海空軍」への絶対的な信頼感を記している。前年の観艦式で見た飛行機の大群を思い返していたかもしれない。

陸軍の「空軍的用法」

陸軍は一九四〇(昭和一五)年に前述の「航空部隊用法」を白紙に戻し、飛行集団及び飛行団の陣中勤務に関する規範書「航空作戦綱要」を制定した。起案の担当は一九三八(昭和一三)年に新設された航空総監部だった。「航空部隊用法」への批判に鑑みて「航空撃滅戦」と「地上作戦直接協力」がほぼ並列され、戦闘隊と爆撃隊とが対等に扱われていた。「航空作戦綱要」は「航空部隊用法」と比較して「空軍的用法」からは後退したとされるが「兵力の集結使用」という考え自体は命脈を保っていること、敵野戦軍の補給動脈である鉄道や道路、航空路などの背後連絡線に対する攻撃が具体的に考慮されるようになった点が注目される。

太平洋戦争の開戦時、陸軍航空隊は英領マレー半島などへの航空撃滅戦をおこなって所在の連合軍航空隊を撃破し、地上部隊がこれにつづいた。陸軍は一九四二(昭和一七)年、この経験を踏まえて「航空作戦綱要」を改訂した。対象は航空軍及び飛行師団である。同綱要には、航空軍は航空軍司令官の統一指揮下に独立して一方面の航空作戦を遂行すべきものとする、航空作戦指導の本旨は制空権を獲得して「全軍戦捷ノ根基」を確立するにあるといった文言が並び、一方で地上作戦への「直協」に関する記述は少なかった。

ここで陸軍航空部隊はようやく「空軍的用法」の採用を公式に認められたことになる。やがて戦況が悪化すると陸軍航空の主任務は「上陸防御作戦協力」となり、近接海面上での制空権獲得、連合軍上陸船団の覆滅が要求された。これが一九四四(昭和一九)年以降の航空による「と号作戦」(特別攻撃)へとつながっていく。

「この戦争はきつと長くつゞくことと思ふ」――航空戦力の格差

こうした一九四〇年代日本陸海軍の航空戦法や戦いぶりを、内地の国民はどうみていたのか。

一例として、太平洋戦争の開戦前後に全国各国民学校の児童たちが学校文集に書いた作文を集めて、収録した百田宗治(ももたそうじ)(児童文学者)編『鉛筆部隊 少国民の愛国詩と愛国綴り方』という本を挙げよう。各地の子どもたちは対米英開戦の報に接し、つぎのような感想を記している。


「この戦争はきつと長くつゞくことと思ふ。敵の飛行機を百台とすると、日本の飛行機がその五台か十台位にしかあたらないといふ話である」(「宣戦布告」新潟県中条校五

年・杉本新吉）

「こんどの戦争は支那のやうには行かない。アメリカやイギリスは日本の何倍も多い飛行機を持つてゐる」（「こんどの戦争」同・目黒サダ）

「校長先生から対米英戦のお話があつた。五、六時間目の綴り方の時間にも陸軍部隊の活やくのことを考へた。グワム・ハワイ・マニラ・香港はつづけてばく撃してゐるであらうかと思つた」（「戦争のはじまつた日のこと」東京市四谷第五校五年・岸部禎廣）

「飛行兵は何千メートルといふたかい空の上でたゝかつて居られる。〔中略〕先生からきいたとほり、空の上は非常にさむい。そんな所で、なんぎをものともせずにたゝかつて居られるのに、私たちは毎日こんなに叱られてばかりゐて、ほんたうに申しわけがない」（「私たちはどうしなければならんか」新潟県瀧之又校三年・金井洋子）

「世界中の人が、わが無敵陸海軍、空軍の大きな働きにおどろいたことであらう」（「香港陥落」東京市四谷第五校五年・飯田悦弘）

子どもたちにとっての対米英戦争とは、まぎれもなく飛行機、「空軍」の戦いであった。作文には日本軍航空隊による電撃戦への賞賛と、大国米英へのおそれの両方がにじむ。

『鉛筆部隊』編者の百田は巻末の「解説と批評」で、これらの作文には「国民としての意気を示すといふよりもむしろ何か予想しなかつた当面の大事の前に茫然自失するといふやうな風の気持」が感じられるものが少なくない、それは「それほどまでに一般国民にしみこんでゐた米英畏怖の観念がまだまだ指導者なり、年長者なりの胸底に残つてゐて、それがしらずしらず子供たちの脳裡に反映したのであらう」と不満を漏らしている。この点、「無敵海空軍」を信頼していた胡桃澤とは戦争への態度がいささか異なる。「少国民」やその教師たちが率直に「米英畏怖」の念をみせたのは彼我の戦艦ではなく、航空戦力の格差であった。それは、かねてからの軍事に関する啓蒙が行き届き、銃後の人びとの〈軍事リテラシー〉を高めていた結果とはいえまいか。

太平洋戦争勃発と海軍

真珠湾攻撃を成功させた第一航空艦隊が一九四二(昭和一七)年六月のミッドウェー海戦で空母四隻を失い壊滅すると、海軍はこれを解隊して同年七月一四日、新たに固有編制の機動部隊である第三艦隊を編成し、独立して作戦できる戦略艦隊として空母同士の航空戦に徹する編制と戦略をとった。この第三艦隊と巡洋艦主体の第二艦隊が南方対米作戦に従事したが、作戦の中核をなすはずの第三艦隊司令長官よりも第二艦隊の長官が先任であったため、前者が後者の指揮下に入ることになり、作戦に不具合を来すことがあった。このため一九四三（昭和一八）年に入って第三艦隊司令長官を先任とした。

ところでミッドウェー海戦はそれまで優勢を誇った日本の空母部隊が数に劣る米空母とその搭載機による攻撃で壊滅し、戦局の大転換点となったことで有名であるが、そもそも日本軍はなぜこの作戦をおこなったのか。

それは、真珠湾で討ち漏らした米国の空母群が四二年に入って太平洋の各地でゲリラ的な反撃に出て、あまつさえ四月一八日に日本本土空襲までおこなうに至ったため、これを捕捉撃滅する必要に迫られたからである。ミッドウェー島を攻略すれば米空母群が救援に出てくるはずだから、これを撃滅しようというのが日本側の作戦であった。

同作戦を主導した山本五十六連合艦隊司令長官は、開戦前の一九四一（昭和一六）年一〇月、嶋田繁太郎（しげたろう）海軍大臣宛の手紙で「万一敵機東京大阪を急襲し一朝にして此の両都府を焼尽するが如き場合は勿論　左程の損害なしとするも　国論（衆愚の）は果して海軍に対し何というべきか　日露戦争を回想すれば想半ばに過ぐるものありと存候」と述べていた（防衛庁防衛研修所戦史室編『戦史叢書　ミッドウェー海戦』）。

この手紙文中に日露戦争云々とあるのは、当時日本近海に出没するロシア艦隊をなかなか撃滅できなかった第二艦隊司令長官上村彦之丞（かみむらひこのじょう）が国民からの厳しい批判にさらされ、

「露探」(ロシアのスパイ) 呼ばわりされて自宅に投石されるなどした経緯を指す。山本はこのような世論の批判を怖れて作戦実施に踏み切った。だが、昭和の海軍は予算欲しさにたびたび本土空襲の恐怖を国民に煽ってきたのであるから、そのつけが回ってきたとも言える。

日本軍は、前方に空母四隻、高速戦艦二隻などからなる機動部隊をミッドウェーに向けて進撃させ、その一昼夜航程後方を低速の戦艦からなる主力部隊がつづいた。各部隊名だけをみると、いかにも空母が脇役で戦艦が主力として重視されていたように見える。だが、実際には主目標の米空母を撃滅するのにこちらも空母を繰り出したわけで、戦艦が主、空母は従などといった単純な話ではない。

『戦史叢書 ミッドウェー海戦』は、戦艦部隊を空母の直接護衛に付けるべきだったという戦後の批判に対し、高速の空母と低速の戦艦の統一行動は無理だった、と反論している。にもかかわらず連合艦隊が戦艦部隊も出撃させた理由として、「作戦上の必要性からではなく、低速戦艦部隊乗員の士気振作を主目的として、参加させることにしたのではなかろうか」と推測する。

しかし、近年の米国での研究ではこの見方に疑義が唱えられている。ジョナサン・パーシャルとアンソニー・ツリーは、作戦に先だって連合艦隊がおこなった図上演習で、赤軍

（敵軍＝米軍）も空母機動部隊の後方にほとんど残っていないはずの戦艦からなる主力部隊がつづき、戦闘に参入する想定になっていた点に注目する。パーシャルらによれば、戦史叢書が明確にふれなかったこの事実は、山本長官らが戦艦は近代空母戦においても相応の働きをなしうると信じていたことの反映であるという。山本らは、自分たちが考えることは敵もそうするだろうという古典的な作戦計画上の誤りを犯し、米軍側が高速空母と戦艦の合同 conjunction という思想を完全に捨て去っていたことを知らなかった、と批判される（Jonathan Parshall and Anthony Tully, *Shattered Sword*）。

パーシャルらの指摘に従うなら、日本軍はこの海戦まで、古い大艦巨砲主義、戦艦主力の思想から脱却できなかったことになる。ここで彼らと戦史叢書、どちらの解釈が正しいのかを断定することはできないが、戦艦と空母を「合同」させて戦場に向かわせたこと自体が「古い」と批判されているのなら、それは違うのではないだろうか。後述するように、米軍も一九四四（昭和一九）年の大規模な海戦では必ず空母と戦艦を「合同」させて日本軍と対峙したからである。

「海の突撃兵団」航空母艦

真珠湾攻撃、マレー沖海戦と航空隊の戦果が上がるなかで、有終会などと並ぶ海軍の宣伝団体・海軍協会の機関誌『海之日本』二一四号臨時増刊（一九四二年二月）に巻頭言として「航空機と主力艦」と題する文章が掲載された。その要旨は「全艦隊を率ゐ、海上決戦の主役を以て任ずる」主力艦の重要価値を軽視するのは危険、航空・水上あらゆる戦闘兵力の強力な均勢下でこそ海上作戦は理想的に遂行される、よって持てる米英両大国の息の根を止めるためには、我が主力艦をはじめ各種艦艇をいよいよ強化拡大すべきだというものである。一見して古い大艦巨砲主義への固執のようであるが、むしろ飛行機に完全にお株を奪われた戦艦からの〝地位保全〟の申し立てとみるべきだろう。

本書で取りあげてきたような啓蒙的な軍事解説本は、太平洋戦争中もさまざまな海軍軍人によって執筆、刊行されていた。戦時中にもかかわらず、そのなかでは早くから空母と飛行機を重点化した「持てる大国」米軍の先進性が強調されていた。

たとえば、一九四二（昭和一七）年に海軍中将・植村茂夫が刊行した啓蒙書『海軍魂　日本海軍はなぜ強いか』は、航空母艦を「最も尖鋭なる海の突撃兵団」と呼び、「航空母艦と戦艦が闘つたら、おそらく航空母艦が勝つだらう。航空母艦は速力が早い（ママ）から、戦艦の砲撃を避けることができる。そして砲弾の届かぬ遠距離から、攻撃機を飛ばして、戦艦を爆撃するのだ。その時、戦艦は、わづか五六門の高角砲で防ぐほかに、なんらの手段もないではないか」という米海軍のシムス提督の言葉を（肯定的に）引用して、現下の戦争が戦艦ではなく航空母艦とその搭載機により遂行されている点を力説している。

　本書でたびたびみてきたように、このシムスの発言は戦前日本では人気があった。敗戦後ではなく戦争中からすでに、日本人は大艦巨砲主義に固執して時流に乗り遅れるどころか、いち早く空母に着目した米軍の先進性を認めていたのである。もちろん、植村はつづけて「ハワイ海戦では、彼の母艦讃美の言葉以上に、大戦果を挙げたのだ」と記すことで、その米軍に大損害を与えた日本軍空母の勇猛さを強調したのだが、敗戦後にはこの部分が欠落してしまい、米海軍の先進性のみが日本人の記憶に残ったとみることができる。

　植村が空母を「海の突撃兵団」と呼んでいるのは、まず空母が突撃して敵空母にダメージを与えて制空権を奪い、つづいて後方の主力戦艦部隊がその主砲で止めを刺す、という「制空権下の艦隊決戦」思想の現れである。ミッドウェー海戦時の日本海軍の〝主力〟が戦艦と空母のどちらだったかについて意見が分かれていることは前述したが、前者であれば、海軍はミッドウェー海戦で実行した自らの戦術をそのまま国民に説明したことになる。

　海軍関係者の書いた軍事啓蒙書は、当然戦艦以下の水上艦艇とその存在意義にも言及している。しかしそれらは単なる既得権擁護のために戦艦の必要性を力説していたわけではない。一九四二年刊行の大本営海軍報道部・岩田岩二（いわじ）『アメリカの反撃と戦略』は、戦艦を今ただちに過小評価するのは早計であり、無用論を唱えるに至ってはむしろ危険といわねばならぬと述べ、過去への郷愁や宗教的信念ではなく、あくまでも軍事的合理性の観点から戦艦を擁護する。

　岩田が戦艦を擁護する理由は、航空機は高度の機動性を有するものの、飛行時間・行動半径に制限があり、そのうえ天候気象の制約を受けることもおびただしいのに対し、戦艦以下の水上艦艇は「長時間にわたり飛行機の耐へられない天候気象に対して強靭なる抵抗力を有し、与へられた位置に相当長時間に亘（わた）つて留まり得る能力を具備してゐる。ことに夜間において航空機とは比較にならぬ能力を有する」からである。

　つまり、水上艦は依然として、夜間・荒天時に限っては優位にあると考えられていたのだ。前出の海軍中将・植村茂夫『海軍魂』も「われ等は〔空母の利点という〕盾（たて）の一面ばかりを見てゐるのは危険だ」などと、岩田と同じ見解を述べている。たしかに戦艦無用論は太平洋戦争当時においては「早計」「危険」だったのだろう。

　実際、のちの一九四四（昭和一九）年一〇月には、日本の戦艦部隊が米軍機の動けない払暁に米上陸船団のいる海域へ突入、撃滅するという作戦が立案実行されており（後述するレイテ沖海戦）、岩田や植村らはこれを予見していたかのようである。

　敵である米海軍もまた、航空のみならず水上、水中戦力をともに重視していた。海軍史研究者のウィリアム・マクブライドは、戦争中の米海軍における飛行機と戦艦の関係について「一九三〇年代に保守的な〔米〕海軍大学校の教官たちが唱えた飛行機の弱点は、真珠湾、珊瑚海、ミッドウェーにおける日米航空の成功によっても消えはしなかった。海軍航空機は悪天候、夜間は行動を妨げられ続けた。天候によっては戦艦の性能のほうが十分上となった」「太平洋戦争における米海軍の経験は、ウィリアム・フラム提督が一九二四（大正一三）年に唱えた「三面海軍（スリー・プレイン・ネイビー）」すなわち空中、水上、水中を支配しうる海軍にもっとも近いものとなっていた」と評している（William M. McBride, *Technological Change and the United States Navy, 1865–1945*）。米海軍でも戦艦は終戦まで飛行機や潜水艦と同等の海軍戦力として重視されており、これらのうちいずれかがとくに重（軽）視されたわけではない。

このように、戦時中の日本の啓蒙書で語られていた飛行機と戦艦の関係についての議論には、相互の役割分担を認めるという一定度の合理性があった。当時の日本人は非合理的な「大艦巨砲主義」一本に凝り固まっていたわけではない。これら日本海軍軍人たちの航空重視論は、緒戦時の国内における戦況報道の多くが航空戦の大戦果を称揚するものであったことも手伝い、国民に対してある程度の説得力を発揮したとみられる。そのことが、後述する一九四四年以降の航空総力戦への協力に多数の国民を駆り立ててゆく。

白兵は戦闘を、飛行機は戦争を決する

一方、陸軍による啓蒙書は、自らのめざす航空戦を国民にどう解説していたのか。丹羽福蔵著、陸軍省報道部・陸軍少佐中島鈆三監修『少国民の陸軍』（一九四二年五月）は、戦時下の児童向けの陸軍知識解説本である。数々の兵器が紹介されているが、真っ先に紹介されているのは「戦闘の最後の止めを刺す」ところの白兵（刀剣、銃剣）である。同書もまた平田晋策『陸軍読本』などの類書と同様、「今後どのやうに兵器が発達したとしても、最後の勝利が白兵戦である以上は、銃剣の使用はきわめて重大といはねばなりません」と、戦闘の最後は白兵の力で決まることを依然強調している。

しかし『少国民の陸軍』は飛行機についても独自の項目を設け、「現代の戦で勝つか負けるかは、先づ優秀な航空機と優秀な操縦者を持つかどうかによつて決せられます。このことは今次の大東亜戦争が最もよく物語つてゐるところであります」と、現下の戦争の勝敗が事実上航空機で決まる旨を言明している。

このように、戦争の勝敗は「制空権」獲得の可否により決まると『少国民の陸軍』が解説している点は、海軍についての類書と同じである。同書は、飛行機の発達した今日の戦争では陸海ともに「頭の上の大空から嵐のやうに敵機の襲撃を受けるに決まつてゐ」るので、味方の飛行機は、敵の航空機が来ない前に、敵の航空機または敵の航空基地を撃滅し

てしまはねばならない。敵もまた同じことを考えるので「先づ「制空権」を得るための空中戦闘が真先に始まる」という。

海を隔てた国同士の戦争は、この制空権を獲得した方が空からの援護を得て敵艦隊を打ち破り、そこではじめて味方の陸軍を海上輸送して最後の勝利を得られるのである。

同書監修者の中島少佐は、序文で読者の少国民に対しこのような「陸軍軍備の常識」や「陸軍の概念」を「唯単なる知識とせず、秩序ある体系づけられたるものとして身につけ」るよう求めている。中島のいう「陸軍の概念」のなかで、白兵は戦闘、飛行機はより高次の戦争の勝敗をそれぞれ決めることになっていた。彼は年少とはいえ戦争を担う国民である児童たちに、その順序体系を正しく理解するよう求めているのである。

以上は陸軍の銃後国民向け宣伝だが、海軍も同様の宣伝をそれなりにかみ砕いた手法でおこなっていた。富永謙吾・海軍少佐は一九四二（昭和一七）年一一月二四日のラジオ放送による戦況解説中、「海戦の形式から論ずれば、少くとも前欧洲大戦まで戦艦巨砲主義による決戦が採用されてゐたのが、次いで制空権下の艦隊決戦主義の形式となり、さらに空母第一主義に移り、やがては基地威力圏内の決戦となりつつある」と述べている（富永「近代海戦の特性」『国策放送』三―一）。

陸軍が飛行機を白兵の上位に置いてみせたのと同様、海軍も開戦から一年もたたずして大艦巨砲主義は過去の遺物、これからは「空母第一主義」で行く、と国民に言明したのであった。とはいえ、彼らは白兵や戦艦の存在価値を完全に否定したわけでもない。

2 航空総力戦と銃後

航空超重点へ

ガダルカナルの戦い（一九四二〈昭和一七〉年八月～四三年二月）以降、ソロモン・ニューギニア方面での陸海にわたる敗退をうけた東条英機（とうじょうひでき）首相兼陸相は、一九四三（昭和一八）年六月に航空超重点軍備の建設を指令した。対米戦敗北の根本要因が、航空戦のあいつぐ敗退にともなう制空・制海権の喪失にあったのは明白だったからである。

陸軍では飛行機操縦者の養成を同年秋から二倍とし、さらに一九四五（昭和二〇）年前半までに二万人、その他の要員四万人を大量養成する計画が立てられた。一九四三年一一月に軍需省が設置され、東条が初代大臣を兼摂して陸海軍飛行機の生産指令を一本化、昭和一九年度の飛行機生産を陸海軍合計五万機とする大目標が立てられた。しかしその資材配分をめぐって陸海軍は鋭く対立した（防衛庁防衛研修所戦史室編『戦史叢書　陸軍航空の軍備と運用〈三〉大東亜戦争終戦まで』)。

海上決戦能力の喪失——マリアナ沖海戦

海軍の連合艦隊は一九四三年八〜九月にかけて第三段作戦命令およびその関連令達を発令した。その要点は、当分の間、南東方面(ソロモン・ニューギニア)を主作戦とする一方、「大東亜外郭要域」を九つに区分して第一〜第九の邀撃帯を定め、前進根拠地を中枢として、第一線、第二線、第三線などの縦深配置の基地群をもって構成し、各基地群は航空基地を中核として要塞化し防備を固める、というものであった(以下は、防衛庁防衛研修所戦史室編『戦史叢書 海軍航空概史』による)。前出の富永海軍少佐がラジオで「基地威力圏内の決戦」という言葉を使ったのは、こうした基地航空戦重視策の先取りといえる。

この邀撃帯なるものについて、第三邀撃帯(内南洋方面)を例に挙げて説明すると、前進基地トラック、第一線基地群マーシャル、ギルバート、ナウル、オーシャン、第二線基地群ブラウン、クサイ、ポナペ、第三線基地群カロリン、マリアナとし、ここに基地航空隊(陸上から発進する航空隊)を配置して米機動部隊の侵攻に対応し、海上及び基地機動の決戦兵力は主作戦方面に機動集中する、という構想である。

これをさらにわかりやすく言うと、仮に米機動部隊が内南洋方面に来攻した場合、日本軍は第一線のマーシャルから第三線上のマリアナまで分厚く配備してある基地航空機でこれを迎え撃ち、そこへ後方から空母機動部隊と基地航空隊の決戦兵力が応援に駆けつけて一挙に撃滅する、というものである。

海軍は前述の作戦方針にともない、一九四三年七月一日に基地航空隊としての第一航空艦隊を中部太平洋上の決勝兵力たるべく編成した。しかし、新鋭空母群を完成させた米機動部隊は四三年一一月にギルバート諸島を、翌四四年一月にマーシャル諸島を急襲、ついで日本海軍の要地トラックに大空襲をかけてきたため、日本軍基地航空隊はこれへの反撃を強いられて消耗、第一航空艦隊の戦力整備は進まなかった。

一九四四（昭和一九）年三月、空母部隊の第一機動艦隊が編成され、第二艦隊と第三艦隊を第三艦隊の司令長官が統一指揮し、連合艦隊編制は空母主兵のかたちとなった。第一艦隊は解散して所属の戦艦は第二艦隊へ編入、空母部隊の前衛を務めることになった。

一九四四年五月、連合艦隊司令長官は当面の作戦方針（あ号作戦と呼称）を指示した。第一機動艦隊を比島中・南部に、基地航空部隊をマリアナ、カロリン、比島、豪北に配備して米機動部隊を両者の適切な運用により捕捉撃滅する、というものである。主決戦場は西カロリン南方洋上とし、マリアナに来攻の場合は基地航空兵力で反撃する方針であった。

しかし、実際には、日本軍の基地航空隊はニューギニア北西部のビアク島に進攻した米陸軍への対応などで戦力を消耗してしまい、一九四四年六月、マリアナに来攻した米機動部隊に有効な反撃ができなかった。そこへ後方から駆けつけてきた第一機動艦隊は一九日、二〇日にわたり米機動部隊と事実上の決戦をおこなった（マリアナ沖海戦）が、空母より大挙発進した日本軍飛行隊は米軍戦闘機と対空砲火の前にほとんど戦果を挙げ得ないまま、多くが撃墜された。日本軍はさらに空母二隻を米軍潜水艦、一隻を米空母機の空襲により撃沈され、海上決戦能力を事実上失った。

米軍はこの海戦で新型戦艦七隻を各空母の護衛に付けず、単独の部隊に編成した。そしてミッドウェー海戦時の日本軍と同様に空母部隊の後方へ配置、日本戦艦との砲戦に備えたが、その機会はなかった。

乗員の質・量が鍵——航空戦力の大拡張

以上のような戦局の急速悪化とさらなる航空重点化への流れに従い、一九四三年以降の日本陸海軍はともに航空戦力の大拡張に取り組んだ。

陸軍航空本部部員・陸軍少佐の木下春二郎は児童教育者向けの雑誌『少国民文化』四三年九月号の記事「空を制せずして勝利なし　航空戦力増強と少国民」で、目下の対米「航空決戦」に勝利するには飛行機と乗員の質・量が鍵であると述べた。乗員の質は日本が格段に上だし、量も「黒人約一割を含む米総人口一億三千万は我が一億と略伯仲するものであり、わが方とても決して量的に多数の空中勤務者を送り出すことに於て彼に劣るものではない」「この質的卓越に今後数を加へさへすれば人の問題は何らの不安もない」と断言した。こうした米国の弱点を〝人〟に見いだす大正以来のなじみ深い考え方（本書五四頁参照）に、日本側は戦争の最後まで頼りつづける。

消費を抑制して増産

問題は飛行機の質と量とされた。戦争は戦う者の精神力ももちろん大切だが、機械力がものを言うので結局精密機械の戦ということができ、「航空決戦完勝の鍵はこの精密優秀な戦ふ機械をどれだけ多く作り出すかといふ、この点にかゝつてくる」からである。木下少佐にとって、戦争は事実上「精神力」ではなく「機械力」の戦いであった。こうした局所合理的な発言の存在も、戦争の性格を考えるさいには留意されねばならない。

木下は、「優秀なる航空機を一機でも多く増産する」には、全国民が各種物資の消費を抑制しなくてはならないと訴える。一掬の甘味を貪ることを止めれば砂糖から高級ガソリンが造れるし、全国の家庭用電灯を一分間消す、一燭光を減ずる、近距離を歩いて交通機関用の電力を節約すれば何百機分かのアルミニウムや銅が精錬できる。外米一椀の節約はそれだけ船腹をボーキサイトに空けるのと同じだし、一枚の衣服、一足の靴の新調はそれだけ飛行機に必要な繊維資源を食うことになってしまう。

目下の戦争を飛行機という「精密機械の戦」として「一機」「一揆」「一分間」などの具体的数字を並べながら語ることは、軍事的現実性・合理性もさることながら、全国民の意識を戦争に引きつける宣伝手法としても非常に効果的と考えられたのではないか。抽象的な「精神力」は一とか二の単位で計ることはできないからかけ声倒れになりがちだし、戦艦を一隻、二隻と語っても建造費も完成までに要する時間も莫大過ぎ、国民一人一人が協力した実感が持てないからだ。

ただし、戦時中の日本で戦艦献納への動きが皆無だったわけではない。一九四四（昭和一九）年に刊行された鈴木一馬（はじめ）『銃後の米英撃滅戦』は、「愛国戦艦献納同盟（仮称）」なるものを結成し、全国民一人一人が例外なく一円でも二円でも献金して戦艦献納の愛国運動を起こそうと提案した。鈴木はそのなかで、三万五〇〇〇トン戦艦一隻の建造に要する経費を一億二二五〇万円、起工から進水までの時間を二年一〜七ヵ月（英国諸戦艦の例）、進水から竣工までの時間を一年六ヵ月（戦艦陸奥（むつ）の例）と見積もっている。しかし、これでは現下の激しい戦争にとうてい間に合わないだろう。

鈴木の提唱に先立つ一九四二（昭和一七）年一二月、美術や文学、音楽など芸術界の指導者たちが第三次ソロモン海戦における味方戦艦一隻喪失の報をうけて大政翼賛会に参集、「戦艦献納の愛国運動」に邁進することを申し合わせた（『朝日新聞』一九四二年一二月二七日夕刊）。その後四三年末から翌年にかけて、名古屋市翼賛文化連盟が戦艦献納運動を展開した（『愛知県昭和史 上巻』）が、献納は実現していない。

戦艦沈没の大本営発表

【図20】は名古屋でおこなわれた戦艦献納運動中、拠金者への記念として配られたとみられる絵葉書『戦艦献納の詩』の外袋と葉書の一枚である。運動の主催は東海詩人協会、協賛名古屋翼賛文化連盟とある。葉書には、詩人の中山伸（しん）が「わがすめらぎの戦艦は」と題する詩を寄せている。「すめらぎ」とは天皇を、「つはもの」は将兵を指す。

わが　すめらぎの戦艦は／火牛のごとく　火に水に／空に猛（たけ）りて　つひに沈みぬ／わが　すめらぎのつはものは／阿修羅のごとく　敵を撃ち／撃ち　撃ち　撃ちて　つひに沈みぬ／わが　すめらぎの戦艦は／はたつはものは　死地に入り／死所を得たりと微笑みあらむ／あゝ　されど　されどわれら／いかで忘れむ／忘れ得じ　忘れざるべし／敵必滅の誓ひもて／卿（けい）等に報ひ　彼に応えむ

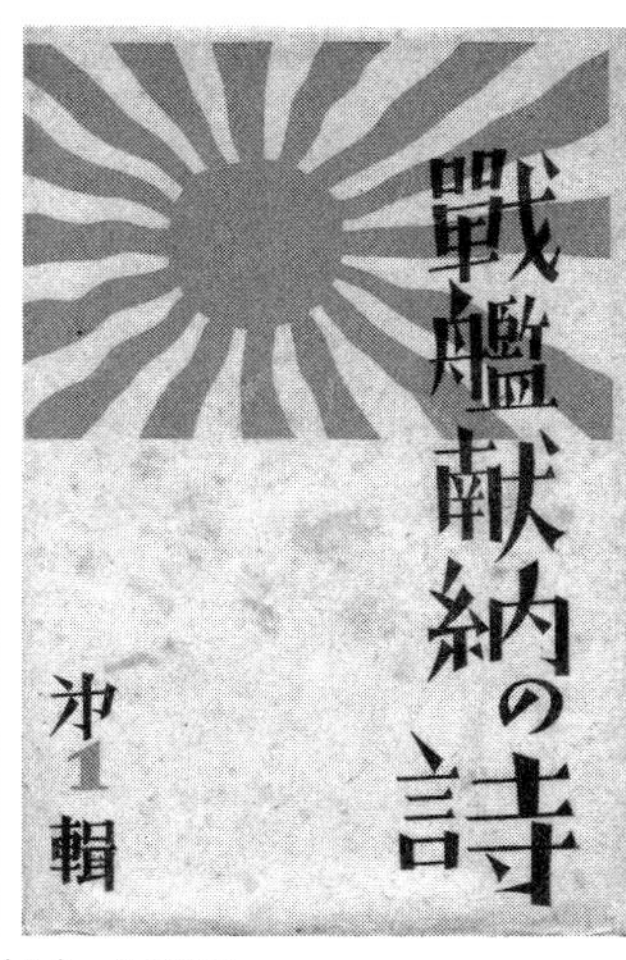

図20　『戦艦献納の詩』外袋（右）と葉書

明治以来のなじみぶかい戦艦のイメージは、戦時下国民の心に脈々と生きつづけていたことがわかる。戦艦があたかも人のように描かれているのは、その親しみの度合いを示すだろう。だが、やはり戦艦はこの詩がそうであるように大時代で古くさい。しかもこの沈没戦艦（艦名は秘匿されたが比叡）は、一九四二年一一月一二〜一四日の第三次ソロモン海戦で「一二日の海戦に敵空軍の攻撃により大破したる後遂に沈没となつた」（『読売報知』一九四二年一一月一九日、傍点引用者）と当時の日本で報じられたのである。

現実の比叡は、一二日夜の米巡洋艦隊相手の夜戦で舵を破壊されて漂流中のところを翌一三日昼間、米軍機のたび重なる空襲に遭い、味方の手で自沈処分された。つまり敵の戦艦ではなく飛行機にやられたという部分に限って事実に近い。

前出の一一月一九日『読売報知』の報道は、前日の大本営発表に基づき、一四日夜にもう一隻の日本戦艦が二隻の敵戦艦と交戦し、自らも大破したが敵二隻も中破遁走させたと報じていた。

東京・高円寺で歯科医をしていた一国民・碓氷元（うすいはじめ）（一九〇四〈明治三七〉～八一〈昭和五六〉年）は、こうした一連の報道に接して「戦艦を失ひしニュース聞き居れば涙はらはら音立てて落つ」「我等ゆめ不足は言はじ戦艦を失ふほどのいくさ思へや」との短歌を詠み、「ラジオの敗報のニュースは無闇に淋し」と戦艦への思いを日記に記した（碓氷『戦時庶民日記』）。

おそらくこうした声に対処するため、同月二八日に新たな大本営発表があり、そこで敵の戦艦は四隻に増え、うち二隻を撃沈、一隻中破と訂正された（『読売報知』一一月二九日）。この日の『読売』見出しには「敵味方、戦艦基幹の一騎打　宛ら（さながら）黒豹、黒獅子の総猛撃」と勇ましい言葉が躍ったが、実際の一四日の海戦では日本戦艦霧島（きりしま）が大破ではなく沈没した。二隻いた米戦艦は一隻（サウスダコタ）が傷つき、もう一隻（ワシントン）はほぼ無傷であった。

以上、読者諸賢は読んでいてわかりづらいかもしれないが、それは当時の戦況報道がわかりづらいのである。このあたりから、当初は簡潔明瞭であった大本営発表の信憑性に疑問符がつきはじめる。そして日本戦艦活躍の報道は、実際の戦局が飛行機中心となったのを反映して一九四四（昭和一九）年一〇月のレイテ沖海戦（後述）まで途絶え、戦艦の存在感は失われてゆく。前出の碓氷元は「熾烈なる防御砲火をくぐりゆき我が機次ぎ次ぎに敵艦を屠る」「自爆七未帰還三機レンネルの海を遥かに拝みかしこむ」と飛行機を扱った短歌を詠むようになる（一九四三年二月一日、前掲『戦時庶民日記』）。

「一機でも多く一時間でも早く」

一方同じ海軍兵器の献納運動でも、飛行機のそれは国民への訴求力で上をいっていた。以下は一九四四（昭和一九）年四月、神奈川県の事例である。同県小田原市七一町内と市内の富士写真フイルム株式会社従業員はそれぞれ海軍艦上爆撃機の報国小田原号と同富士写真号を海軍に献納し、四月二日、四日に市内国民学校講堂で命名式が催された。戦局の悪化を反映してか、献納飛行機の写真を壇上に掲げて神事をおこなったのみで、かつてのような実機の披露飛行はなかったようである。以下の引用文はすべて、富士写真フイルム株式会社内に設立された産業報国会（戦前、労働組合を改組するなどして作られた官製労働者団体）の機関誌『富士産報会々誌』（一九四四年七月）による。

この命名式では、国民学校女児代表の伊東初枝が「壮途を送るの辞」を朗読した。

> 米英は物量の豊富であるのをよいこととして次から次へと執念深く攻め返して来ます。遂に我本土「マーシャル」の島々や「トラック」島まで調子にのつて攻めて来ました。「機あれど飛機なきを如何せん」と兵隊さん達は悲痛なお言葉をおもらしになりました。「クエゼリン」や「ルオツト」の強い兵隊さんも此の飛行機がないばかりで（ママ）遂に玉砕をされたのだと思ふと口惜しくて口惜しくて胸がはりさける様です。飛行機が今少しよけいにさへ有つたら米英の弱い鬼兵などすぐに、打敗（うちまか）すことができますのに本当に一機でも多く一時間でも早くお送りしたい、何とかせねばならない此の一念が、桃咲き桜咲く今日此の日、私達六万五千の小田原市民の手で海軍機二台を生み出すことになりました。（傍点引用者）

彼女の語る対米戦争は、その戦場も負けている理由も具体的かつ明快である。戦いに連敗しているのは、戦艦ではなく前線の飛行機があと一機足りないばかりに、味方のいる島々へ押し寄せる米船団を撃沈できないからだ。そうであるならば、「六万五千」と具体的な人数の小田原市民が同じく具体的な「二機」の飛行機を送り出せば、そして彼女は直接述べていないが「一億」の日本人が同じことをすれば、この戦争は勝てるはずである。

飛行機は国民総動員に好都合

同じく登壇した小田原市長・益田信世は「祝辞」で食糧の増産や輸送手段の確保、貯蓄の増強、電力節約、石炭採掘、木材伐採、そしてヒマを空き地に植えることは航空機に必要な潤滑油を作ることであり、したがって「我々の労作、生産の一切は航空機生産に関連のないものはないのであります」と断言した。飛行機生産は内地の国民全員に何らかの関与や協力が可能であり、日々の努力の成果も戦艦と違って目に見えやすい。飛行機は老若男女すべての日本国民を戦争に注視、協力させるうえで、じつに便利な象徴的存在となっているのだ。

なぜこのように飛行機を使って人びとを戦争に注視させ、必ず勝てると強調せねばならないのか。その答えは、この市長の祝辞と同じ頁に掲載された無題、無記名のコラムに、つぎのような文章があることからわかる。「此の大東亜戦争こそ、皇国の興亡を賭けた一大決戦であることを、我々は甚だ屢々見聞して居る〔中略〕ところが、興亡の亡が近来頻りに問題にされてゐるやうである。皇国に亡はあり得ない、と言ふのである」。このコラムの筆者は「我々国民の一人として、此の戦争を、負ける等と考へて懸つてゐる者は一人もあるまい」、だから「亡」の時は不要と強気な主張をしている。

しかし、実際には内心で「負ける」と考えはじめた者が多いからこそ、こうした文章は書かれるのである。もし今後「負ける」などと公言する者が出てくれば、銃後の戦争支援態勢は崩壊し、国内の治安も大混乱におちいるかもしれない。だから、あたかも何かの式典に人びとを集めて壇上の人物や国旗に注視させ、その服従を確保するのと同じように、全国民に何らかの具体的関与が可能な飛行機をその前面に出して注視させることで、不安の表面化を押さえようとしたのであった。これは戦艦にはできない役割である。

もちろん、陸海軍や行政の権力者がひとたび飛行機増産の檄(げき)を飛ばせば全国民が唯々(いい)諾々(だくだく)とこれに従ったはず、とみるのは単純に過ぎる。面従腹背した人も大勢いるはずだ。しかし、このような悲壮感に満ちた、わかりやす過ぎる総力戦言説が何の訴求力も発揮しなかったとも言えないのではないだろうか。それではこの一九四四（昭和一九）年に日本の航空機生産数が最大となったり（一九四三年・一万六六九三機→四四年・二万八一八〇機）、大勢の青少年が軍に志願したこととの説明がつかなくなるからである。

戦後に作られたアメリカ戦略爆撃調査団の報告書は、戦争末期に日本の航空工業全体に働いていた者は一五〇〇万人を超えたであろうと推定し、一九四一（昭和一六）年一二月から四五（昭和二〇）年八月までに造られた機数六万五九七一台、発動機一〇万三六五〇台という成績は、さまざまな制約下で運営されねばならなかった日本の経済としては決して少なしとはいえない、と評している（アメリカ合衆国戦略爆撃調査団編『日本戦争経済の崩壊』）。

「世界指導文化」としての生け花

ただ、戦争後半にさまざまな団体や個人がおこなった飛行機献納は、神奈川在住少国民たちのように何の見返りも求めぬ純粋な自己犠牲意識のみに基づいていたわけではなかった。華道の家元・池坊（いけのぼう）は一九四四（昭和一九）年に「第二次軍用機献納運動」をおこない、同年八月八日に陸海軍へ各一六万円を献金した。この運動では家元が一〇万円を、門弟が九九万円余を献納するなどして一〇九万円余の金が集まった。

池坊はこの金より海軍に五六万円、陸軍に五二万円（前述の一六万円を含むとみられる）、大政翼賛会文化部提唱建艦資金へ一万円をそれぞれ配分、残りは第三次献納機運動に繰越した。第一次・第二次献納運動の結果、献納機池坊号は陸海軍各七機、合計一四機となったという。一方の戦艦献納にはわずか一万円が払われたに過ぎない（以上『華道家元池坊総務所彙報〈第一号〉』一九四四年八月）。池坊からみても、この戦争は戦艦ではなく飛行機の戦いであった。

この一見熱心な飛行機献納は、厳しい戦時態勢下にあって優雅な華道の継続を当局や国民に認めてもらうためにとられた時局順応策だったろう。だが、この『彙報』の冒頭で家元総務所監事・山本忠男は「決戦国民総武装と家元門弟の覚悟」と題するきわめて興味深い、打算的ともいえる訓話を門弟たちにしている。いわく、「決戦下の教養として只一つ残された道、夫れは華道です。戦勝の暁の華道は世界指導文化となるは必定です。然も其の中心は大日本華道家元池坊と其の門弟によって培われるのです」。

山本は自らの芸道を、勤労女性が疲れた心身を癒やしてふたたび生産に邁進するための唯一の「教養」と説明していた。そしてこの戦争は自らの芸が「世界指導文化」（！）となるための戦いであった。戦時下の池坊一門にとって、軍用飛行機とはそれ自体が夢なのではなく、自らが国策に忠実であることを端的に証明し、いずれは世界を指導する立場につくという夢をかなえてくれる便利で有益な道具だったわけである。戦中の飛行機献納運動からは、単なる体制への恭順にとどまらない、国民のさまざまな欲求や夢のかたちが透けて見える。

増産呼びかけと現実

戦時中における飛行機増産の呼びかけの実態について、長野県河野村村長の胡桃澤盛にも登場してもらおう。彼は一九四三（昭和一八）年一一月一〇日の郡町村長会で中原（謹司か）代議士の「最近の状勢」に関する講演を聞いている。中原は「今議会の重要法案たる軍需会社法案――生産の委任制であり観方に依っては一大産業革命である。航空機の飛躍的増産、年末には二倍、来春三倍、十九年度に於ては対米同数の生産を挙げ得る」とじつに景気のよい、歴史の結果を知る我々には単なる放言といってもよい話をしていた。

この講演中の軍需会社法とは、飛行機会社などの民間企業を政府が軍需会社に指定し、強い指揮命令権を持つ旨などを定めた法律で四三年一〇月に公布、一二月に施行された。胡桃澤の生きる世界で日本の飛行機生産数はけっして米国に負けないことになっていたし、それを疑えるような情報や材料は特になかった。かくして胡桃澤はこの年大晦日の日記に「此の歳を送るについての雑感。〔中略〕マキン、タラワの玉砕と戦局は我に有利でない。国内的には急速なる戦力の増強を目ざせる航空工業への重点集中〔中略〕愈々緊迫せる戦局への備えに異常なるものあり」と飛行機増産への決意の程を書いたのであった。

飛行機生産数で米国に並ぶという中原代議士の叫んだ目標は、本書三二九頁で出てきた小田原市長・益田信世が四四（昭和一九）年四月の海軍献納機命名式で「去る議会に於て東条首相は「航空機の増産に就ては克く多方面の困難を排除して一路飛躍的上昇の線を辿り、生産の現状は昨年度に比すれば二倍以上に達した」と力強く明言されたのであります

図21　航空機増産のため学徒動員（写真提供＝朝日新聞社）

が、我々は敵米国の航空機生産能力が我に比し数倍の量に上り、而も逐月上昇しつつあるのを聞くとき一日として晏如たり得ない」と述べたように、戦時下日本では一部実現、一部継続目標扱いとされて、国民の戦争継続意志の喚起材料に使われていた。くりかえすが、その真否を疑う材料をほとんどの一般国民は持たない。

　実際の統計はどうだったのだろうか。一九四四年の米国飛行機生産数は一〇万七五二機、日本は二万八一八〇機である。一九四一年における両国の生産指数を一〇〇とすると、四四年の米国は五一八・四、日本は五五三・八となる。すなわち、生産の伸び率では日本は米国に匹敵していた。とはいえ、一九四四年七月の日米航空機生産能率（労働者一人一日当たりの機体生産量）は米国二・七六ポンドに対し、日本のそれは〇・七一ポンド、つまり能率の面で日本は米国にはるかに及ばなかった（高橋泰隆『中島飛行機の研究』）。これらの悲しい数字を大多数の国民は知る由もないまま、ひたすら飛行機増産への努力を督励されていたのである（【図21】）。

こうした督励は人についてもおこなわれた。海軍は一九四四年三月、全国より志願兵を募集するため市町村役場や学校の指導者用に作った宣伝参考書『指導者用海軍志願兵参考書』（海軍協会編）のなかで、「航空兵力を有せずしては現代戦に於ては全く作戦が成立たない。航空戦に敗れ制空権を失つた艦隊は優勢なる航空兵力を有する相手の艦隊に対して全く歯が立たぬ時代となつた」と断言、我が海軍わけても海空軍の担う責務がいかに重要であるかは言うまでもない、すなわち大東亜戦争はまず我が優勢なる航空兵力で敵航空兵力を撃滅し尽すことによって最後の勝利を獲得しうる、だから飛行兵に志願せよと檄を飛ばした（海軍協会主事海軍大佐・小檜山眞二「甲種飛行予科練習生に就て」）。

本書の読者には、こうした「現代戦」に関する物言いが一九四四年段階ではじめて出てきたわけではない、昭和初期以来の既視感に満ちたなじみ深いものであることが、容易に理解されるだろう。小檜山が海空軍の重要性はいうまでもない、などと断言できたのは、それまでの社会における〈軍事リテラシー〉の蓄積あってのことだった。

戦争に一喜一憂

一九四四（昭和一九）年六月、マリアナ沖海戦前後の内地における戦況報道と国民との関わり方を、胡桃澤盛の日記からみてみよう。

一九四四年六月一六日、B―29による北九州爆撃と米軍のサイパン島上陸の報を聞き、「愈々決戦段階に突入だ」との感慨を記した。しかし「敵米、サイパン島の飛行場を奪取す。戦局愈々急」（六月二九日）と、伝えられる戦況は芳しくなかった。そこで七月五日午前四時、村社境内にて「米太平洋艦隊撃滅祈誓」の暁天動員を実施し、全村民を参列させて「米英撃滅の為奮起すべき決意を新に」した。

同月一八日、胡桃澤が郡の会議に出ていると、特高主任より「本日午后五時大本営発表を以てサイパン嶋皇軍将兵、在留民全員戦死の発表があります」との報せがあった。「全員粛として声なし。后五時に到れば全員起立、黙禱。海行かばを斉唱す。熱涙下る」。胡桃澤は散会後、ただちに村役場に電話して明朝暁天動員をおこなうよう命じた。

翌一九日午前五時、村社境内にて暁天動員が実施された。各集落とも集落の長の引率で村社に集合、村民大会を催し「出席人員八百□□〔空白〕名。空前の粛たる感激に満ちたる会合に終」わった。おそらく全国の村々で同様の光景がみられただろう。

同月二三日、長師（長野師範学校か）講堂で県民総蹶起協議会が開催された。（地方）長官訓示で「サイパン嶋失陥後に於ける指導者の立場」を説かれ、「愈々えらい事になってくる」と感じた。つづいて栗原大本営海軍報導（道）部長による「戦局の現段階に付て」の講演を聴いた。栗原は「マリアナ方面の六月十八日、二十日の海戦は残念乍ら我方の敗。爾来同方面の制海権、制空権を米に握られ、遂に七月サイパンの全員戦死となる」と語った。胡桃澤はこれを聞き、「全国民は今一度大東亜戦の勃発前の情況、大東亜戦の意義を〔開戦の〕御詔書に拝して、戦争一本に突進すべく決意を新たにしなくてはならぬ」との感想を記している。

一〇月一八日、沖縄・台湾を空襲した米機動部隊を日本軍航空隊が捕捉強襲し、空母一一隻を撃沈したと報じられた（台湾沖航空戦）ため、村は翌日大戦果祝賀行事を実施することになった。一九日午後五時、全村民（堀越〈地区名か〉は遥拝所）が村社に参集して祝賀式を挙行、終って集落ごとに分かれ、特配酒で祝宴を催した。「実にうれしき事なり」との一文からは、この航空戦争を他人事ではなく我が事ととらえ、一喜一憂していた胡桃澤の心境が伝わる。

しかしよく知られているように、この大戦果は完全な虚報であり、実際に沈んだ米艦は皆無だった。

レイテ沖海戦

　さて、連合艦隊司令長官はマリアナ沖海戦敗退後の一九四四（昭和一九）年八月一日、「連合艦隊作戦要綱」を、同月四日「捷号（しょうごう）作戦ニ於ケル連合艦隊作戦要領」を示した。その要旨は、近く予想される米軍の上陸侵攻に対し、まず基地航空部隊が支援の米空母部隊を捕捉撃滅して戦場の制空権を獲得する、ついで戦艦大和、武蔵以下の水上部隊が敵上陸点に殺到して輸送船団を撃滅するというものだった。水上部隊の突入は敵上陸開始二日以内に実施し、航空撃滅戦は水上部隊突入の二日以前に開始するとされていた。

　捷号作戦は作戦地域により一〜四号に分かれていたが、侵攻の公算がもっとも高いと考えられていたのは捷一号すなわちフィリピンであった（防衛庁防衛研修所戦史室編『戦史叢書　海軍航空概史』）。空母ではなく戦艦に最後の望みを託した、一種の逆張りと言える。これが成功すれば、日本の面子（メンツ）の立つかたちで対米講和に持っていけるかもしれない。

　日本側の予測は当たり、米軍は一〇月一七日、フィリピン中部のレイテ島に来襲した。これに対し、日本軍は一八日夕刻に捷一号作戦を発動した。水上部隊中の第一遊撃部隊（第二艦隊の大部分）のレイテ突入は二五日黎明、基地航空部隊の総攻撃開始は二〇日と決められた。しかし実際の基地航空部隊の総攻撃は天候などの関係で二四日に遅れ、しかも索敵が不十分で三群に分かれていた米空母部隊のうち一群しか発見・攻撃できなかった。

そのため、この二四日、レイテ湾に向けて進撃していた第一遊撃部隊第一・第二部隊（通称栗田艦隊、戦艦大和・武蔵ほか）は残りの二群から激しい空襲を受け、戦艦武蔵を失った。また二四日から二五日にかけての夜間、栗田艦隊よりも早く別方向からレイテ湾に突入した第三部隊（通称西村艦隊、戦艦山城・扶桑ほか）は、湾の守備に就いていた米戦艦部隊（旧式戦艦六隻ほか）に迎撃され壊滅している。

ところがこの米空母群は、日本側の残存空母部隊（通称小澤艦隊）を使った囮（おとり）作戦に引っかかって北上をはじめた。栗田艦隊はその隙を突いて翌二五日、レイテ湾まであと二時間の距離まで接近することができたが、湾を守備していた別動の米護衛空母群の必死の抵抗でかなりの損害を出した。その最中に敵空母部隊発見の報（偽電とされる）を受けるや、これを攻撃するとして反転北上、結局突入を果たせないまま海戦は終了した。

戦後、もし栗田艦隊が突入さえしていれば、大和以下戦艦四隻の主砲の威力により、前夜の西村艦隊との戦闘で弾薬を使い果たした米戦艦部隊と輸送船団の撃滅に成功しただろう、といわれてきた。しかし現在では、実際の米艦隊はかなりの弾薬を残しており、したがって隻数で劣る栗田艦隊が必ず勝てたとは言いがたい、との見解が有力である。

大本営海軍報道部は、このレイテ沖海戦を「航空兵力を主兵力とする「艦隊勢力」の激闘」と国民に解説した（「勝機確保の追撃戦」『写真週報』三四六、一九四四年一一月八日）。そして「現代の艦隊勢力」は、「昔の艦隊」――海上艦艇、戦艦を主兵力とする艦隊とはまったく趣を異にするものである、「現代の艦隊」とは、単に艦船部隊のみによって成り立つのではなく、基地航空部隊をも含む航空部隊及び機動部隊などを根幹とする艦隊勢力こそが連合艦隊なのである、とした。まるで海戦に勝ったのは日本側のようである。

ここに至って、海軍は長年にわたる戦艦と飛行機の優位論争の決着を、国民の面前で自ら正式につけたわけであるが、実際にはずっと前から海軍の戦いは飛行機中心とされていたことは本書でみてきた通りである。それはともかく、この宣伝記事と同じ頁には有名な詩人高村光太郎（たかむらこうたろう）の「黒潮は何が好き」と題する異様な戦意昂揚の詩も載っている。戦時下対国民宣伝のもっとも陳腐な事例として以下に引用する。

黒潮は何が好き。／黒潮はメリケン製の船が好き。／空母、戦艦、巡洋艦、／駆艦、潜艇、輸送船、／『世界最大最強』を／頂戴したいと待つてゐる。／みよ、／黒潮が待つてゐる。／来い、空母、／来れ、戦艦、／『世界最大最強』の／メリケン製の全艦隊。／色は紺染め、／白波立てて、／みよ、／黒潮が待つてゐる。／黒潮は何が好き。／黒潮はメリケン製の船が好き。

この単に願望をつぶやいただけの空疎な詩ですらも、空母は戦艦の前に位置づけられて、その主力ぶりを主張している。海軍は詩人に「空母を戦艦の前に置いて作詩してくれ」とわざわざ頼んだのであろうか。詩の脇には「帝国連合艦隊は堂々たる「現代の艦隊」である。そしてその実力を世界に示したのが「フィリピン沖海戦」である」との誇らしげな文章が躍っているが、現実の海戦では空母部隊どころか連合艦隊自体が壊滅していた。

航空特攻へ

この戦艦の地位低下をより断定的に国民に説いたのが、本書「はじめに」で引用した大本営海軍報道部長・海軍大佐栗原悦蔵の『朝日時局新輯 戦争一本 比島戦局と必勝の構へ』(一九四五年)である。栗原は「戦艦は決して敵前上陸は行はない」、行うのは兵士や物資を積んだ輸送船団である、にもかかわらず「大本営発表に「戦艦一隻轟沈」と発表されたら、同じ軍艦マーチの前奏で聞く「輸送船一隻撃沈」よりは、あなた方は胸をときめかしはしないか。「戦艦をやつた、凄いぞ」といふ気持になるだらうが、「輸送船」をやつた場合にも、戦艦をやつつけたのに劣らぬ戦果をあげたものと考へて貰ひたい場合がたくさんある」などと国民に意識改革を訴えた。

この訴えは、国民のあいだに大艦巨砲主義という明治以来の古い戦争観が根強く残っていた事実の裏返しかもしれないが、海軍がこの期に及んでもなお、国民に「凄いぞ」と言ってほしくて戦争を継続していたことの表れでもある。

しかし、海軍は自らの空母艦隊が壊滅したというのになぜ、これからの海戦は航空主兵とわざわざ言明する必要があったのだろうか。それは、以後の対米主戦法が飛行機の体当たりで米軍の艦隊を撃滅する航空特攻に移行したことを印象づけるためだろう。

大本営海軍部は『写真週報』と並ぶ政府の宣伝誌『週報』四四年一一月一日号で「艦隊の主力をなすものは既に航空機となつたのである」と述べ、「艦隊決戦とは単に艦艇のみの戦闘ではなく、空母から舞ひ立つ艦載機も、陸上基地よりの飛行機もすべてが参加する戦闘であり、なほ且つ航空兵力こそその主力たるべきものとなつた」と解説した（大本営海軍報道部「艦隊の艨艟（もうどう）〔軍艦の意〕決戦へ」）。一見、昭和初年以来の古い「制空権下の艦隊決戦」概念がくりかえされている（しかももはや艦隊決戦は不可能）ようだが、今後の戦いの鍵である空母とは、艦載機とはいったい何か、といったそもそも論はもはやおこなわれていない点に注目したい。この点が本書で見てきた対国民啓蒙の成果である。

この記事は「一機一艦」というきわめて明快なスローガンを掲げ、航空特攻を彼我の物量差を補い「日本が勝つ」ための「必勝方策」と説明している。特攻は内地国民とその宣伝の視点に立てば、悪い意味で啓蒙的な論理の蓄積から導き出されたわかりやすい、ゆえに誰でも納得できそうな戦法だった。

前出の栗原大佐『戦争一本』も、今後の戦争は現代科学の最高峰をゆく飛行機に神様の特攻隊員が乗り込む神風（しんぷう）特別攻撃隊なる「敵と相似形（そうじけい）ならざる」「独得の戦法」によっておこなわれると強調していた。戦争で強敵と同じことをやっても勝てないだろうが、何か違うことをやれば勝てるかもしれない。この大正期から存在する単純かつ希望的な観測（本書一八三頁参照）に支えられて戦争は一九四五（昭和二〇）年八月までつづく。

米海軍の対日作戦思想

戦艦を使った日本海軍最後の賭けはレイテ沖で完全な失敗に終わったのであるが、近年のアメリカでの戦史研究は、米海軍とて空母を真珠湾で失った戦艦の直接の代用として当初から適切に用い対日戦に勝利できたわけではなく、当初はその用法に混乱を来していたと指摘している。

元米海軍大学校教官のトーマス C・ホーンは、その混乱の例として、各空母は分散させて行動させるべきか、あるいは集中させるか、という空母指揮官同士の論争を挙げる。集中を避けて分散させれば日本軍機の攻撃で一網打尽となる危険性は低まるが、その代わり各艦から発進させた迎撃戦闘機の統一指揮が難しくなり、結果として対空防御網に穴が空いてしまうのである。

こうした混乱の収束は、一九四三（昭和一八）年、エセックス級の大型空母群とその搭載する高性能レーダーや新型のＦ６Ｆ艦上戦闘機、対空防御の統一指揮システムの出現、そしてＰＡＣ―10（「太平洋艦隊の戦術隊形及び理論」）と称する文書の制定を待たねばならなかった。このＰＡＣ―10とは、従来の戦訓を踏まえ、太平洋艦隊の空母機動部隊の戦況に応じた柔軟な運用をめざしたものだが、それはあくまでも艦隊は空母と戦艦の連合部隊である、という枠内でのことであった。

かくして米海軍は一九四四（昭和一九）年以降、中部太平洋で電撃的な要地攻略作戦を展開可能となったが、彼らは戦艦を単なる空母の従属物とはみなしていなかった。同年六月、マリアナ沖海戦の指揮を執ったレイモンド・スプルーアンス大将は常に戦艦の集中に意を払い、戦艦のみの部隊を編成した。しかし同年一〇月、レイテ沖海戦の指揮を執ったウィリアム・ハルゼー大将の指揮する第三八機動部隊は高速戦艦と空母の連合部隊であり、日本軍が夜間攻撃を仕掛けてきたときには、ガダルカナル攻防戦時と同様、戦艦部隊が迎え撃つことになっていた。ホーンは、ハルゼーの作戦計画のなかで思い描かれていたのは〝空母部隊〟ではなく〝連合部隊〟であったことを強調している（以上Thomas C. Hone, "Replacing Battleships with Aircraft Carriers in the Pacific in World War II"）。つまり、戦争後半の米海軍が戦艦を軽視していたわけではまったくない。

海軍史研究者のトレント・ホーン（前出のトーマスとは同姓の別人）も、戦前の米海軍が長年研究してきた対日戦略が日本と同様に艦隊決戦を想定していたこと、真珠湾攻撃で戦艦部隊が壊滅したのちも、米海軍の司令官たちのおこなった艦隊運用が戦前からの戦術研究に基づき、その欠点を修正するかたちでおこなわれていたことを指摘している。

ハルゼーがレイテ沖海戦でめざしたのは、空母と戦艦の連合部隊による日本艦隊の撃滅、すなわち戦前からめざしていた〝決戦〟であった。それゆえハルゼーは前述したように主力と誤認した日本軍の囮空母部隊（小澤艦隊）を撃滅すべく、高速空母と新型戦艦の連合部隊を率いて北へ進撃したのである。

ホーンは、このように米海軍の司令官たちも戦前以来構想されてきた艦隊決戦の実現を思い描いて戦っていたことを強調し、彼らの艦隊運用にも欠点はあったと指摘している。一つは、日本軍が長年水上戦闘理論上の重要な要素として重点を置きつづけた夜戦であり、もう一つは分割された隊列と散開した隊形の運用法である。前者について、マリアナ沖海戦時のスプルーアンスは戦艦部隊による夜間戦闘を望まず、結果として日本艦隊との決戦の機会を逃した。

後者について、ハルゼーはレイテ沖海戦で戦力集中の原則に固執して戦艦部隊と空母部隊を運用したが、もしこれを適切に分散運用できていれば、栗田艦隊と小澤艦隊を同時に撃滅し、決戦の目的を果たすことができただろう、という。

ホーンは結果的に日米戦艦同士の決戦が起こらず、戦争の最後の一八ヵ月間の戦い（一九四四年二月の米機動部隊による日本海軍の一大拠点・トラック大空襲から終戦までを指す）で空母が支配的な役割を果たしたからといって、中部太平洋作戦における戦艦が空母の支援に追いやられたとみなすのは正しくない、戦艦は戦前と同様、米艦隊の決戦計画上の重要な要素、作戦の一部でありつづけた、と指摘する。戦艦が艦隊の基幹たる高速空母の周囲で支援の役割に回ったのは、あくまでもレイテ沖海戦で日本艦隊が壊滅した後に過ぎないのである（Trent Hone, "U.S. Navy Surface Battle Doctrine and Victory in the Pacific"）。

こう言われると、現実の戦争よりも日本国内の対国民宣伝で描かれた戦争のほうが、より単純な飛行機の戦いであったようにさえ思えてくる。

アーネスト・キング合衆国艦隊司令長官兼海軍作戦部長が一九四五（昭和二〇）年三月一二日付でフォレスタル海軍長官に送った作戦報告書には、「母艦対戦艦に関する様な論争は存在しなかった。航空機は艦船が出来ないことを行い、艦船は航空機が出来ないことを行う。相共（あいとも）に作動して水上艦艇、潜水艦及び航空機が、その足らないところを相互に補償しあうところに、総合体としての力が各部分の総計の力よりは大であるのである」とあった。米海軍は戦艦と飛行機の双方に独自の役割を認め、それらを足すのではなく掛け合わせることで、その艦隊の力はより大きくなった、と自賛したのである（山賀守治訳『キング元帥報告書』）。

キングが母艦対戦艦の論争は「なかった」ととくに述べているのは、水面下では「あった」ことを示唆している。だが彼らは、空母と戦艦のどちらがより注力すべき「主兵」かというせせこましい話は日本海軍と違って少なくとも公式にはしなかった。

キングが報告書の讃えた〝戦艦ならではの力〟とは、「艦隊戦闘に於けると同様、水陸両用作戦に於て海軍砲火を新たに適用することは、戦艦が無用に帰したのではなくして、却ってその万能にして本質的艦艇なることを証明した」との一文があるように、日本軍の築いた強固な陸上陣地への猛砲撃と破壊であった。戦艦のおこなう「艦隊戦闘」について特段の言及がなかったのは、それが偶然起こらなかったからに過ぎないともいえる。

「挙げて航空決戦へ」——銃後の航空戦

こうした前線での連日にわたる激しい海空戦は、日米とも、銃後国民の協力なしにはできなかった。協力の具体的な中身として、自ら飛行機の製造現場に立つ、飛行機に乗る、その予算を国債購入や貯金などで支える、などがあったことはすでに述べた。大本営海軍報道部長・矢野英雄少将は一九四三（昭和一八）年五月二七日のラジオ放送で「日米間の航空決戦」についてふれ、「国民が心血を注いで造りあげた各種の新鋭機は続々出撃し、新鋭戦艦初め有力なる新艦艇も堂々の姿を洋上に浮べてゐるのである」と叫んで士気高揚をはかっていた（矢野「決戦下海軍記念日を迎へて」『国策放送』三─七）。

矢野は、飛行機は（戦艦とは異なり）国民が一丸となって造るのだと述べ、その義侠心に訴えたのである。彼は翌年三月に中部太平洋方面艦隊の参謀長としてサイパン島へ赴任、皮肉にも味方がマリアナ沖海戦という「航空決戦」に敗れた結果、同島で戦死を遂げた。

胡桃澤盛は戦時下の河野村村長として一九四三年一〇月三一日の日記に、

国も愈々明一日より行政機構の改革を行い決戦態勢の確立をなす。挙げて航空決戦への邁進である。農村も食糧増産だけでは責任が済まなくなって来た。軍事要員の急速なる送出を行わなくては責を果されない。海軍志願兵二〇名。今度割当の陸軍諸学校生徒割当一一名。計これだけでも三十一名の青少年を出さねばならぬ。世の総（すべ）ての親

図22　少年飛行兵募集のポスターを見る子どもたち
（写真提供＝朝日新聞社）

> に子は御国の者と云う観念を一層明確に持って貰わねばならぬ。

と書くなど、大勢の「航空決戦」要員の調達というかたちでの戦争協力をしていた。戦争後半の国家権力は彼のような地域指導者層に止まらず、国民全体に航空戦への協力をくりかえし要請していく（【図22】）。

　大政翼賛会の調査部は、彼のような地域指導者層のために『一億憤激米英撃摧運動資料』と題する宣伝マニュアルをレイテ沖海戦の起こった一九四四（昭和一九）年一〇月に作成している。この粗末な紙をホチキスで綴じた簡易な本は、「敵米・英の野獣性」「戦闘に現はれたる敵の鬼畜行為」の項目とならんで「決戦航空機の増産」を収録、戦局が不利なのは「航空機の不足」のせいであり、その挽回も「航空機の量質両面に於ける躍進にある」と断言、今や全国民が飛行機の増産に協力するか、あるいは自ら乗って空を制圧するかの二つに一つである、と訴えている。

これは当時の対国民宣伝がヒステリックな精神論の押しつけのみならず、物質的合理性にもとづく説得との両面から成り立っていたことを意味する。ただし、ここでいう合理性とは、話の筋がとりあえず通っているというだけのことであり、戦時下日本社会における非合理的・抑圧的な側面の存在を否定しうるものではない。こうした宣伝方針に基づき、国民に対する航空宣伝活動が展開されていく。以下、これに関係する二つの史料を紹介する。

権力側の〈説得〉

一つは大日本飛行協会編のパンフレット『あなた方も直接航空戦力増強に協力ができる！　第五回航空日』（一九四四年、【図23】）である。

大日本飛行協会は一九四〇（昭和一五）年、国民への航空思想の普及を目的に、帝国飛行協会など既存の民間航空団体を統合して設立された半官半民の団体である。「わたくし共の全生活を、この増産の一途に投げ込んで行かねばならぬのです」、「航空機増産は家庭婦人にも責任がある　主婦の　ちよいとした注意が　かくも沢山の飛行機を造り出すのです　こんな物が　と思はれる物までが　航空機増産の原動力となるのです」と、国民総数の半分を占める女性たちに飛行機増産と物資節約とを直接要請している。この語り口には、〈説得〉という戦時権力側の姿勢がよく現れている。

もう一つは、同協会編『航空決戦と少年　特に御両親に訴へます』（戦争後期、【図24】）である。航空兵の志願を募るために作られた小冊子だが、「これからの戦争は、互いに先づ制空権を奪ひ合ふことに主力が注がれるのであります。従つて、先づ空で勝たねばならぬのであります」とあるように、若者たちの両親を説得することで、危険な航空兵への志願を促そうとしたものである。戦時下であっても、未成年者の航空兵への

図23　『あなた方も直接航空戦力増強に協力ができる！』

図24　『航空決戦と少年』

志願は親の同意なしにはできず、とくに母親の同意を得る必要があったことはいうまでもない。

　これらの史料から浮かぶのは、当時の軍部や権力側が、戦争を「国民全部の事業」（本書一〇頁参照）とみなして人びとにその協力を慫慂していたこと、そしてその戦争は戦艦ではなく飛行機主体の戦いであったことだ。胡桃澤の日記などからみてきたように、民衆が航空戦を人、金、モノの面から支えていたのである。

戦意低下

　ところが、敗戦の年である一九四五（昭和二〇）年には、胡桃澤の日記から空襲を除く戦局関連記事がほぼ完全に消えてしまう。一九四四年一一月三日の日記に「台湾東方比嶋沖等大戦果挙りたりと雖［も］、レイテ湾方面の敵は、其の後、勢を増強しつゝあり。盟邦独乙振［わ］ず。聊か寂寞たるものあり」と記したように、あいつぐ航空戦の勝報にもかかわらず戦局がいっこうに好転しないため、軍による戦争協力への説得がしだいに効果を失ってなげやりになったのである。同年一二月三一日の日記には、「我が伊那谷の空をも去る八日上田空襲以来何度か通過。茲も戦場。併し、我々の戦争は米麦の増産、供出にある」と書かれている。

たしかに戦争末期の日本における食糧増産は農家向け雑誌で「航空機増産の最良の方法はあらゆる手段を尽くして藷を作ることだ」と飛行機増産とほぼ同一視され、「農家が食糧を確保してくださるから、我々工員は働けるのだ」とほとんどおだてるように農村の奮起が要請されていた（「航空機増産と食糧」『家の光』一九四四年三月号）から、米麦増産も航空戦への協力ではあった。それでも、「併し」の箇所からはどこか、自分は農民なのだから目の前の農業さえやっていればいいのだ、という捨て鉢さを感じてしまう。

これは彼一人がそうだったのではない。一九四四年一二月六日の胡桃澤日記に「午后、翼賛会協議会。駄目な空気。米英撃滅一億総進軍の出発協議会と云うには余りに低調である。此の空気を村民に見せたら、松根の掘取も供米も一寸気が抜けるだろう。一般村民の方が指導者面をしている者より志気が旺盛だろう」とあるように、地域の指導者層全体がそうであった。前述したように、彼らはマリアナ沖海戦は「我方の負」だったと軍からはっきり知らされる立場にあった。もしかしたら〈軍事リテラシー〉の高い者ほどいち早く、この戦争に見切りをつけたといえるかもしれない。しかし、その時一般の村人たちは、依然として一生懸命、飛行機燃料の材料となる松の根を掘っていたのである。

松根油の採掘ノルマ

人びとが苦労して掘り出した松の根を乾溜することで航空機燃料の松根油（しょうこんゆ）が得られた。政府の写真宣伝誌『写真週報』第三四九号（一九四四年一一月二九日）は、「勝利の油 松根油を増産しよう」と題する記事で松の根から油を製造する過程を写真で解説し、農商省は一九四四年一一月一日から五ヵ月間を松根の集中増産期間として徹底的な採掘をおこなうことにした、「これが本当の根こそぎ動員です」と報じた（不覚にも笑ってしまった）。そして、つぎのように国策への協力を呼びかけた。

> 今まで幹が生産の第一線に応召した後、山野にそのまゝ放置されて、肩身の狭い思ひをしてゐた松の根にも、いよ〳〵応召の時が来たのです。松の根の所有者は、今こそ進んで採掘承諾書を市町村長に提出し、一刻も早く『松根油』の増産に努めようではありませんか

この一文は非常に興味深い。松の根は勝手に掘ることはできず、私有財産である以上、所有者の承諾が必要であることを示すからだ。承諾しない場合「肩身の狭い思ひ」をするのは松の根ではなく所有者であるから多くは採掘に応じたと思われるし、結果からいうと採れた油はほとんど戦争の役に立たなかった。しかしながら、このユーモアめかした国策協力への説得は、目下飛行機で戦われているところの対米戦争の総体が、国民による一定の自発性の発揮や同意なしには継続不可能であったことを示している。

一九四五年一月六日付『信濃毎日新聞』の記事「下伊の松根と木炭」によると、河野村の属する下伊那地方では「焦眉の決戦資材」である松根について、目標七〇万貫の一二〇パーセントにあたる八四万三九〇〇貫余を確保し、三月末までには全量を集荷し決戦場へ送られるはず、殊勲村は喬木村の五万六〇〇〇貫、千代村の五万三四三七貫などであったとされる。村単位にノルマを課すことで競争させていたのである。同時に課された「非常供出薪（たきぎ）」も「寒波を克服し積雪を蹴つて生産者や学童、婦人会員の指（ママ）から荷牛馬車、トラツクなどへ積み替へられ続々と奥地から搬出されて」いた。

この日の同紙一面では、折からのフィリピン・ルソン島の「決戦」が、レイテ島などの航空基地から「絶対量」で押してくる米軍と、「特攻隊精神」で立ち向かう日本の航空戦力同士の戦いとして解説されていた（「敵一大出血への神機到来す　本格的比島決戦展開されん」）。

これらの記事に敵の「出血」とか「消耗」などの語句が躍っているのは、日本が飛行機でひたすら米軍に人的・物的「損耗」を与えつづければ、いずれ米国内世論が転換し、対日講和に応じるかもしれないという希望的観測に基づいている。「決戦」の目的や意味が大正期以降の啓蒙書などで叫ばれてきたそれとは微妙に違ってきているのだが、どちらも鍵は飛行機であった。松根はそのための「決戦資材」扱いされていた。

松根油は長野県のみならず、全国で製造された。当時、北海道のある国民学校の教師だった長崎郁子は、一九四五年八月に校長を除く全職員と高等科男子が山に入り、松根油を作った体験を回想している。一週間働いて油が瓶に半分もたまったくらいで「大役を果たして無事帰還」、それから一週間ほどで終戦となり、せっかくの油は何の役にも立たずに終わった（退職婦人教職員全国連絡協議会編『校庭は墓場になった　女教師たちの戦争体験記』）。

戦争に敗れてだいぶたち、この回想が書かれた時点では「バカバカしい、誰が考えて、誰が仕組んで、そしてこれがほんとうに使用できるのか」となるのだが、戦時中の彼女たちは「軍の命令とただ感服することのみ」（傍点原文ママ）で作業に従事した。終戦の詔勅に接し「全職員が放心状態で何をする気力も失ってしまいました」という彼女たちは、この油で飛行機を飛ばせば戦争に勝てると本気で信じていて（これも〈軍事リテラシー〉の発露である）、それが突如裏切られたから「放心状態」に陥ったのではないか。

戦争末期のゲリラ戦

近年の研究で、開戦から一定程度維持されてきた国民の戦意は一九四四〜四五年にかけて急速に低下したことが、種々の史料によりあらためて論証されている（荻野富士夫『「戦意」の推移』）。その背景には本土爆撃の開始と、航空戦局の絶望化があったとみられる。

しかし、というよりだからこそ、一九四五（昭和二〇）年に入っても陸海軍は戦争継続のため対国民宣伝、というより説得をつづけていた。胡桃澤の日記からいったん離れ、当時の少年雑誌より説得の状況と論理をみよう。

図25　『若桜』表紙

【図25】は、戦争末期の陸軍が少年志願兵募集のため大日本雄弁会講談社に作らせた、少年向け雑誌『若桜』四五年二月号の表紙である。ここに描かれているのは、

図26　『海軍』表紙

日本の航空特攻機と米の巨大戦艦の戦いという、戦争全体の縮図である。戦後日本人の唱える「あの時日本は大艦巨砲主義だった」という通俗的な戦争像とはおよそ正反対といえる。

【図26】は、陸軍との人材獲得競争下にあった海軍が『若桜』と同じ目的で講談社に作らせた、雑誌『海軍』四五年三月号の表紙である。

この図が興味深いのは、当時艦隊を失い陸に上った海軍が戦争末期の対米地上戦で常用していたある戦法を、国民にわかりやすく宣伝しようとした跡がうかがえるからである。同号掲載の月光渉「本土決戦にしめせ　日本独特の出血作戦」という記事は、架空の人物である武男君とその叔父さんの問答という趣向を用い、来たるべき本土決戦でどうすれば日本が勝てるかを解説している。

叔父さんは、日本軍がフィリピンなどの戦場で陸海軍部隊とともにくりかえしている夜間斬り込み——ゲリラ戦を中国軍のそれと同一視されないよう「日本独自の戦法」「正々堂々の戦術」とわざわざ言い換え、米軍に人的損耗を強要するのがその目的だと語る。さらにこの「長期の出血作戦こそ、物量を誇る敵にたいして、最も有効な戦術なのだ。かうして敵が出血を繰返せば、敵兵は日本軍と戦ふことが恐しくなる。出血が多くなれば、国内の不平が大きくなる。これこそ、敵撃滅の近道であり、敵を圧倒する最もよい方法なのだ」、つまり米軍に人的損害を強要して和平交渉の座につかせるのだと説く。現実の戦局挽回の可能性は皆無だったという一点を除外すれば、いちおう理屈は通っている。

この対米ゲリラ戦について、胡桃澤盛は一九四四（昭和一九）年一二月二日の日記中、レイテ島やモロタイ島での肉弾斬り込み報道に接して「戦争は必ず勝つの信念愈(いよいよ)深まる」と記していた。戦争末期の日本国民にとっての戦争といえばいずれも「日本独自の戦法」である航空特攻か肉弾ゲリラ戦で、大艦巨砲主義や戦艦などは人びとの視野からはほぼ消えていたはずなのである。

小括——飛行機は総力戦の象徴

一九四一年、現実に起こった対米戦争は、航空戦により勝敗の決まる戦いであった。日米海軍とも戦艦に固有の役割を与えており、これと飛行機・空母のどちらが主役、脇役と明瞭に区別していたわけではなかったが、日本国内での宣伝では飛行機がわかりやすい総力戦の象徴として銃後国民に喧伝された。人びとはこれを受け、軍への志願や工場労働、資金、燃料の供給という形で航空戦の遂行に協力した。

この協力の背景には、航空戦とは何であるかという意味での〈軍事リテラシー〉が大正以来社会に蓄積されてきた事実があったとみられる。しかし航空戦での勝利が絶望的になると、国民向けの宣伝は、米軍に人的損耗を強要する航空特攻やゲリラ戦を重視するようになった。大艦巨砲主義に基づき重視されていたはずの戦艦は人びとの視野から消えていた。

おわりに

なぜ大艦巨砲主義の記憶が残ったか

以上の考察により、戦時下の国民が認識していた対米戦争とは、戦艦などではなく航空戦主体のものだったはず、とわかった。それではなぜ、戦後の日本人は戦争を今日に至るまで大艦巨砲主義、戦艦の戦争と記憶しつづけてきたのだろうか。以下、考え得る理由を二つ挙げる。

一つめは、日本人にとって数少ない〝世界一〟である戦艦大和・武蔵の存在と、その戦後大衆文化における伝説化、美化である。今日までつづくその詳細については、拙著『戦艦大和講義』『戦艦武蔵』を参照されたい。

二つめは、戦後に盛んとなった、戦争指導の〝真相〟暴露的な報道が、航空戦に協力した民衆を免罪するため、戦争を戦艦主体として書き換えたことである。毎日新聞編輯局次長兼社会部長・森正蔵が一九四五（昭和二〇）年に記した『旋風二十年　解禁昭和裏面史　下』（鱒書房）は、「両艦〔戦艦大和、武蔵〕竣工の頃から海戦の様相は一変し従来の大艦巨砲主義に代る空軍第一主義に転換、多大の期待を集めて長日月の日時と巨費を投じた両戦艦もあたら働く場所を失ひ予期に反して戦果を挙げ得なかつた」のに、「海軍の首脳部には大艦巨砲の迷夢がさめ」ず「戦艦の主砲の威力を過信し、空軍の協力なき又は少き出撃を敢て行つたところに失敗があつた」と書いている。これが本書でみてきた戦争の実態とは完全ではないにせよ、大きく異なるのはいうまでもない。

これに関連して、同じく敗戦後に巻き起こった反省のなかで、前掲の少年誌『海軍』からみたように、戦争末期の日本軍がゲリラ戦を重用し（ようとし）ていたことも、いつしか〝なかったこと〟扱いされた。敗戦直後に発行された〝反省本〟の一つである堀内庸村『日本の反省 戦争原因篇』と題する一九四六（昭和二一）年の書籍は、「近代戦争に対する日本軍部の謬見」という章で「日華両国の作戦上の相違点をよく〳〵検討すると、遺憾乍ら日本軍部には根本的に誤りがあつたといふのはそこである。中国側は長期戦、ゲリラ戦で日本の国力消耗を狙つてゐるのに、日本は当初から中国の武力に打撃を与へようとしてゐることである」と述べている。

堀内は、敗因の一つに、中国軍のような柔軟、長期的なゲリラ戦法を採ろうとしなかった日本軍の硬直性があると主張している。少年誌『海軍』の記事にみたように、本土決戦を控えた末期日本軍の主戦法がゲリラ戦にあるとされていたことは、わずか一年ほど前の話に過ぎないのに無視されている。

胡桃澤盛は、国中でこうした戦争にまつわる記憶の書き換えと〝反省〟の渦が巻き起こるなかで、一九四五年一〇月八日の日記に「総てが戦争中と逆転して行く。真実の姿に近きものとなって行く事は朧げながらうなずける。戦前並に戦争中の事はうそが多かった」と書き記し、翌四六年七月二七日に自殺を遂げている。

その理由は、一般的には戦時中の彼が村長としておこなった満州分村移民送出の引責とされる。しかし日記第六巻の解題を執筆した橋部進は「それ程単純ではない」と指摘し、敗戦後の胡桃澤が抱えていた「自分が心血を注いで戦った銃後における戦争とは何だったか」など複数の「難問」を挙げている。多くの人びとは戦争中に語られたもろもろの正義をすべて「うそ」とみなし、したがって記憶するに値しないと割り切ることで戦後を生きていったが、胡桃澤には結局それができなかったのかもしれない。

その後の日本社会では、山本五十六や井上成美など一部の海軍軍人が、戦艦に対する飛行機の優位や日独伊軍事同盟の亡国性をいち早く見抜きながらも、愚かなその他大勢に抗しえなかった悲劇の人物として小説や映画で美化――作家阿川弘之（一九二〇〈大正九〉～二〇一五〈平成二七〉年、元海軍大尉）の小説『山本五十六』（一九六五年）、『米内光政』（七八年）、『井上成美』（八六年）はその代表格――されて多くの読者を獲得、いわゆる海軍善玉論と大艦巨砲主義批判が定着していく。

「日本独特のひずみ」

本来、歴史学はそのような「うそ」と真実の区分を目的とする学問のはずである。しかし、戦後の軍事史研究も、戦争中の日本は「大艦巨砲主義」一本であったと強調してきた。たとえば、著名な軍事史研究者の大江志乃夫（一九二八〈昭和三〉～二〇〇九〈平成二一〉年）が一九八二（昭和五七）年、一般向けに著した昭和軍事史『昭和の歴史 第三巻 天皇の軍隊』の一節には、「ワシントン条約以降、〔「百発百中の一砲能く百発一中の敵砲百門に対抗し得る」という〕この非科学的思想は軍縮戦法に、訓練に、造艦造兵思想にひろがった」、「こうして、巨砲が開発され、この巨砲を搭載する大艦が要求され」たとある。日本軍の「非科学性」の典型例として大艦巨砲主義が取りあげられている。

かつての日本海軍が国民向け宣伝のなかで、この主義を標榜していたのは傲慢な米海軍であり、貧国の日本はこれに対抗すべく別途独自の軍備を模索するのだと訴えることで国民の〈軍事リテラシー〉向上をはかっていたこと、そしてそれは単なる宣伝文句とは言えなかったことに、大江は言及しない。これは彼が海軍ではなく父親と同じ陸軍軍人をめざし、航空士官学校在校中に終戦を迎えたのと、どこかで関係しているかもしれないが、その陸軍も航空戦にはかなり力を入れており、航空士官学校自体もその過程で作られた学校（一九三八年開校）だった。

大江の軍事史研究にこうした傾向が生じたのは、その目的が「軍旗や菊の紋章や「御真影」が、軍隊の天皇直属意識を強いものにした。この天皇直属意識が軍人の意識や思想に、日本独特のひずみをもたらしたことはいうまでもない。このひずみの解明が〝天皇の軍隊〟の特質をとく鍵である」と『天皇の軍隊』にあるように、近代日本「独特のひずみ」とその形成過程を論証することにあったからだ。

日本海軍の大艦巨砲主義は、その「ひずみ」の恰好の事例であった。大江は「天皇の軍隊」と強調はしても、戦前の海軍が先に述べたように自己を「天皇の軍隊」であると同時に「国民の軍隊」と表現し（本書一三二、一八六頁参照）、その国民ともたれ合うようなかたちで無謀な開戦に突入していったことには言及しなかった。国民による陸海軍への飛行機献納活動は、そのもたれ合いの顕著な一例である。

大江と並ぶ著名な軍事史研究者の藤原彰（ふじわらあきら）（一九二二〈大正一一〉〜二〇〇三〈平成一五〉年）も、一九六一（昭和三六）年の一般向け通史『日本現代史大系　軍事史』に、日本海軍は米軍とは異なり「いぜん大艦巨砲主義から抜け切れなかった。大和、武蔵を中心とする戦艦群が連合艦隊の中核であり、これをもっての海上決戦を作戦の中心にすえていた。機動部隊は副次的なものであり、その護衛艦は、連合艦隊主力にくらべてはるかに劣っていた」と書いていた。事実上の日米「海上決戦」であったマリアナ沖海戦が、両軍の機動部隊の繰り出す飛行機によって戦われたことには言及がない。

日本海軍の通史を扱った一般書でも、外山三郎（一九一八〈大正七〉～二〇〇九〈平成二一〉年、元海軍少佐、防衛大学校教授）『日本海軍史』（一九八〇年）は、ミッドウェー海戦の敗因を「大艦巨砲主義という時代遅れの思想にとりつかれて主力部隊を編成し、機動部隊のはるか後方を続行して、いわゆる宝の持ち腐れに終わらしめたためである」と述べ、あたかも日本軍は〈思想〉が古かったせいで戦争に敗れたかのような説明をしていた。これらの歴史学者による叙述のなかで「大艦巨砲主義」批判はもはや一つの決まり文句と化している。

だからといって、大江や藤原たちが学問的に不誠実であったなどと批判したいのではない。今日の日本近現代史における軍事史研究上の論点の多くは彼らの著作がすでに提起しており、その学問的功績は大きい。ただ、人とその学問的思考はしょせん同時代の空気と無縁ではありえないことを理解したうえで、継承すべきは継承し、改めるべきは改めるのが後の世代の務めと言いたいのである。

戦前戦中の日本において、海軍の戦争はたしかに戦艦主体で構想されていたが、大正末期以来、「制空権下の艦隊決戦」というキーワードが示すように、空母や飛行機もその不可欠の要素と位置づけられていた。主たる仮想敵の米海軍がそうした方針をとっており、劣勢日本としてはそれに追随するしかないと考えられていたからである。海軍は自らの組織を軍縮世論から守るべく、このような軍備の建設方針を国民に向けて積極的に語った。この〈軍事リテラシー〉向上という大正以来の一連の営為は、戦時下の国民が対米戦争とは飛行機で戦われるべきものと考え、程度の差はあるもののそれに協力していった要因と私はみる。

本書に何か現代的な意味があるとすれば、一国の戦争はその国民の同意なしには不可能であり、軍や政府は人びとの傍観を決して許さずにその手法や勝目についての啓蒙、説得をつねに試みる、強制はあくまでも最後の手段であるということだ。一方で正確な数字は機密保持の名のもと隠されてしまう。この点は国家総力戦の時代も、それが過去のものとなったかのように見える現在も変わらない。今後左右上下からおこなわれるであろう説得のなかで、それを読み解く〈リテラシー〉の養成は、はたして可能だろうか。

参考文献一覧（刊行年順）

山中峯太郎『現代空中戦』金尾文淵堂、一九一四年
若林欽『海の趣味』同文館、一九一六年
石丸藤太『日米戦争　日本は負ない』小西書店、一九二四年
樋口紅陽『国難来る　未来の日米戦争』社会教育研究会、一九二四年
川島清治郎『日米一戦論』敬文館、一九二五年
ヘクター・バイウォーター（石丸藤太訳）『太平洋戦争と其批判』文明協会事務所、一九二六年
川島清治郎「国防の弛緩」『日本及日本人』九六、一九二六年四月
加藤定吉「補助艦と空軍」『有終』一三─九、一九二六年九月
山中寿一編『海軍大展覧会記念帖』井上政友（大阪市東区役所内海軍展覧会事務所）、一九二七年
海軍大臣「連合艦隊ノ戦闘射撃及爆撃実験ニ行幸ヲ奉仰度件」（一九二七年六月二五日）、海軍省『昭和二年公文備考　巻十四儀制二』アジア歴史資料センターレファレンスコード C04015509300
川島清治郎『空中国防』東洋経済出版部、一九二八年
小磯国昭・武者金吉『航空の現状と将来』文明協会、一九二八年
飛行第三連隊編纂委員編『嗚呼空界の「アス」　故陸軍航空兵大尉奥平隆一君記念録』一九二八年
池崎忠孝『米国怖るゝに足らず』先進社、一九三〇年（普及版）
佐藤鉄太郎『国防新論』民友社、一九三〇年
長岡外史「飛行機の戦時と平時」一九三〇年ごろ、長岡外史文書研究会編『長岡外史関係文書　書簡・書類篇』長岡外史顕彰会、一九八九年所収
中島武『クロモシリーズ　航空母艦』三省堂、一九三〇年
水野広徳『戦争小説　海と空』海洋社、一九三〇年

（編者名なし）『日本海海戦二十五周年記念　海と空の博覧会報告』一九三〇年
池崎忠孝『六割海軍戦ひ得るか　続米国怖るゝに足らず』先進社、一九三一年
石丸藤太『日米果して戦ふか』春秋社、一九三一年
帝国飛行協会編『日本航空殉難史　昭和六年版』同会、一九三一年
藤田定市編『海軍及海事要覧　昭和六年版』海軍有終会、一九三一年
保科貞次『国防軍備の常識』法制時報社、一九三一年
菊竹六鼓「主力艦も、航空母艦も」『福岡日日新聞』一九三一年九月一七日『福岡日日新聞』論説、前田雄二『剣よりも強し　菊竹六鼓の生涯』時事通信社、一九六四年所収
第一師団司令部『満蒙問題と帝国の軍備』同部、一九三一年九月
石丸藤太『昭和十年頃に起る日本対世界戦争』日月社、一九三二年
石丸藤太『小説　太平洋戦争』春秋社、一九三二年
海軍省人事局編『昭和七年　点呼参会者の為に』同局、一九三二年
匝瑳胤次『日米対立論』精文館、一九三二年
長岡外史「飛行界の回顧」一九三二年、長岡外史文書研究会編『長岡外史関係文書　回顧録篇』長岡外史顕彰会、一九八九年所収
中島武『日本危し！　太平洋大海戦』軍事教育社、一九三二年
平田晋策『陸軍読本』日本評論社、一九三二年
平田晋策『海軍読本』日本評論社、一九三二年
松下芳男「戦艦全廃問題」『国際知識』一二―一、一九三二年一月
長岡外史「澄宮殿下の航空に関する御作文」『グライダー』一九三二年二月号
（著者名なし）「献金と献品に就いて」『グライダー』二―四、一九三二年四月
軍用飛行機献納義金取扱事務所編『愛国立山号　献金決算報告』同所、一九三二年六月

野口克己「海軍少年航空兵と志願の動機」『グライダー』二―八、一九三二年八月
近衛文麿「世界の現状を改造せよ」一九三三年、同『最後の御前会議 戦後欧米見聞録 近衛文麿手記集成』中公文庫、二〇一五年所収
桜井忠温『子供のための戦争の話』一元社、一九三三年
昭和青年会防空部編『挙国制空』同会、一九三三年
東京市編『関東防空演習市民心得』同市、一九三三年
平田晋策『われ等若し戦はば』大日本雄弁会講談社、一九三三年
山田新吾『爆撃対防空 現代空中戦に於ける都市攻防』厚生閣、一九三三年
大場彌平「洋々たり帝国空軍」『時局問題 非常時国民大会』、『キング』一九三三年五月号付録
桐生悠々「関東防空大演習を嗤ふ」一九三三年八月一一日、太田雅夫編『桐生悠々反軍論集』新泉社、一九八〇年（新装版）所収
（編者名なし）『空襲下の日本』一九三三年九月、『日の出』同年月号（新潮社）付録
（編者名なし）『神戸地方防空兵器献納機』一九三三年一一月
小島正『小学生の読む海軍読本』金の星社、一九三四年
大日本飛行協会編『航空決戦と少年 特に御両親に訴へます』同会、一九四三または四四年
帝国飛行協会編『一、わが航空界の今昔 一、大戦間空襲をうけたる体験を追懐して 一、防空は誰の任務か』同会、一九三四年ごろ
遊就館編『遊就館附属国防館要覧』同館、一九三四年
陸軍省軍事調査部『空の国防』同部、一九三四年三月三〇日
関門及北九州六市国防協会・福岡県国防会・防長国防義会編『関門及北九州防空演習講習録』一九三四年七月
海軍省人事局編『昭和十年 点呼参会者の為に』同局、一九三五年
武富邦茂『空の王者 海軍少年航空兵物語』実業之日本社、一九三五年

広瀬彦太編『海軍要覧　昭和十年版』海軍有終会、一九三五年
福永恭助『非常時突破 軍縮問答』新潮社、一九三五年
呉市編『呉市主催国防と産業大博覧会誌』同市、一九三六年
中川繁丑『海軍大将吉松茂太郎伝』吉松忠夫、一九三六年
中島武『思ひ出の海軍』学而書院、一九三六年
姫路商工会議所編『国防と資源大博覧会誌』同会議所、一九三六年
朝日新聞社編『海軍少年飛行兵』同社、一九三七年
阿部信夫『海軍読本』日本評論社、一九三七年
大久保弘一『日本は強し』川流堂小林又七本店、一九三七年
大場彌平『われ等の空軍』大日本雄弁会講談社、一九三七年
小山与四郎編『海軍要覧　昭和十二年版』海軍有終会、一九三七年
斎藤直幹『戦争と戦費』ダイヤモンド社、一九三七年
大日本雄弁会講談社編『海の荒鷲奮戦記』同社、一九三七年
高橋常吉『敵機来らば』新潮社、一九三七年
大久保弘一『陸軍読本』日本評論社、一九三八年
木村繁・三宅晴輝『川西・大原・伊藤・片倉コンツェルン読本 日本コンツェルン全書XVII』春秋社、一九三八年
陸軍省新聞班『空中国防の趨勢』国防協会、一九三八年
古澤磯次郎・西寛治『この海空軍』今日の問題社、一九三八年
愛国婦人会編『海の荒鷲 改訂版』同会、一九三九年
野口昂編『福山航空兵大尉』中央公論社、一九三九年
福永恭助『国の護り』新潮社、一九三九年
昭和十四年度〔呉海兵団〕第十二期短期現役兵編輯部編『海の想ひ出』一九三九年ごろ

横須賀海兵団第十二期短期現役兵編『海の憶出』同団、一九三九年ごろ
柴田賢一『世界大戦叢書 近代海軍と海戦』博文館、一九四〇年
池崎忠孝『日米戦はゞ』新潮社、一九四一年
石丸藤太『太平洋殲滅戦』聖紀書房、一九四一年
マール・アーミテージ(古田保訳)『アメリカ海軍 その伝統と現実』南北社、一九四一年
(編著者名なし)「(グラビア)重慶爆撃行」『主婦之友』二五―九、一九四一年九月
岩田岩二『アメリカの反撃と戦略』三協社、一九四二年
植村茂夫『海軍魂 日本海軍はなぜ強いか』東水社、一九四二年
丹羽福蔵『少国民の陸軍』東雲堂、一九四二年
百田宗治編『鉛筆部隊 少国民の愛国詩と愛国綴り方』アルス、一九四二年
(著者名なし)「(巻頭言)航空機と主力艦」『海之日本』二一四号臨時増刊、一九四二年二月
紀元二千六百年奉祝会編『天業奉頌 紀元二千六百年祝典要録』同会、一九四三年
桑木崇明『陸軍五十年史』鱒書房、一九四三年
七田今朝一『海戦の変貌』大新社、一九四三年
富永謙吾「近代海戦の特性」『国策放送』三―一、一九四三年一月
矢野英雄「決戦下海軍記念日を迎へて」『国策放送』三―七、一九四三年七月
木下春二郎「空を制せずして勝利なし 航空戦力増強と少国民」『少国民文化』二―九、一九四三年九月
鈴木一馬『銃後の米英撃滅戦』新紘社、一九四四年
大日本飛行協会編『あなた方も直接航空戦力増強に協力ができる! 第五回航空日』同会、一九四四年
小檜山眞二「甲種飛行予科練習生に就て」海軍協会編『指導者用海軍志願兵参考書』同協会、一九四四年三月
(編者名なし)「航空機増産と食糧 ○○飛行機製作所に於ける座談会」『家の光』二〇―三、一九四四年三月
山本忠男「決戦国民総武装と家元門弟の覚悟」『華道家元池坊総務所彙報(第一号)』一九四四年八月

大政翼賛会調査部編『一億憤激米英撃摧運動資料』一九四四年一〇月
大本営海軍報道部「艦隊の艨艟決戦へ」『週報』四一九、一九四四年一一月一日
栗原悦蔵著『朝日時局新輯　戦争一本　比島戦局と必勝の構へ』朝日新聞社、一九四五年
森正蔵『旋風二十年　解禁昭和裏面史　下』鱒書房、一九四五年
月光渉「本土決戦にしめせ　日本独特の出血作戦」『海軍』一九四五年六月号
堀内庸村『日本の反省　戦争原因篇』青年文化振興会、一九四六年
アメリカ合衆国海軍作戦部編（山賀守治訳）『キング元帥報告書　米国海軍作戦の全貌　上巻』国際特信社、一九四七年
渡部一英『巨人・中島知久平』鳳文書林、一九五五年
講談社社史編纂委員会『講談社の歩んだ五十年　昭和編』講談社、一九五九年
藤原彰『日本現代史大系　軍事史』東洋経済新報社、一九六一年
永井保編『池崎忠孝』池崎忠孝追悼録刊行会、一九六二年
小林宏『太平洋海戦と経営戦略』光文社、一九六三年
桑原虎雄『海軍航空回想録　草創編』航空新聞社、一九六四年
徳川好敏『日本航空事始』出版協同社、一九六四年
四王天延孝『四王天延孝回顧録』みすず書房、一九六四年
参謀本部編『杉山メモ　上』原書房、一九六七年
角田順校訂『宇垣一成日記　I』みすず書房、一九六八年
日本海軍航空史編纂委員会編『日本海軍航空史（二）軍備編』時事通信社、一九六九年
佐伯彰一「日米若し戦はば」『季刊芸術』一四、一九七〇年七月
防衛庁防衛研修所戦史室編『戦史叢書　ミッドウェー海戦』朝雲新聞社、一九七一年
防衛庁防衛研修所戦史室編『戦史叢書　陸軍航空の軍備と運用〈一〉昭和十三年初期まで』朝雲新聞社、一九七一

年
愛知県編『愛知県昭和史 上巻』同県、一九七二年
アメリカ合衆国戦略爆撃調査団編（正木千冬訳）『日本戦争経済の崩壊 戦略爆撃の日本戦争経済に及ぼせる諸効果』日本評論社、一九七二年
防衛庁防衛研修所戦史室編『戦史叢書 中国方面陸軍航空作戦』朝雲新聞社、一九七四年
野口克己「軍令承行令と予科練」「不発に終った剣烈作戦」山田稔編『雄飛の記録 海軍飛行予科練習生』一九七五年
碓氷元『戦時庶民日記』海燕社、一九七六年
長岡外史顕彰会編『人間長岡外史 航空とスキーの先駆者』同会、一九七六年
防衛庁防衛研修所戦史室編『戦史叢書 海軍航空概史』朝雲新聞社、一九七六年
防衛庁防衛研修所戦史室編『戦史叢書 陸軍航空の軍備と運用〈三〉大東亜戦争終戦まで』朝雲新聞社、一九七六年
防衛庁防衛研修所戦史部編『陸軍航空作戦基盤の建設運用』朝雲新聞社、一九七九年
航空碑奉賛会編『陸軍航空の鎮魂』同会、一九七八年
外山三郎『日本海軍史』教育社歴史新書、一九八〇年
大江志乃夫『昭和の歴史 第三巻 天皇の軍隊』小学館、一九八二年
航空碑奉賛会編『続 陸軍航空の鎮魂』同会、一九八二年
奥平俊蔵『不器用な自画像 陸軍中将奥平俊蔵自叙伝』柏書房、一九八三年
退職婦人教職員全国連絡協議会編『校庭は墓場になった 女教師たちの戦争体験記』ドメス出版、一九八三年
上田誠吉『戦争と国家秘密法 戦時下日本でなにが処罰されたか』イクォリティ、一九八六年
高橋泰隆『中島飛行機の研究』日本経済評論社、一九八八年
日本航空協会編『協会七五年の歩み 帝国飛行協会から日本航空協会まで』同協会、一九八八年

藤井忠俊「昭和初期戦争開始時における大衆的軍事支援キャンペーンの一典型 軍用機（愛国号・報国号）献納運動の過程について」『駿河台大学論叢』六、一九九二年
石原莞爾「最終戦争論」同『最終戦争論・戦争史大観』中公文庫、一九九三年
藤野幸平『謎の兵隊 天皇制下の教師と兵役』総和社、一九九四年
前原透『日本陸軍用兵思想史 日本陸軍における「攻防」の理論と教義』天狼書店、一九九四年
諏訪海軍史刊行会編『海こそなけれ 諏訪海軍の軌跡』同会、一九九四年
百瀬明治『出口王仁三郎 あるカリスマの生涯』PHP文庫、一九九五年（初刊一九九一年）
高松宮宣仁親王『高松宮日記 第一巻』中央公論社、一九九六年
須崎愼一『日本ファシズムとその時代 天皇制・軍部・戦争・民衆』大月書店、一九九八年
波多野澄雄・黒沢文貴編『侍従武官長奈良武次 日記・回顧録 第二巻 日記（大正一三年～昭和二年）』柏書房、二〇〇〇年
荒川章二『シリーズ 日本近代からの問い 六 軍隊と地域』青木書店、二〇〇一年
橋爪紳也『人生は博覧会 日本ランカイ屋列伝』晶文社、二〇〇一年
長谷川雄一「満川亀太郎の対米認識」同編『大正期日本のアメリカ認識』慶応義塾大学出版会、二〇〇一年
野村實『日本海軍の歴史』吉川弘文館、二〇〇二年
橋爪紳也『飛行機と想像力 翼へのパッション』青土社、二〇〇四年
立川京一「第二次世界大戦までの日本陸海軍の航空運用思想」石津朋之・立川京一・道下徳成・塚本勝也編『シリーズ軍事力の本質① エア・パワー その理論と実践』芙蓉書房出版、二〇〇五年
和田博文『飛行の夢 1783-1945 熱気球から原爆投下まで』藤原書店、二〇〇五年
横井勝彦「戦間期イギリス航空機産業と武器移転」奈倉文二・横井編『日英兵器産業史 武器移転の経済史的研究』日本経済評論社、二〇〇五年
福田理「一九三〇年代前半の海軍宣伝とその効果」『防衛学研究』三三、二〇〇五年一〇月

土田宏成「一九三〇年代における海軍の宣伝と国民的組織整備構想 海軍協会の発達とその活動」『国立歴史民俗博物館研究報告』一二六、二〇〇六年一月
松代守弘「SUBMACHINE GUN 進化を続ける携帯機関銃」『歴史群像』八三、二〇〇七年六月
北村賢志『日米もし戦わば 戦前戦中の「戦争論」を読む』光人社、二〇〇八年
土田宏成『近代日本の「国民防空」体制』神田外語大学出版局、二〇一〇年
猪瀬直樹『黒船の世紀 あの頃、アメリカは仮想敵国だった 下』中公文庫、二〇一一年(初刊一九九三年)
大山僚介「満洲事変期の石川県における民衆の戦争熱について 軍用飛行機献納運動を事例に」『北陸史学』五八、二〇一一年一一月
「胡桃澤盛日記」刊行会編『胡桃澤盛日記』一～六、同会、二〇一一～二〇一三年
片山杜秀『未完のファシズム「持たざる国」日本の運命』新潮選書、二〇一二年
千田武志「軍縮期の兵器生産とワシントン会議に対する海軍の主張 『有終』誌上の論説を例として」『軍事史学』一九〇、二〇一二年九月
戸高一成編『証言録 海軍反省会 四』PHP研究所、二〇一三年
森雅雄「イデオロギーとしての「大艦巨砲主義批判」」『城西国際大学紀要』二一―三、二〇一三年三月
荻野富士夫『「戦意」の推移 国民の戦争支持・協力』校倉書房、二〇一四年
小野塚知二「戦間期海軍軍縮の戦術的前提 魚雷に注目して」横井勝彦編『軍縮と武器移転の世界史「軍縮下の軍拡」はなぜ起きたのか』日本経済評論社、二〇一四年
戸高一成編『証言録 海軍反省会 六』PHP研究所、二〇一四年
一ノ瀬俊也『戦艦大和講義 私たちにとって太平洋戦争とは何か』人文書院、二〇一五年
山田朗『近代日本軍事力の研究』校倉書房、二〇一五年
吉田裕・森武麿・伊香俊哉・高岡裕之編『アジア・太平洋戦争辞典』吉川弘文館、二〇一五年
一ノ瀬俊也『戦艦武蔵 忘れられた巨艦の航跡』中公新書、二〇一六年

小数賀良二『砲・工兵の日露戦争　戦訓と制度改革にみる白兵主義と火力主義の相克』錦正社、二〇一六年
小野塚知二「戦間期航空機産業の技術的背景と地政学的背景」横井勝彦編『航空機産業と航空戦力の世界的転回』日本経済評論社、二〇一六年
鈴木淳「日本における陸軍航空の形成」横井勝彦編『航空機産業と航空戦力の世界的転回』日本経済評論社、二〇一六年
坂口太助「戦間期における日本海軍の宣伝活動」『史叢』九四、二〇一六年三月
鳥羽厚郎「戦間期日本における「合理主義的平和論」の射程と限界　水野広徳の論説を中心に」『史学雑誌』一二五―一〇、二〇一六年一〇月
大山僚介「一九三〇年代初頭における飛行場建設と航空思想　富山飛行場の建設過程を事例に」『日本史研究』六五二、二〇一六年一二月
小倉徳彦「日露戦後の海軍による招待行事」『日本歴史』八二七、二〇一七年四月

Merle Armitage, *The United States Navy*, Longmans, Green and Company, 1940
Norman Friedman, *U.S. Battleships*, Naval Institute Press, 1985
William M. McBride, *Technological Change and the United States Navy, 1865–1945*, Johns Hopkins University Press, 2000
Jonathan Parshall and Anthony Tully, *Shattered Sword: The Untold Story of the Battle of Midway*, Potomac Books, 2007
Trent Hone, “U.S. Navy Surface Battle Doctrine and Victory in the Pacific”, *Naval War College Review*, Winter 2009, vol.62, No.1
Thomas C. Hone, “Replacing Battleships with Aircraft Carriers in the Pacific in World War II”, *Naval War College Review*, Winter 2013, Vol.66, No.1
John Norris, *Fix Bayonets!*, Pen and Sword Military, 2016

あとがき

この本は大正〜昭和日本の軍備の先進性、あるいは後進性について論じるというよりは、対外戦争を支えたのは軍なのか、国民なのか、あるいはその両方なのかを論じるのが目的であります。うまく答えが導き出せているかどうかは読者のご判断におまかせします。

内容の一部については、日本大学大学院文学研究科特別講義（二〇一六年九月一九日）ならびに広島史学研究会大会シンポジウム「戦時下の民衆と権力」（同年一〇月二九日）でお話しする機会をいただきました。当日お世話になった方々には、この場を借りてお礼申し上げます。とくに古川隆久先生（日本大学文理学部）には、本書一七八頁に引用した近衛文麿の論文をはじめ、種々ご教示をいただきました。記してお礼申し上げます。

現代新書編集部の所澤淳氏には、前著に引き続きお世話になりました。いつもながら有り難うございます。

五・一五事件八五周年の日に

一ノ瀬俊也

引用文中に、今日では差別・偏見ととられる不適切な表現があるものの、歴史資料であることを考慮して、原文のまま引用した。

N.D.C.210 379p 18cm
ISBN978-4-06-288438-9

講談社現代新書 2438

飛行機の戦争 1914-1945 ── 総力戦体制への道

二〇一七年七月二〇日 第一刷発行

著者 一ノ瀬俊也 © Toshiya Ichinose 2017

発行者 鈴木 哲

発行所 株式会社講談社
東京都文京区音羽二丁目一二─二一 郵便番号一一二─八〇〇一

電話 〇三─五三九五─三五二一 編集(現代新書)
〇三─五三九五─四四一五 販売
〇三─五三九五─三六一五 業務

装幀者 中島英樹

印刷所 慶昌堂印刷株式会社

製本所 株式会社大進堂

定価はカバーに表示してあります Printed in Japan

「講談社現代新書」の刊行にあたって

教養は万人が身をもって養い創造すべきものであって、一部の専門家の占有物として、ただ一方的に人々の手もとに配布され伝達されうるものではありません。

しかし、不幸にしてわが国の現状では、教養の重要な養いとなるべき書物は、ほとんど講壇からの天下りや単なる解説に終始し、知識技術を真剣に希求する青少年・学生・一般民衆の根本的な疑問や興味は、けっして十分に答えられ、解きほぐされ、手引きされることがありません。万人の内奥から発した真正の教養への芽ばえが、こうして放置され、むなしく滅びさる運命にゆだねられているのです。

このことは、中・高校だけで教育をおわる人々の成長をはばんでいるだけでなく、大学に進んだり、インテリと目されたりする人々の精神力の健康さえもむしばみ、わが国の文化の実質をまことに脆弱なものにしています。単なる博識以上の根強い思索力・判断力、および確かな技術にささえられた教養を必要とする日本の将来にとって、これは真剣に憂慮されなければならない事態であるといわなければなりません。

わたしたちの「講談社現代新書」は、この事態の克服を意図して計画されたものです。これによってわたしたちは、講壇からの天下りでもなく、単なる解説書でもない、もっぱら万人の魂に生ずる初発的かつ根本的な問題をとらえ、掘り起こし、手引きし、しかも最新の知識への展望を万人に確立させる書物を、新しく世の中に送り出したいと念願しています。

わたしたちは、創業以来民衆を対象とする啓蒙の仕事に専心してきた講談社にとって、これこそもっともふさわしい課題であり、伝統ある出版社としての義務でもあると考えているのです。

一九六四年四月　野間省一

日本史

世界史Ⅰ

834 ユダヤ人――上田和夫
934 大英帝国――長島伸一
968 ローマはなぜ滅んだか　弓削達
1017 ハプスブルク家――江村洋
1080 ユダヤ人とドイツ――大澤武男
1088 ヨーロッパ「近代」の終焉――山本雅男
1097 オスマン帝国――鈴木董
1151 ハプスブルク家の女たち　江村洋
1249 ヒトラーとユダヤ人　大澤武男
1252 ロスチャイルド家　横山三四郎
1282 戦うハプスブルク家　菊池良生
1283 イギリス王室物語――小林章夫
1306 モンゴル帝国の興亡〈上〉――杉山正明
1307 モンゴル帝国の興亡〈下〉――杉山正明
1321 聖書vs.世界史――岡崎勝世
1366 新書アフリカ史――宮本正興　松田素二 編
1442 メディチ家――森田義之
1470 中世シチリア王国――高山博
1486 エリザベスⅠ世――青木道彦
1572 ユダヤ人とローマ帝国　大澤武男
1587 傭兵の二千年史――菊池良生
1588 現代アラブの社会思想　池内恵
1664 新書ヨーロッパ史 中世篇　堀越孝一 編
1673 神聖ローマ帝国――菊池良生
1687 世界史とヨーロッパ　岡崎勝世
1705 魔女とカルトのドイツ史――浜本隆志
1712 宗教改革の真実――永田諒一
1820 スペイン巡礼史――関哲行
2005 カペー朝――佐藤賢一
2070 イギリス近代史講義――川北稔
2096 モーツァルトを「造った」男――小宮正安
2189 世界史の中のパレスチナ問題　臼杵陽
2281 ヴァロワ朝――佐藤賢一

H